JN025072

こんなに簡単！DRA-CAD22

－基礎からプレゼンまで－

2次元編

●は じ め に●

本書は、1987 年の発売以来数々の改良を重ね、建築分野でのベストセラーCAD となった「DRA CAD2」
の優れた操作性と多彩な編集機能を継承した「DRA-CAD22」・「DRA-CAD22 LE」の 2 次元編独習書と
して構成されています。

本書（2 次元編）は、今まで CAD を使ったことがない方を対象に、「DRA-CAD22」・「DRA-CAD22 LE」
の基本操作から平面図の作成・印刷、プレゼンテーション用図面の作成までを解説しています。

長方形を描く場合、手書きではどの辺から描くかは人によって異なるでしょうが、4 本の線を描く
ことに変わりはありません。CAD では手書きと同じように 4 本の線を描く（この場合にも、単線か
連続線かで手順に多少違いがあります）方法もありますが、長方形の各辺の長さを数値で指定して描
く方法、すでに描かれている長方形を複写する方法などがあります。このように CAD には結果とし
て描かれた図形が同じでも、状況により操作しやすい、または操作手順が少なくなるように方法が
いくつも用意されています。言葉を換えると「機能が豊富」と言えるのですが、このために初めて
CAD を使おうとする人にとってわかりにくく、垣根が高いと感じられるようです。本書にそって操
作することでこの垣根を意識せずに CAD の世界に足を踏み入れてください。

弊社では 1988 年 6 月に、その当時まだ使う方の少なかった CAD を普及するために、DRA-CAD ス
クールを開設しました。本書はそのスクールで培われてきたノウハウを結集し、記載された手順に
したがって実際に操作しながら CAD の基本を学べる独習書です。

また、プログラムをお持ちでない方のために、本書のホームページより体験版をダウンロードする
ことができます。体験版は製品版の機能を限定していますが、本書で説明している例題の作成には
支障がありません。

本書の使い方

■1 本書の構成

本書では Windows 11 上で使用しているものとして、操作方法について説明しています（Windows の操作方法についての詳細は、それぞれのマニュアルを参照してください）。

また、メニューは「リボンメニュー」、操作体系は「図形選択優先」、描画方法は「GDI」で説明しています。

本書は、Part1 から Part4 までの章で構成されています。

　Part1 … DRA-CAD の概要について説明しています。練習問題とテキストの解説でわかりやすく、簡単に操作ができるように説明しています。

●Part1 の本書の使い方

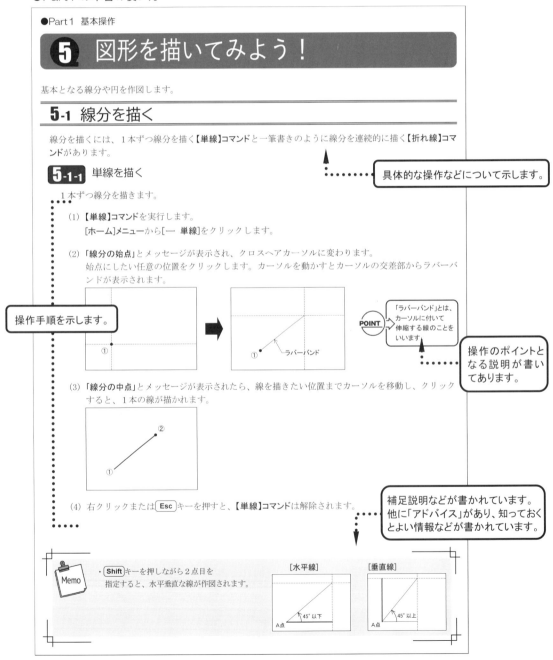

●Part1　基本操作

❺ 図形を描いてみよう！

基本となる線分や円を作図します。

5-1 線分を描く

線分を描くには、1 本ずつ線分を描く【単線】コマンドと一筆書きのように線分を連続的に描く【折れ線】コマンドがあります。

5-1-1 単線を描く

具体的な操作などについて示します。

1 本ずつ線分を描きます。

(1) 【単線】コマンドを実行します。
　　[ホーム]メニューから[─ 単線]をクリックします。

(2) 「線分の始点」とメッセージが表示され、クロスヘアカーソルに変わります。
　　始点にしたい任意の位置をクリックします。カーソルを動かすとカーソルの交差部からラバーバンドが表示されます。

操作手順を示します。

①　　　　ラバーバンド

POINT　「ラバーバンド」とは、カーソルに付いて伸縮する線のことをいいます

操作のポイントとなる説明が書いてあります。

(3) 「線分の中点」とメッセージが表示されたら、線を描きたい位置までカーソルを移動し、クリックすると、1 本の線が描かれます。

①　②

(4) 右クリックまたは Esc キーを押すと、【単線】コマンドは解除されます。

補足説明などが書かれています。
他に「アドバイス」があり、知っておくとよい情報などが書かれています。

Memo
・Shift キーを押しながら 2 点目を指定すると、水平垂直な線が作図されます。

[水平線]　45°以下　A点
[垂直線]　45°以上　A点

Part2… 平面図の作図方法を掲載しています。

Part3… Part2 で作成した図面を編集し、印刷する方法を説明しています。

Part4… Part3 で作成した図面を活用し、プレゼンテーション用の図面を作成する方法を説明しています。

本文では、A2サイズで作図することになっていますが、巻末の完成図はB4サイズになっています。また、本書でのキー表記については、それぞれ枠で囲んで説明しています(例： **Ctrl** キー)。ただし、キーボードの種類により、キーの表面に書かれている文字が異なる場合があります。

●Part2~Part4 の本書の使い方

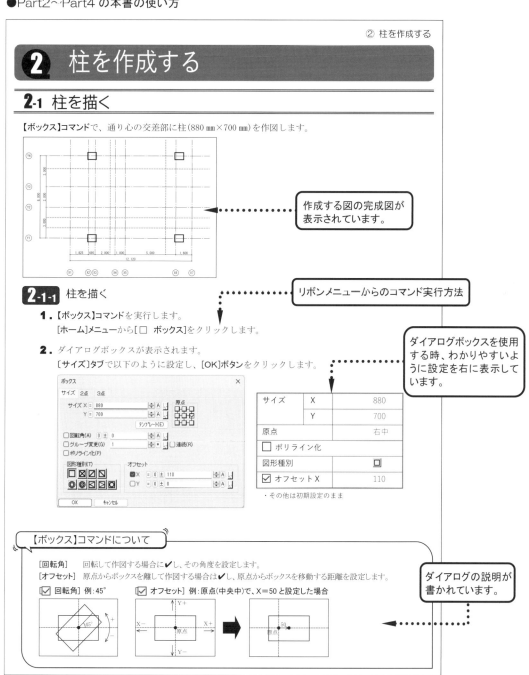

2 練習用データのダウンロード

本書では練習用データを使用して、操作方法などについて説明しています。

次の URL に本書で練習に使用するデータのダウンロードについての説明があります。

https://support.kozo.co.jp/download/file_view.php?p3=2916

練習を始める前に「**こんなに簡単！ DRA-CAD22 2次元編　練習用データ**」フォルダをお使いのコンピュータのハードディスクにダウンロードしてください。

◢ 練習用データの内容一覧

名前	サイズ	種類	更新日時
完成図		ファイル フォルダー	2023/03/09 17:21
tree.tif	1,581 KB	TIF ファイル	2024/01/09 18:42
コメント.txt	1 KB	テキスト ドキュメント	2024/01/09 18:42
マンション基本計画書.mps	2,410 KB	DRAWIN Security...	2024/01/09 18:42
課題属性リスト.txt	9 KB	テキスト ドキュメント	2024/01/09 18:42
外観パース.bmp	3,039 KB	BMP ファイル	2024/01/09 18:42
設備表.xls	25 KB	Microsoft Excel 97...	2024/01/09 18:42
設備表.xlsx	12 KB	Microsoft Excel ワ...	2024/01/09 18:42
内観パース.bmp	1,993 KB	BMP ファイル	2024/01/09 18:42
部品.mpz	122 KB	DRAWIN Document	2024/01/09 18:42
立面図.mps	17 KB	DRAWIN Security...	2024/01/09 18:42
練習1.mps	7 KB	DRAWIN Security...	2024/01/09 18:42
練習2.mps	17 KB	DRAWIN Security...	2024/01/09 18:42
練習3.mps	25 KB	DRAWIN Security...	2024/01/09 18:42
練習4.mps	21 KB	DRAWIN Security...	2024/01/09 18:42
練習5.mps	21 KB	DRAWIN Security...	2024/01/09 18:42

3 本書の表記

本書でのマウス操作の表記については次のとおりです。

クリック
マウスの左ボタンを
1回押して、すぐに
離すこと

右クリック
マウスの右ボタンを
1回押して、すぐに
離すこと

ダブルクリック
マウスの左ボタンを
すばやく2回押して、
離すこと

ドラッグ
マウスの左ボタンを押したまま
移動すること

ドラッグ＆ドロップ
マウスの左ボタンを押したまま
移動し、目的の位置でマウスの
ボタンを離すこと

ホイールクリック
ホイールを1回押し
てすぐに離すこと

ホイール回転
ホイールを前後に
回すこと

ホイールドラッグ
ホイールを押したまま
移動すること

目 次

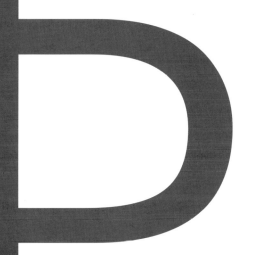

Part 1

基本操作

❶ DRA-CAD を起動しよう

1-1 DRA-CAD の起動と終了

1-1-1 DRA-CAD を起動する

プログラムの起動方法はいくつかありますが、ここでは Windows のスタートメニューからの起動方法を説明します。

(1) Windows の ■■ (**スタート**)**ボタン**をクリックします。

　　[**すべてのアプリ**]をクリックすると、アプリの一覧が表示されます。

　　[DRA-CAD22]→[DRA-CAD22]をクリックします。

　　☆体験版は［DRA-CAD22 体験版］→［DRA-CAD22 体験版］をクリックします。

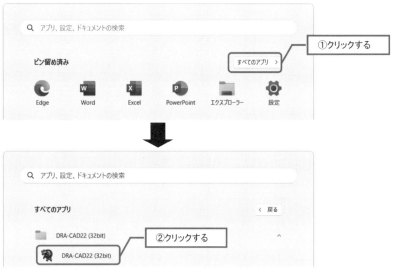

(2) プログラムが起動し、画面上にメインウィンドウが開きます。

　　ワンポイントが表示されますので、[**閉じる**]**ボタン**をクリックします。

　　☆起動時にワンポイントが表示されます。表示したくない場合は「起動時にワンポイントを表示」の✔をは
　　　ずしてください(ワンポイントは、【**ワンポイント**】**コマンド**でいつでも表示させることができます)。

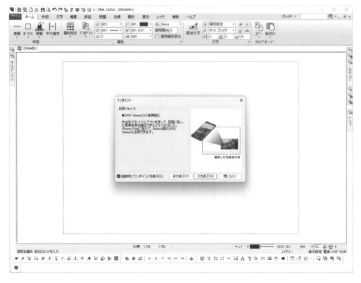

1-1-2 DRA-CADを終了する

プログラムは次のいずれかの方法で終了します。

①[ファイル]メニューから[終了]をクリックする。

②メインウィンドウの✕ボタンをクリックする。

③ポップアップメニュー5ページの【終了】コマンドをクリックする。

④タイトルバーを右クリックし、メニューから[閉じる]をクリックする。

POINT ボタンをクリックして[閉じる]をクリックしても終了します。

ただし、データの入力や編集などを行ったあと、データを保存せずにプログラムを終了しようとすると、メッセージダイアログが表示されます。

変更内容を保存してプログラムを終了する場合は、[はい]ボタンをクリックします。

[いいえ]ボタンをクリックすると、保存しないでプログラムを終了しますので変更内容は失われます。

また、[キャンセル]ボタンをクリックすると、作図画面に戻りプログラムを終了しません。

Memo

・画面の外観が初期値では、Windows10 のエクスプローラー風になっています。

【環境設定】コマンドの[その他]タブで、「外観を Windows10 エクスプローラー風にする」の✓をはずすと、テーマが有効になり、DRA-CAD19 以前の外観にすることができます。

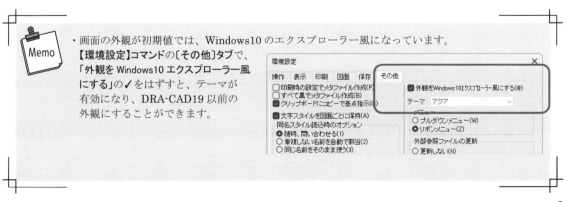

1-2 画面構成

DRA-CADの画面は、次のように構成されています。

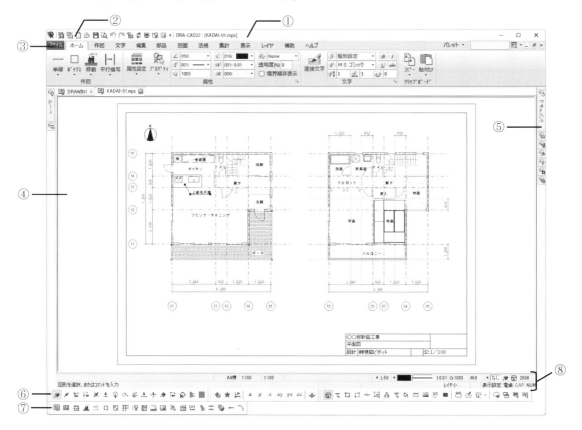

①タイトルバー

アプリケーション名と現在開いているファイル名が表示されます。

②クイックアクセスツールバー

新規作成やファイルを開くなどのよく使うコマンドが配置されています。それぞれのアイコンの上にマウスポインタを移動すると、割り付けられているコマンド名が表示されます（詳細は「**1-3 クイックアクセスツールバー**」(P7)を参照）。

③メニューバー

コマンドを選択するメニューを表示します。

セットアップで選択した「メニュー」により次のように表示されます（詳細は「付録 **1-2 インストール方法**」(P355)を参照）。

☆【環境設定】■コマンドの[その他]タブの「メニュー」で変更することができます。

[リボンメニュー] 　　：各メニューをクリックすると、コマンドを選択するパネルを表示します（詳細は「**1-4 リボンメニュー**」(P9)を参照）。

[プルダウンメニュー] ：各メニューをクリックすると、コマンドを選択するプルダウンメニューを表示します。

本書では、[**リボンメニュー**]を表示して操作します。[**プルダウンメニュー**]についての詳細は『**マニュアル**』を参照してください。

[ファイル]メニューをクリックするとメニューが表示され、新規作成やファイルを開くなどのファイルの操作が行えます。

[最近使ったファイル]では、最近使用したファイルの一覧を表示します。開きたいファイルをクリックし、直接作業ウィンドウに表示することができます。

▶がついている項目では、さらにメニューが表示されます。

④作業ウィンドウ

図面を描き込む作業エリアです。作業ウィンドウ内のグレーの枠は用紙範囲を表しています(詳細は「**1-5 作業ウィンドウ**」(P11)を参照)。

⑤パレット

作業に必要な情報を表示します。コマンド実行中も常に表示することができます(詳細は「**1-6 パレット**」(P13)を参照)。

⑥ツールバー

コマンドの機能がアイコンに割り付けられています。任意のコマンドを追加・削除することができます(詳細は「**1-7 ツールバー**」(P19)を参照)。

⑦コマンド履歴ツールバー

使用したコマンドのアイコンをツールバーに順次表示します。最大で 20 コマンドを表示できますので、前回実行されたコマンドだけでなく、2 回前や 5 回前のコマンドをすぐに実行することができます。

☆【ツールバーの設定】コマンドの「コマンド履歴ツールバーを表示」でコマンド履歴ツールバーの表示・非表示の設定ができます。

⑧ステータスバー

上段の左側には、キー入力した内容(コマンド名称やコード、数値)を表示し、右側には縮尺や座標、属性設定(レイヤ、色、線種、線幅など)、スナップモードや選択モードが表示されています。
下段には、コマンドの説明や、操作のメッセージなどを表示します(詳細は「**1-8 ステータスバー**」(P21)を参照)。

DRA-CAD では、表示されているメニューのほかに、作業領域のどこにでも移動できるポップアップメニューがあります。詳細は『**マニュアル**』を参照してください。

1-2-1 全画面表示モード

【全画面表示】FULLコマンドまたはキーボードの F11 キーを押すと、リボンなどが非表示となり、作業ウィンドウが画面全体に表示されます。

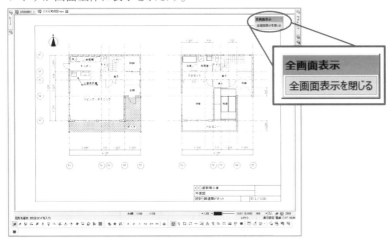

次のいずれかの方法で通常の表示に戻ります。

①[全画面表示を閉じる]ボタンをクリックする。

②右クリックメニューの[全画面表示をやめる]をクリックする。

③キーボードの F11 キーを押す。

☆【右クリックメニューの設定】コマンドで、【全画面表示】コマンドを設定している場合は、全画面表示中は[全画面表示]が[全画面表示をやめる]に切り替わります。

 Memo

ウィンドウの使い方

Windows の標準的な操作と同様です。

〔ウィンドウのボタンについて〕

ウィンドウ右上のボタンをクリックすると、次のことができます。

　　━ボタン ：ウィンドウを最小化します。

　　▢ボタン ：ウィンドウを最大化します(▢ボタンに変わります)。

　　▢ボタン ：最大化しているウィンドウを元のサイズに戻します(▢ボタンに変わります)。

　　✕ボタン ：ウィンドウを閉じます(メインウィンドウで実行すると、プログラムは終了します)。

〔ウィンドウを移動する〕

ウィンドウのタイトルバーにカーソルを合わせます。左ボタンを押し続けた状態にするとウィンドウがドラッグしますので、移動先で左ボタンを離します。

〔ウィンドウのサイズを変える〕

カーソルをウィンドウの境界上に置くと、カーソルの形状が変わります (↖↘⟷↕)。左ボタンを押したまま動かすと境界がドラッグしますので、任意の形状・サイズに変更します。

　　↕⟷ ：カーソルをウィンドウの端に置くと表示します。上下左右の任意にドラッグします。

　　↖↘ ：カーソルをウィンドウの枠に置くと表示します。水平または垂直方向のみドラッグします。

〔ウィンドウを切り替える〕

　　方法1. ：アクティブにするウィンドウ内をクリックします。

　　方法2. ：タスクバーからウィンドウをクリックします。

1-3 クイックアクセスツールバー

新規作成やファイルを開くなどのよく使われるコマンドがアイコンとして用意されています。アイコンをクリックするとそれぞれのコマンドを実行します。それぞれのアイコンの上にマウスポインタを移動すると、割り付けられているコマンド名とコマンドの説明が表示されます。

1-3-1 クイックアクセスツールバーのカスタマイズ

クイックアクセスツールバーの ▼ ボタンをクリックすると、クイックアクセスツールバーのカスタマイズメニューが表示され、クイックアクセスツールバーのカスタマイズを行うことができます。
表示するコマンドをクリックし、✔すると表示されます。✔をはずすと、非表示になります。

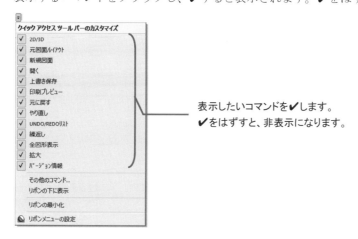

表示したいコマンドを✔します。
✔をはずすと、非表示になります。

また、クイックアクセスツールバーのカスタマイズメニューから[リボンの下に表示]をクリックするとリボンの下に配置することができます。ただし、リボンの下に配置すると、作業領域が狭くなります。クイックアクセスツールバーのカスタマイズメニューから[リボンの上に表示]をクリックすると🐵ボタンの横に配置され、最大限の作業領域を確保することができます。

[リボンの上に表示]

[リボンの下に表示]

■ コマンドの追加と削除

リボンのコマンドの上で右クリックするとメニューが表示されます。[**クイックアクセスツールバーに追加**]をクリックするとクイックアクセスツールバーに登録されます。

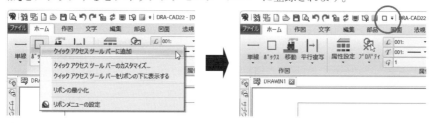

また、クイックアクセスツールバーから削除したいコマンドの上で右クリックするとメニューが表示されます。[**クイックアクセスツールバーから削除**]をクリックするとクイックアクセスツールバーから削除されます。

◤ カスタマイズ

クイックアクセスツールバーのカスタマイズメニューから[**その他のコマンド**]をクリックするとカスタマイズダイアログを表示し、クイックアクセスツールバーにコマンドを追加したり、削除することができます。

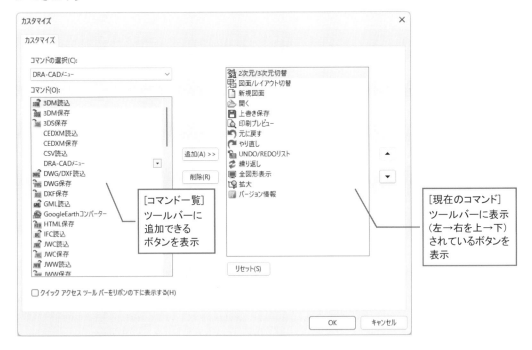

[リセット]　設定を初期の状態に戻します。
[▲][▼]　[**現在のコマンド**]で選択しているアイコンの位置を変更します。

＜コマンドの追加＞

[コマンドの選択]から、必要なコマンドのメニューをクリックし、選択します。[**コマンド**]に選択したメニューのコマンドが一覧表示されます。
[コマンド]から追加したいコマンドをクリックし、[追加]ボタンをクリックすると、現在のコマンド一覧にコマンドが追加されます。

＜コマンドの削除＞

現在のコマンド一覧から削除したいコマンドをクリックし、[削除]ボタンをクリックすると、現在のコマンド一覧からコマンドが削除されます。

1-4 リボンメニュー

メニュー名にカーソルを合わせてクリックすると、関連する項目ごとのパネルにアイコンが配置されて表示されます。

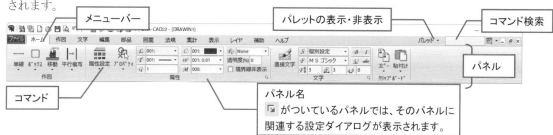

アイコンにカーソルを合わせ、クリックすることによりコマンドを実行します。
それぞれのアイコンの上にマウスポインタを移動すると、割り付けられているコマンド名とコマンドの説明が表示されます。

▼がついているコマンドでは、▼をクリックすると、さらにメニューが表示されます。コマンドを実行すると、パネルに表示されます。

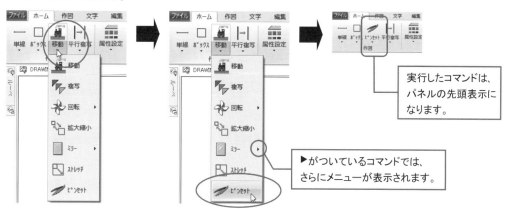

1-4-1 パネルの表示・非表示

パネルを非表示にして、作業ウィンドウの領域を広げたい場合は、リボンメニューの上で右クリックするとメニューが表示されます。
[リボンの最小化]をクリックするとパネルが常に非表示になります。
再度、リボンメニューの上で右クリックしてメニューを表示し、[リボンの最小化]をクリックするとパネルが常に表示されるようになります。

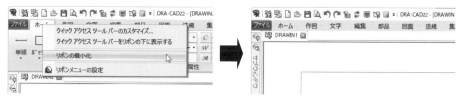

☆リボンメニュー名にカーソルを合わせてダブルクリックしても、パネルを非表示にすることができます。
再度、リボンメニュー名にカーソルを合わせてダブルクリックすると、パネルが常に表示になります。

パネルを非表示にすると、リボンメニュー名をクリックした場合にのみ、パネルを表示し、コマンドを実行または作業ウィンドウ上でクリックすると、パネルが非表示になります。

☆パネルを表示すると、作業ウィンドウやツールバーの上に重ねて表示されます。

1-4-2 リボンメニューのカスタマイズ

【リボンメニューの設定】コマンドを実行すると、リボンメニューの設定ダイアログを表示し、自分のよく使うコマンドを設定して独自のリボンメニューを作成したり、リボンメニューのアイコンの並び順を変更したりすることができます。

また、他のメニューへのアイコンの移動やコピー、リボンメニューからのアイコンの削除もできます。

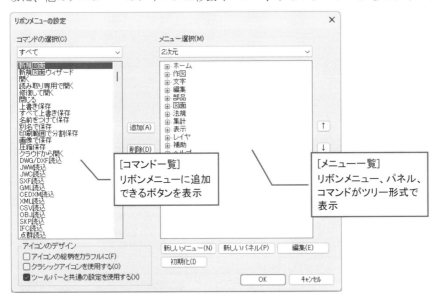

[新しいメニュー]	新しいリボンメニューを追加します。
[新しいパネル]	新しいパネルを追加します。
[編集]	選択しているリボンメニュー、パネル、コマンドを編集します。
[初期化]	設定を初期の状態に戻します。
[↑][↓]	[メニュー一覧]で選択しているリボンメニュー、パネル、コマンドの位置を変更します。
[アイコンのデザイン]	アイコンをカラーで表示したり、DRA-CAD8 以前のアイコン画像を表示したりすることができます。また、ツールバーと共通の設定にすることもできます。

＜コマンドの追加＞

[コマンドの選択]から、必要なコマンドのメニューをクリックし、選択します。[コマンド一覧]に選択したメニューのコマンドが一覧表示されます。

[コマンド一覧]から追加したいコマンドをクリックし、コマンドを追加したいパネルを指定して、[追加]ボタンをクリックすると、[メニュー一覧]にコマンドが追加されます。

＜コマンドの削除＞

[メニュー一覧]から削除したいコマンドをクリックし、[削除]ボタンをクリックすると、[メニュー一覧]からコマンドが削除されます。

1-5 作業ウィンドウ

作業ウィンドウは図面を描き込む作業エリアです。作業ウィンドウ内のグレーの枠は用紙枠(印刷範囲)を表しています。実際の用紙サイズに縮尺の逆数を掛けた大きさの用紙が表示されています。

この用紙に実寸法で図面を描き、印刷時に縮小(縮尺)して印刷します。ただし、文字・矢印などのサイズは、実際に印刷した時の大きさを考え、その数値に縮尺の逆数を掛けた値を設定します。

☆一部のコマンドでは、実寸法(出力サイズ)の値が設定できます。

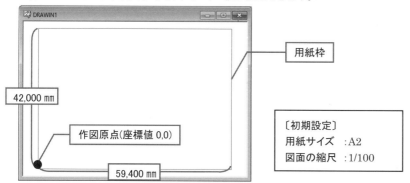

| 用紙枠 |
| 42,000 mm |
| 作図原点(座標値 0,0) |
| 59,400 mm |

〔初期設定〕
用紙サイズ :A2
図面の縮尺 :1/100

1-5-1 カーソル

マウスポインタが、現在どこを指しているかを表示しているのが「カーソル」です。状況に応じて形状が変わります。

[矢印カーソル]　　　　[クロスヘアカーソル]　　　　[クロスカーソル]

☆図上ではクロスヘアカーソルを点線で表示していますが、通常は実線で表示されます。

セットアップ時に設定した「操作方法」により次のように表示されます。

☆【環境設定】コマンドの〔操作〕タブで、変更することができます。

[矢印カーソル]　　　　　[図形選択優先]では、最も基本的なカーソルで、コマンドを実行していない状態の時に表示され、図形の選択やコマンドの指定、設定項目の指定を行います。

[クロスヘアカーソル]　[線描画優先]では、最も基本的なカーソルで、コマンドを実行していない状態の時に表示され、クリックすると、線分を作図することができます。
　　　　　　　　　　　　[図形選択優先]では、コマンド実行後のポイントの指定や線分、図形の作図を行います。

[クロスカーソル]　　　コマンド実行後の図形の選択や範囲指定を行います。

1-5-2 マウスについて

マウスのボタンには左右それぞれ機能があります。

ホイール
右ボタン
左ボタン

第4、5ボタン※
※第4、5ボタンはマウスによって位置が異なります。

左ボタン ：処理の進行、コマンドの実行、プリミティブ(図形や線分など)の選択などに使用します。

右ボタン ：基本的に処理のキャンセル、コマンドの解除などに使用します。

☆【環境設定】コマンドで、設定した「右クリック」により基本的な操作の他にポップアップメニューの移動や編集メニューを表示することができます(詳細は『マニュアル』を参照)。

マウスにホイールがある場合や第4、5ボタンがある場合は、【環境設定】コマンドで、画面表示やレイヤ表示などの機能を割り付けることができます(詳細は『マニュアル』を参照)。

1-5-3 ウィンドウタブ

作業ウィンドウを最大表示にすると、タブが表示されます。

複数のファイルを表示している場合は、タブをクリックすると作業ウィンドウに表示するファイルを切り替えることができます。

☆ ◀ ▶ ボタンをクリックすると表示されていないタブを表示することができます。

初期設定では、【環境設定】■コマンドの〔図面〕タブで「タブでウィンドウを切り替える」に✔が付いています。
✔をはずすと非表示になり、タブの位置(ウィンドウの上/下)を変更することもできます。

また、タブを右クリックするとメニューが表示され、作業ウィンドウやタブの表示について設定することができます(詳細は『マニュアル』を参照)。

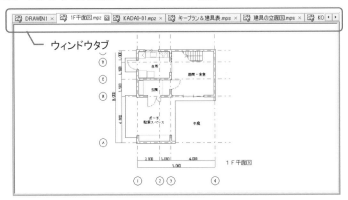
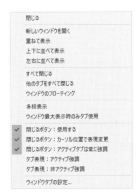

ウィンドウタブの設定

ウィンドウタブの表示や色、閉じるボタンの表現などを設定します。

また、タブの色をカラーダイアログで設定することができます(詳細は『マニュアル』を参照)。

[タブ表現]

☆タブの上と下に異なる色を設定すると以下のようになります。

1-6 パレット

DRA-CAD には、作業に必要な属性の設定や情報を表示するために、さまざまなパレットが用意されています。パレットはダイアログボックスと違い、コマンド実行中も常に表示することができます。

1-6-1 パレットの表示・非表示

[🖰 ドキュメントパレット]、[🗐 レイヤパレット]、[🖰 属性リストパレット]、[🖰 プロパティパレット]、[🖰 テキストパレット]、[🖰 パーツパレット]、[🖰 クリップパレット]、[🖰 サブウィンドウパレット]、[🖰 ルーペパレット]があり、表示・非表示を切り替えて使うことができます。

メニューバーの[パレット]メニューから表示するパレットをクリックし、✔すると表示されます。✔をはずすと、非表示になります。

☆パレットの[×]ボタンをクリックしてもパレットを非表示にすることができます。

[パレット]メニューには、パレットのほかに[🖳 表示設定]、[🖩 電卓]があり、パレットと同様にコマンド実行中も常に表示することができます(「**2-3-2 表示設定**」(P33)、「**2-2 ダイアログボックスの使い方** ◢電卓」(P30) を参照)。

☆[表示設定]と[電卓]は、ステータスバーからも表示・非表示を切り替えることができます。

アイコンをクリックすると、パレットを表示します。作業ウィンドウ上をクリックすると、パレットが非表示になります。

また、⊞ボタンをクリックすると⊟ボタンに変わります。常に表示となり、残りのパレットはタブ表示になります。⊟ボタンをクリックするとアイコンに戻ります。

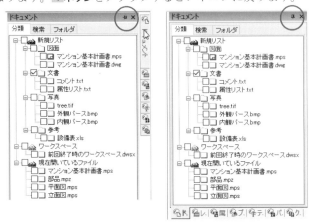

パレットが折りたたまれてアイコン表示となっている場合に、[パレット]メニューから[全てのパレットの名前を表示]をクリックすると、アイコンに名前が表示されます。

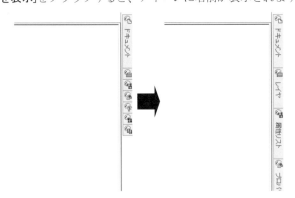

また、パレットが常に表示の場合、タイトルバーを右クリックするとメニューが表示され、表示状態について設定することができます。

[フローティング]　　パレットを分離状態にし、マウスで画面上の好きな位置に移動できるようにします。
[ドッキング]　　　　分離状態のパレットを元の位置に結合します。
[自動的に隠す]　　　パレットを自動的に隠します。
[非表示]　　　　　　パレットを非表示にします。

1-6-2 パレットの操作

パレットやタブをドラッグし、パレットの分離やパレットの結合、パレット位置の変更をすることができます。

🔲ボタンをクリックし、パレットを常に表示とします。

◼ パレットの移動

パレットのタイトルバーを作業ウィンドウにドラッグすると、メインウィンドウにパレットの配置位置にドッキングアイコンが表示されます。
移動したい位置のドッキングアイコンにドラッグするとパレットが移動します。

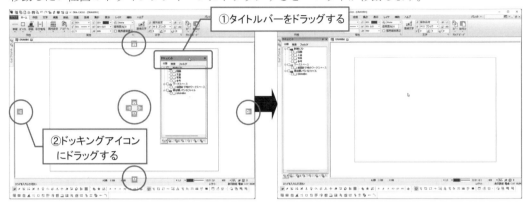

◼ パレットの分離

パレットのタイトルバーをパレットの外にドラッグすると、パレットが分離します。

◼ パレットのタブ化・結合

パレットのタイトルバーを別のパレットの中にドラッグすると、タブ化・結合アイコンが表示されます。中央のアイコン 🔲 にドラッグすると、パレットがタブになります。上下 🔼🔽 左右 ◀▶ のアイコンにドラッグすると、パレットが結合します。

[タブ化]　　　　　　　　　　[結合]

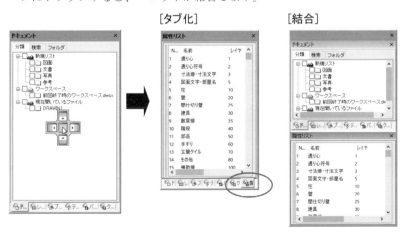

1-6-3 パレットの種類

■ ドキュメントパレット

【ドキュメントパレット】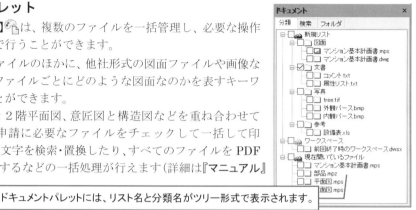は、複数のファイルを一括管理し、必要な操作を複数のファイルで行うことができます。

DRA-CAD図面ファイルのほかに、他社形式の図面ファイルや画像などの文書の管理、ファイルごとにどのような図面なのかを表すキーワードを設定することができます。

また、1階平面図と2階平面図、意匠図と構造図などを重ね合わせて比較したり、確認申請に必要なファイルをチェックして一括して印刷、すべての図面の文字を検索・置換したり、すべてのファイルをPDFやSXF形式に変換するなどの一括処理が行えます(詳細は『マニュアル』を参照)。

> ドキュメントパレットには、リスト名と分類名がツリー形式で表示されます。

■ 属性のパレット

【レイヤパレット】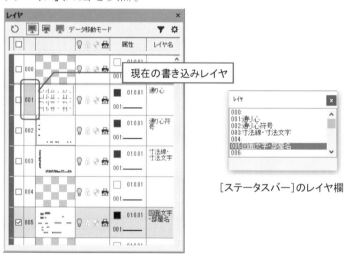は、現在のレイヤの表示/非表示、ロック/アンロックや退避/退避解除、印刷する/しないを確認、設定、変更することができます(「Part2 図面の作成 4-2 間仕切り壁を編集するアドバイス」(P182)を参照)。

現在の書き込みレイヤ

[ステータスバー]のレイヤ欄

【属性リストパレット】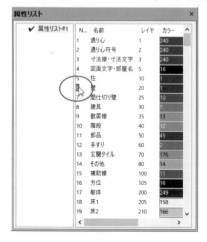は、指定した属性リストが一覧表示され、№.を指定するだけで、書き込む属性を一度に指定することができます(「Part2 図面の作成 1-2 補助線を描く」(P160)を参照)。

■ 表示のパレット

【サブウィンドウパレット】は、作業ウィンドウを拡大表示すると、サブウィンドウパレットに拡大部分の表示枠が表示されます。

作業ウィンドウの表示範囲を移動することができますので、サブウィンドウに図形全体を表示しておくことにより容易に図面の一部を表示することができます（「Part2　図面の作成　**3-1**　構造壁を描く　アドバイス」(P167)を参照）。

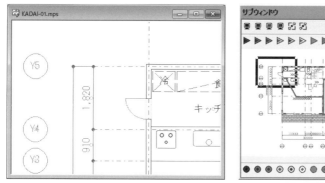

表示枠の動きに連動して、作業ウィンドウが表示されます。

【ルーペパレット】は、作業ウィンドウで指定した範囲がルーペパレットに拡大表示されます。

作業ウィンドウで図形全体を表示し、ルーペパレットで拡大表示して容易に作業、確認することができます（「Part2　図面の作成　**4-1**　間仕切り壁を描く　アドバイス」(P177)を参照）。

作業ウィンドウでのマウスの動きに連動して、表示されます。

■ その他のパレット

【テキストパレット】は、記入する文字列をテンプレートファイル（テキストファイル）から指定することができます。【文字記入】コマンドなどで文字を入力する時に文字列を選択し、[転送]ボタンをクリック、または文字列をダブルクリックすると、入力されます（「Part2　図面の作成　**9-1**　部屋名を描く　アドバイス」(P229)を参照）。

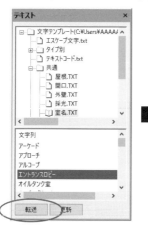
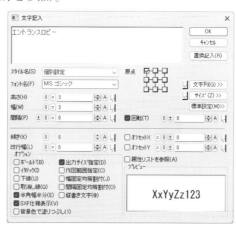

【プロパティパレット】🎨は、図形を選択すると、指定した図形の属性と図形情報が表示されます。情報の数値を変更することで図形を変更することができます（「**8-1** 属性の設定、変更について ◢属性の変更方法３」(P112)を参照)。

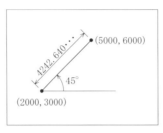

【パーツパレット】🖼は、他のファイルに登録されている図面要素を現在作図中の図面に挿入または新規ファイルとして開きます。表示されているパーツを図面へドラッグ＆ドロップすることで、パーツを新規に開いたり、展開してその図面へ貼りつける他、シンボル図形やブロック図形、オーバーレイ図形として登録することができます（「Part４図面の活用 **5-1** 画像データを配置する　アドバイス」(P339)を参照)。

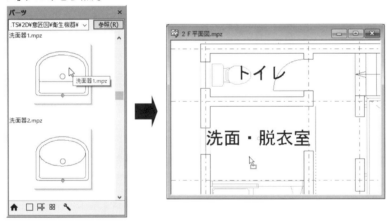

【クリップパレット】📋は、【切り取り】✂ または【コピー】📋コマンドでクリップボードにコピーしたクリップデータを複数表示し、クリップデータを図面へドラッグ＆ドロップすると、貼り付けることができます（「Part３ 図面の編集 **5-1** 部品を配置する　アドバイス」(P276)を参照)。

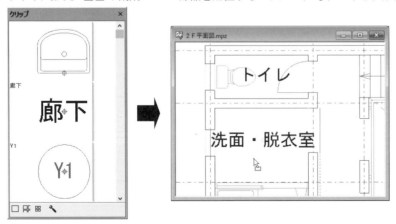

1-7 ツールバー

コマンドの機能がアイコンに割り付けられています。それぞれのアイコンの上にマウスポインタを移動すると、割り付けられているコマンド名が表示されます。

アイコンにカーソルを合わせ、クリックするとコマンドを実行します。

1-7-1 ツールバーの表示・非表示

【ツールバーの設定】<img>コマンドを実行するとツールバーダイアログを表示し、ツールバーの表示・非表示の設定、変更を行うことができます。初期設定で表示されるツールバーは「**スナップ**」、「**スナップ補助**」、「**選択**」の3つです。

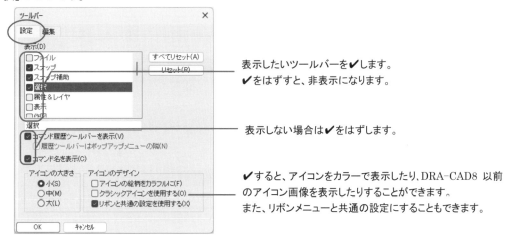

表示したいツールバーを✔します。
✔をはずすと、非表示になります。

表示しない場合は✔をはずします。

✔すると、アイコンをカラーで表示したり、DRA-CAD8 以前のアイコン画像を表示したりすることができます。
また、リボンメニューと共通の設定にすることもできます。

1-7-2 ツールバーの編集

【ツールバーの設定】<img>コマンドで、ツールバーのカスタマイズをすることができます。

◢ 新しいツールバーの作成

〔設定〕タブの[表示]欄から「ユーザー01」～「ユーザー07」を選択し、ツールバーの名前を入力すると、空の新しいツールバーが表示されます。

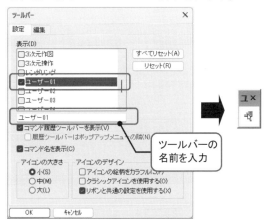

ツールバーの
名前を入力

◼ コマンドの追加

(1) 〔編集〕タブの[種類]欄から追加したいメニューを選択します。

☆[コマンド]欄にアイコンやコマンド名が表示されます。

(2) [コマンド]欄から追加したいコマンドを選択します。

☆コマンドの説明が表示されます。

(3) 追加先のツールバーへコマンドをドラッグすると、ツールバーに追加されます。

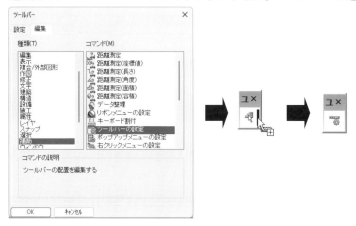

◼ コマンドの移動

移動したいアイコンを新しい位置へドラッグします。

（違うツールバーの場合）

（同じツールバーの場合）

◼ コマンドの削除

削除したいコマンドをツールバーの外へドラッグすると、コマンドがツールバーから削除されます。

1-8 ステータスバー

以下のような情報が配置されています。情報が表示されている場所にカーソルを合わせ、クリックまたは
右クリックすると情報を設定または変更することができます。

①	コマンドライン	キーボードから入力した内容が表示されます。 **[右クリック]** 編集メニューが表示されます。入力した内容のカット/コピー/貼り付け/削除や表示フォントのサイズやステータスバーの表示について設定することができます(「**1-8-1** 編集メニュー」を参照)。
②	修正アシスト	**[右クリック]** 編集メニューが表示されます。文字修正アシストを有効にします(「**1-8-1** 編集メニュー」を参照)。
③	用紙	現在の用紙設定が表示されます。
④	図面縮尺	現在の図面縮尺が表示されます。 **[クリック]** 縮尺・用紙の設定ダイアログが表示されます。ダイアログボックスから縮尺の設定や用紙の設定などをすることができます。 **[右クリック]** 記入縮尺を図面縮尺に合わせます。
⑤	記入縮尺	現在の記入縮尺が表示されます。 **[クリック]** 記入縮尺リストが表示されます。リストから記入縮尺を指定することができます。 **[右クリック]** 記入縮尺エディットボックスが表示されます。エディットボックスに記入縮尺をキーボードから入力し、設定することができます。
⑥	座標値	最後に指定した座標値を表示します。 コマンド実行中は状況に応じて始点からの相対座標などが表示されます。
⑦	レイヤ	現在の書き込みレイヤが表示されます。 **[クリック]** レイヤリストが表示されます。リストから書き込みレイヤを指定することができます。 **[右クリック]** レイヤの設定ダイアログが表示されます。書き込みレイヤの指定、現在のレイヤの表示/非表示、ロック/アンロックや印刷する/しないを確認、設定、変更することができます。 左の[*]をクリックすると、現在のレイヤ番号以降で未使用のレイヤ番号を設定します。
⑧	カラー	現在の書き込みカラーが表示されます。 **[クリック]** カラーパレットが表示されます。カラーパレットから書き込みカラーを指定することができます。 **[右クリック]** カラーの設定ダイアログが表示されます。書き込むカラーを作成または変更することができます。 左の[*]をクリックすると、現在のカラー番号以降で未使用のカラーを設定します。
⑨	線種	現在の書き込み線種が表示されます。 **[クリック]** 線種リストが表示されます。リストから書き込み線種を指定することができます。 **[右クリック]** 線種の設定ダイアログが表示されます。書き込む線種を作成または変更することができます。

⑩	線幅	現在の書き込み線幅が表示されます。 **[クリック]** 線幅リストが表示されます。リストから書き込み線幅を指定することができます。 **[右クリック]** 線幅の設定ダイアログが表示されます。書き込む線幅を変更することができます。
⑪	グループ	現在の書き込みグループが表示されます。 **[クリック]** 使用していない最小グループ番号が設定されます。 **[右クリック]** グループエディットボックスが表示されます。エディットボックスに書き込みグループ番号をキーボードから入力し、設定することができます。
⑫	材質	現在の書き込み材質が表示されます。 **[クリック]** 材質リストが表示されます。リストから書き込み材質を指定することができます。 **[右クリック]** 材質番号を「0」にします。
⑬	塗りカラー	現在の書き込み塗りカラーが表示されます。 **[クリック]** カラーパレットが表示されます。カラーパレットから書き込み塗りカラーを指定します。 **[右クリック]** 塗りカラーを「なし」にします。 **[ダブルクリック]** 塗りカラーをカラーと同じにします。 左の[*]をクリックすると、現在の塗りカラー番号以降で未使用の塗りカラーを設定します。
⑭	スナップモード	現在のスナップモードが表示されます。 **[クリック]** スナップモードツールバーが表示されます。ツールバーからスナップモードを選択することができます。
⑮	選択モード	現在の選択モードが表示されます。 **[クリック]** 選択モードツールバーが表示されます。ツールバーから選択モードを選択することができます。
⑯	データ数	現在の図面のデータ数が表示されます。
⑰	メッセージエリア	実行中のコマンドの説明や操作のメッセージが表示されます。 **[右クリック]** 編集メニューが表示されます。表示フォントのサイズやステータスバーの表示について設定することができます（「**1-8-1 編集メニュー**」を参照）。
⑱	コマンド名	実行中のコマンド名が表示されます。
⑲	描画順	現在の図面の描画順が表示されます。 ☆描画方法が「DirectX」の場合は[データの並び順]で描画することはできません。 　図面に定義された描画順が[データの並び順]の場合、環境設定の描画順で描画します。 **[クリック]** 描画順リストが表示されます。リストから描画順を指定することができます。
⑳	スナップ拘束	現在のスナップ拘束モードが表示されます(拘束されている場合は背景色が変更されて表示されます)。 **[クリック]** クリックするごとに[.-]→[.x]→[.y]の順に変更します。
㉑	表示設定	表示設定ダイアログを表示します(【表示設定】💻コマンドの実行)。
㉒	電卓	電卓ダイアログを表示します(【電卓】🖩コマンドの実行)。

1-8-1 編集メニュー

ステータスバーのコマンドラインまたはメッセージエリアを右クリックするとメニューが表示されます。

[切り取り]/[コピー]

ステータスバーに表示されている文字列を切り取り(コピー)、クリップボードにコピーします。

[貼り付け]

[切り取り]や[コピー]でクリップボードにコピーされた文字列をステータスバーに貼り付けます。

[削除]

ステータスバーに表示されている文字列を削除します。

[フォント設定]

フォント設定ダイアログが表示され、ステータスバーに表示されるメッセージのフォントサイズを設定します。

[カラフル]

✔するとコマンドラインにキーボード入力すると背景青に白文字で表示され、コマンド実行時にメッセージエリアは背景黒に白文字で表示されます。

✔をはずすと表示状態は変わりません。

[文字修正アシスト]

右クリックすると修正アシストの機能のひとつ「文字修正アシスト」を有効にします。✔をはずすと無効になります(文字修正アシストについては「Part4 図面の活用 **1-3-3** 文字を描く アドバイス」(P307)を参照)。

② コマンドを実行するには？

2-1 コマンドの実行と解除

2-1-1 実行方法

コマンドは、次のいずれかの方法で実行します。

方法 1) リボンメニューからコマンド名を指定する。

コマンド名にカーソルを合わせ、クリックすることにより実行します。

> **POINT** アイコンの上にカーソルを置くと、コマンド名とコマンドの説明が表示されます。

> ☆ **Alt** キーを押すと、メニューにアルファベットが表示され、表示されているキーを入力しても指定できます。

方法 2) ツールバーのアイコンを指定する。

アイコンにカーソルを合わせ、クリックすることにより実行します。

方法 3) ステータスバーから情報が表示されている場所を指定する。

それぞれの情報が表示されている場所にカーソルを合わせ、クリックすることにより実行します。

> ☆図面縮尺、用紙サイズ、記入縮尺、レイヤ、カラー、線種、線幅、材質、塗りカラー、スナップモード、選択モードが実行でき、描画順も変更することができます。
> また、右クリックすると、設定コマンドなどが実行できます。

Memo

- それぞれの方法で実行すると、コマンドによってはダイアログボックスが表示されます。
- コマンドを実行すると、ステータスバーのメッセージエリアにメッセージを表示します。コマンド実行中はメッセージの指示にしたがって作業を進めていきます。
- DRA-CAD では、ほかに作業領域のどこにでも移動できるポップアップメニューから実行することができます(詳細は『マニュアル』を参照)。
- **【環境設定】** ▦ **コマンド**の**[その他]タブ**で、リボンメニューではなくプルダウンメニューを指定した場合は、プルダウンメニューからコマンド名を指定します(詳細は『マニュアル』を参照)。

方法 4) キーボードからコマンド名称・コードを入力する。

コマンドには、それぞれキータイプ名称とコマンドコードが割り付けてあります。これをステータスバーのコマンドラインにキーボードから入力します。

☆**【キーボード割付】**コマンドは、キーボードのキーに実行するコマンドを割り付けることができ、コマンド名をクリックすると、キータイプ名称とコマンドコードが表示されます。

例：**【移動】**コマンド

> 入力した内容は、ウィンドウ左下のコマンドラインに表示され、**【移動】**コマンドが実行されます。

方法 5) 右クリックメニューのコマンドを指定する。

作業ウィンドウ上で右クリックすると編集メニューが表示されます(編集メニューについては「**7-3-2 右クリックメニュー**」(P106)を参照)。

コマンド名にカーソルを合わせ、クリックすることにより実行します。

2-1-2 解除する

コマンドには、操作終了と同時に自動的に解除されるものと、解除操作の必要なものがあります。

コマンドが解除されると、「**図形を選択、またはコマンドを入力**」と画面左下にメッセージが表示されます。

☆**【環境設定】**コマンドの〔操作〕タブで操作体系を「線描画」とした場合は、「線分の始点、またはコマンドを入力」と画面左下にメッセージが表示されます。

コマンドは次のいずれかの方法で解除します。

方法 1) ステータスバーの左下にコマンドのメッセージが表示されている状態で右クリックすると、1つずつメッセージが戻り、コマンドが解除されます。

方法 2) ステータスバーの左下にコマンドのメッセージが表示されている状態で〔Esc〕キーを押すと、メッセージが戻り、コマンドが解除されます。

☆**【環境設定】**コマンドの〔操作〕タブで「コマンド実行中の ESC キー」で「ひとつ戻る」を指定した場合は、1つずつメッセージが戻り、コマンドが解除されます。

方法 3) ダイアログボックスが表示されるコマンドは、ダイアログボックスの[**キャンセル**]または[**×**]**ボタン**をクリックして解除します。

☆**【環境設定】**コマンドの〔操作〕タブで「ダイアログ外クリックでOK」に✔がある場合、ダイアログボックスからカーソルをはずしてクリックするとコマンドを実行、右クリックするとコマンドを終了することができます。

POINT 解除直後に〔スペース〕キーを押すと、直前に実行したコマンドを再度実行することができます。

25

2-1-3 特殊キーによるコマンドの実行

DRA-CAD では、ある特殊キーに、以下のような機能を割り付けています。これをステータスバーのコマンドラインにキーボードから入力し、コマンドを実行します。

☆【キーボード割付】[f.1]コマンドで機能を変更することができます。

キーの種類		機　　能
J ＋コマンドコード	↵	コマンドの実行
M0〜M7、M10、M12	↵	スナップモードの指定
¥0〜¥3	↵	編集対象図形の確認モード設定 0　確認なし 1　最大最小矩形表示 2　ハイライト表示 3　最大最小矩形表示かつハイライト表示
C1〜C258	↵	書き込みカラー番号の設定（256色＋レイヤ依存+ブロック依存）
T1〜T34	↵	書き込み線種番号の設定（32種＋レイヤ依存+ブロック依存）
L0〜L256	↵	書き込みレイヤ番号の設定
G0〜G65535	↵	書き込みグループ番号の設定
W1〜W18	↵	書き込み線幅番号の設定（16種＋レイヤ依存+ブロック依存）
F1〜F256	↵	書き込み塗りカラー番号の設定
N1〜N200	↵	書き込み材質番号の設定
Z1〜Z256	↵	属性リストから書き込み属性リスト番号の設定
L＊ [F9]	↵	未使用レイヤ番号の検索
C＊	↵	未使用カラー番号の検索
T＊	↵	未使用線種番号の検索
W＊	↵	未使用線幅番号の検索
G＊ [F10]	↵	未使用グループ番号の検索
N＊	↵	未使用材質番号の検索
MM [Ctrl]＋W	↵	グリッド表示の ON/OFF 切替え（【グリッド】::::コマンドの実行）
[F11]		全画面表示の ON/OFF 切替え（【全画面表示】FULLコマンドの実行）
S＋1〜9		表示範囲の記憶（【サブウィンドウパレット】の登録）
A＋1〜9		記憶した表示範囲の呼出（【サブウィンドウパレット】の呼出）
[Ctrl]＋A		全選択（【全選択】コマンドの実行）
[Ctrl]＋N		新規ファイルの作成（【新規図面】コマンドの実行）
[Ctrl]＋O		ファイルを開く（【開く】コマンドの実行）
[Ctrl]＋S		上書き保存する（【上書き保存】コマンドの実行）
[Ctrl]＋P		印刷する（【印刷】コマンドの実行）
[Ctrl]＋R		再表示（【再表示】コマンドの実行）
[Ctrl]＋Q		レイヤ表示の反転（【表示レイヤ反転】コマンドの実行）
[Ctrl]＋Z		元に戻す（UNDO）（【元に戻す】コマンドの実行）
[Ctrl]＋Y		やり直し（REDO）（【やり直し】コマンドの実行）
[Ctrl]＋G		クイックメジャーの実行（【クイックメジャー】コマンドの実行）
[Ctrl]＋F		文字検索（【文字検索】コマンドの実行）

キーの種類	機　能
Ctrl ＋ X 、 Shift ＋ Delete	切り取り（【切り取り】✂コマンドの実行）
Ctrl ＋ C 、 Ctrl ＋ Insert	コピー（【コピー】🗐コマンドの実行）
Ctrl ＋ V 、 Shift ＋ Insert	貼り付け（【貼り付け】📋コマンドの実行）
Page Down ／ Page Up	ズームアップ/ズームダウン
← → ↓ ↑	パンニング
Ctrl ＋ Home	図形全体の表示（【全図形表示】🖥コマンドの実行）
Home	用紙範囲の表示（【図面範囲表示】🖥コマンドの実行）
↵	前コマンドラインの再表示
スペース	前コマンドの再実行（【繰り返し】🔁コマンドの実行）
Esc	図面表示の中止/選択解除 コマンドの終了、編集メニューを非表示 【環境設定】🖥コマンドの設定により、以下の操作になります。 　線分作図で始点入力に戻る（ラバーバンドを切る）
Delete	プリミティブ（図形や線分など）の削除（【削除】◇コマンドの実行）
Tab	ポップアップメニューの移動
Ctrl ＋ F4	開いているウィンドウを閉じる（【閉じる】✕コマンドの実行）
Ctrl ＋ F6 、 Ctrl ＋ Tab	開いているウィンドウを切り替える
Alt ＋ F4	DRA-CAD の終了（【終了】🏠コマンドの実行）

☆【環境移行】🖥コマンドなどで操作環境を変更した場合は、変更した内容と表の内容が異なる場合があります。

2-1-4 キー＋マウスによる操作

特殊キーを押しながらマウスを使って、以下のような機能が実行できます。

項　　目	機　　能
Ctrl ＋クリック	・文字記入やボックス、ブロック配置、移動、複写などで位置を指示する場合に反時計回りに回転（【環境設定】■コマンドで角度を設定） ・複数選択の場合に、指定した図形の選択を解除する ・属性の指定（【属性参照】■コマンドの実行） ☆セットアップ時に設定した「操作方法」で「線描画優先」とした場合に有効です。
Ctrl ＋右クリック	文字記入やボックス、ブロック配置、移動、複写などで位置を指示する場合に時計回りに回転（【環境設定】コマンドで角度を設定）
Ctrl ＋ Shift ＋クリック／右クリック	文字記入やボックス、ブロック配置などで位置を指示する場合にカーソル上の線分から回転角度を取得する
Shift ＋クリック	・図形選択の場合に、連続して複数の図形を選択 ・線分の作図の場合に最後の点から水平/垂直な位置にスナップ
Alt ＋クリック	図形選択の場合に、編集対象図形の確認のマウスが表示
Alt ＋右クリック	指示した図形の情報を表示（【図形のプロパティ】■コマンドの実行）
文字上で Ctrl ＋右クリック	文字の編集（【直接文字入力・編集】■コマンドの実行）
文字上でダブルクリック	
ホイールクリック	【環境設定】■コマンドの設定により、以下の操作のうちいずれか 拡大とパンニング、パンニング、属性指定、全図形表示、図面範囲表示、マルチ表示、再描画、表示レイヤ、非表示レイヤ、表示レイヤ反転、全レイヤ表示、ロックレイヤ、ロックレイヤ反転、全ロックレイヤ解除
Shift ＋ホイールクリック	ホイールクリックの操作と逆の操作 拡大とパンニング⇔パンニング、全図形表示⇔図面範囲表示、表示レイヤ⇔全レイヤ表示、非表示レイヤ⇔全レイヤ表示、表示レイヤ反転⇔全レイヤ表示、ロックレイヤ⇔全ロックレイヤ解除、ロックレイヤ反転⇒全ロックレイヤ解除
Ctrl ＋ホイールドラッグ	パンニング
ホイール回転	【環境設定】コマンドの設定により、以下の操作のうちいずれか 前画面と次画面、ズーム、スナップモードの変更、選択モードの変更、上下方向にパンニング
Ctrl ＋ホイール回転	ズームアップ/ズームダウン
左右同時クリック	【環境設定】コマンドの設定により、以下の操作のうちいずれか パンニング、拡大とパンニング、属性指定、全図形表示、図面範囲表示、マルチ表示
第4ボタンをクリック	【環境設定】コマンドの設定により、以下の操作のうちいずれか 拡大とパンニング、パンニング、属性指定、全図形表示、図面範囲表示、マルチ表示、再描画、表示レイヤ、非表示レイヤ、表示レイヤ反転、全レイヤ表示、ロックレイヤ、ロックレイヤ反転、全ロックレイヤ解除、元に戻す、やり直し、前画面、次画面、文字アップ、文字ダウン
第5ボタンをクリック	

2-2 ダイアログボックスの使い方

2-2-1 ダイアログボックスの基本設定

DRA-CAD ではコマンドによって、条件を設定するために以下のようなダイアログボックスが表示されます。

コマンドによって項目はさまざまですが、使い方は共通です。

項目の設定ができたら、[OK]ボタンをクリックしてコマンドを実行します。

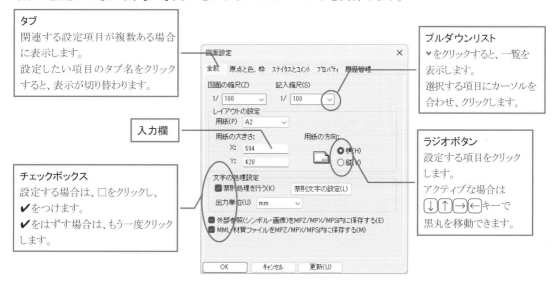

タブ
関連する設定項目が複数ある場合に表示します。
設定したい項目のタブ名をクリックすると、表示が切り替わります。

入力欄

チェックボックス
設定する場合は、□をクリックし、
✔をつけます。
✔をはずす場合は、もう一度クリックします。

プルダウンリスト
✔をクリックすると、一覧を表示します。
選択する項目にカーソルを合わせ、クリックします。

ラジオボタン
設定する項目をクリックします。
アクティブな場合は
↓↑→←キーで
黒丸を移動できます。

[キーボードからの入力]

入力欄のある項目には、設定する数値または文字をキーボードから直接入力します。

また、**A**ボタンのついている入力欄では、算術計算した結果が入力されます。算術の優先順位を決定する括弧（ ）、＋、－、×（*）、÷（/）などの四則演算、sin や cos などの三角関数を使用して、入力することができます。たとえば、入力欄に(10+20)*3 **A**、または(10+20)*3＝⏎キーと入力すると 90 と計算結果が入力されます。

[使用できる算術計算]

　　+,-,*,/,&,^,sin,cos,tan,acos,asin,atan,log,log10,abs,exp,sqr,deg,rad,pai

[数値、項目の選択]

入力欄横に**✔ボタン**がある時は、ドロップダウンコンボを表示します。

選択する項目、数値などにカーソルを合わせクリックします。

☆ドロップダウンコンボにない場合はキーボードから直接入力することができます。

[入力欄について]

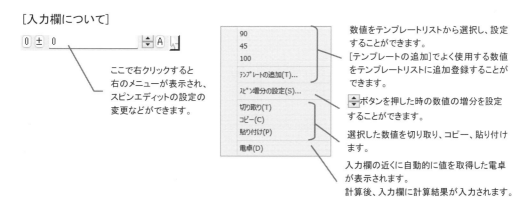

ここで右クリックすると右のメニューが表示され、スピンエディットの設定の変更などができます。

数値をテンプレートリストから選択し、設定することができます。
[テンプレートの追加]でよく使用する数値をテンプレートリストに追加登録することができます。

⏶⏷ボタンを押した時の数値の増分を設定することができます。

選択した数値を切り取り、コピー、貼り付けます。

入力欄の近くに自動的に値を取得した電卓が表示されます。
計算後、入力欄に計算結果が入力されます。

◼ 電卓

編集メニューで[電卓]を選択すると、入力欄の近くに自動的に値を取得した電卓ダイアログが表示されます。

☆ **Ctrl** キーを押しながらダイアログの A ボタンをクリックしても、自動的に値を取得した電卓ダイアログを表示することができます。

また、電卓ダイアログの[取得]ボタンをクリックしても、入力欄の値を取得することができます。

電卓ダイアログでは、＋－×÷などの四則演算や対数、三角関数などの関数演算を行うことができます。

計算（例：100－25＝75）後、[転送]ボタンをクリックすると、入力欄に計算結果が入力されます。

☆転送後、電卓ダイアログは非表示になります。

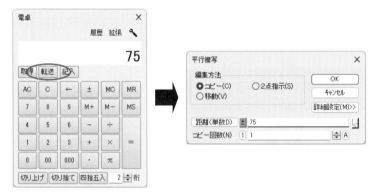

[履歴]　　履歴が電卓ダイアログに追加表示されます。

[拡張]　　拡張計算ボタンが電卓ダイアログに追加表示されます。

[履歴]　　　　　　　　　　[拡張]

・【電卓】▦コマンドは、パレットメニューまたはステータスバーから表示/非表示を切り替えることもできます。

2-2-2 ボタンについて

次のボタンが一般によく表示されます。

ボタン	機　能
 図面から(Z)	図面上のプリミティブ(図形や線分など)を指示して、設定条件を参照します。また、長さや角度などを図面から取得できます。 ☆角度の取得は └┘ をクリックすると「**3点指定**」、**Ctrl** + └┘ をクリックすると「**2点指定**」になります。 ［長さ］　　　　　　［角度(3点指定)］　　　　　［角度(2点指定)］
*	レイヤ・グループ番号などの属性で、ダイアログボックスに表示している番号以降で未使用の最小番号を検索して設定します。
/	設定したサイズや厚さなどの半分の数値を設定します。
0、1、2	数値をそれぞれ 0、1、2 にします。
±	数値の正負を逆にします。
↕	[**スピン増分の設定**]で設定した間隔で数値を増減します。
=	関連する項目と同じ値にします。
A	入力欄に入力した数式を計算します。**Ctrl** + A をクリックすると自動的に値を取得した電卓ダイアログが表示されます。
R	設定した半径の数値を設定します。
P	カラーパレットが表示され、カラーを設定することができます。
▦	属性リストからレイヤ・カラー・線種・線幅などを取得し、設定します。
詳細設定(M)>>	詳細を設定するダイアログボックスを追加表示します(標準設定(M)>> ボタンに切り替わります。)。
標準設定(M)>>	標準設定のダイアログボックスを表示します(詳細設定(M)>> ボタンに切り替わります)。
OK	コマンドを実行し、次の処理に進みます。
キャンセル	コマンドを終了します。
閉じる	ダイアログボックスを閉じます。

Memo
・【環境設定】▦コマンドの〔操作〕タブで「**ダイアログ外クリックでOK**」に✔ がある場合、ダイアログボックスからカーソルをはずして作業ウィンドウ上でクリックするとコマンドを実行、右ボタンをクリックするとコマンドを終了することができます。
・ダイアログボックスの項目などがすべて表示されていない場合は、カーソルをダイアログボックスの境界上に置き、ドラッグしてダイアログボックスのサイズを変更してください。

2-3 本書での操作環境

2-3-1 環境設定

DRA-CAD の操作方法や表示に関する設定は、【環境設定】コマンドで設定します（詳細は『マニュアル』を参照）。本書では、以下の設定内容で操作します。

(1) 【環境設定】コマンドを実行します。

[ファイル]メニューから[■ 環境設定]をクリックします。

(2) ダイアログボックスが表示されます。

〔操作〕タブで[操作体系]を「図形選択」、[図形選択]を「単一選択」、[右クリック]を「ポップアップ移動又は編集メニュー表示」に指定します。

(3) 〔表示〕タブをクリックして表示します。

[描画方法]を「GDI」に指定し、[ポリラインの頂点にマーカー表示]の✔をはずします。

〔操作〕タブ 操作に関する基本的な項目の設定　　**〔表示〕タブ** 画面の表示に関する項目の設定

 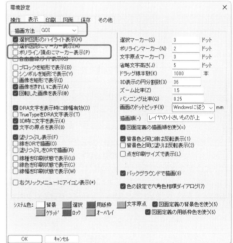

> **POINT** DRA-CAD では、GDI と DirectX の描画方法があり、〔表示〕タブまたは【表示設定】■コマンドで切り替えることができます。GDI は Windows の標準的な描画方法（DRA-CAD10 までの描画方法）で、DirectX は Microsoft DirectX を使用した描画方法でGDI の描画よりも高速に表示します。

(4) 〔印刷〕〔図面〕〔保存〕〔その他〕タブは、すべて初期設定のままで操作します。

〔印刷〕タブ 印刷に関する項目の設定　　**〔図面〕タブ** 図面枠とレイアウトに関する項目の設定

〔保存〕タブ 読み込み、保存に関する項目の設定　**〔その他〕タブ** 操作の詳細について設定

(5) [OK]**ボタン**をクリックし、設定します。

2-3-2 表示設定

【環境設定】コマンドの〔表示〕タブで設定されている項目は、【表示設定】コマンドで変更することができます。

☆パレットメニューまたはステータスバーから表示/非表示を切り替えることもできます。

アドバイス！

【ユーザー管理】コマンドでダイアログの設定(環境設定やツールバーをはじめ各コマンドの設定値)などすべての情報をファイルで保存することができます。

複数のユーザーが1つのDRA-CADを使用する場合、または一人のユーザーが複数の設定で使用する場合に、それぞれの設定を登録し、必要に応じてその登録してある設定を呼び出してDRA-CADを使用することができます。

③ 新規作成とデータファイルの管理

3-1 新規図面を作成する

3-1-1 新規ファイルの作成

プログラム起動直後は新規の作業ウィンドウが表示され、作図ができる状態になっています。データの編集中やファイルを開いている場合は、【新規図面】コマンドで新規に作業ウィンドウを表示します。

(1) 【新規図面】コマンドを実行します。

[ファイル]メニューから[　新規図面]→[　新規図面]をクリックします。

(2) 新しい作業ウィンドウが表示され、【新規図面】コマンドは解除されます。

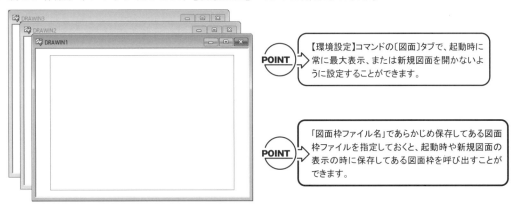

POINT▷ 【環境設定】コマンドの〔図面〕タブで、起動時に常に最大表示、または新規図面を開かないように設定することができます。

POINT▷ 「図面枠ファイル名」であらかじめ保存してある図面枠ファイルを指定しておくと、起動時や新規図面の表示の時に保存してある図面枠を呼び出すことができます。

☆【環境設定】　コマンドの〔図面〕タブで設定されている「初期設定」の用紙・縮尺の新しい図面が、メモリが許す限り何枚でも表示します。

【新規図面ウィザード】　コマンドを実行すると、ダイアログボックスが表示されます。

必要な項目を順次入力することで、新規図面の基本的な設定(図面設定、属性設定、文字など)を行うことができます。基本的な設定を個別に設定するか、参照したい図面または保存されているテンプレートを使用します。

設定する手順は、以下のようになっています。

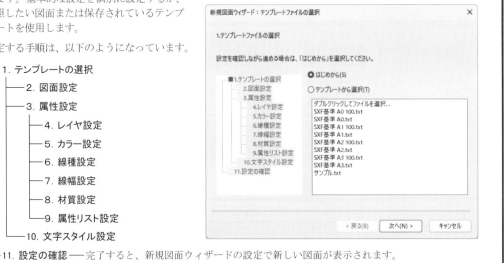

- 1. テンプレートの選択
  - 2. 図面設定
  - 3. 属性設定
    - 4. レイヤ設定
    - 5. カラー設定
    - 6. 線種設定
    - 7. 線幅設定
    - 8. 材質設定
    - 9. 属性リスト設定
  - 10. 文字スタイル設定
- 11. 設定の確認——完了すると、新規図面ウィザードの設定で新しい図面が表示されます。

3-1-2 用紙枠について

初期値では、A2 用紙、縮尺 1/100 に設定されています。

DRA-CAD には、図面縮尺と記入縮尺があります。記入縮尺を変えることで、1 つの図面内に複数の縮尺で描くことができます。

この図面縮尺や用紙サイズなどは、【図面設定】コマンドで変更することができます。

☆【環境設定】コマンドの〔図面〕タブで、初期値を変更することもできます。

(1) 【図面設定】コマンドを実行します。

　　[ファイル]メニューから[設定]→[図面設定]をクリックします。

(2) ダイアログボックスが表示されます。

〔全般〕タブ 　図面縮尺や用紙サイズの変更　　**〔原点と色、枠〕タブ** 　作図原点や用紙枠の変更

POINT 　作図原点は座標入力をする時の原点位置になります。
初期設定では用紙枠の左下にあります。

(3) [OK]ボタンをクリックし、設定します。

【図面設定】コマンドについて

　[図面の縮尺] 　出力時の縮尺です。その縮尺で設定された用紙枠(用紙の大きさ×図面縮尺の逆数)が矩形で作業ウィンドウに表示されます。

　[記入縮尺] 　現在作図中または編集中の図形や文字にのみ対象となる縮尺で、1 つの図面に異縮尺の図面を描く時に設定します。

　☆図形を他の図面に移動(複写)する場合は、移動(複写)先の記入縮尺で決まる大きさで移動(複写)されます。

　[作図例：1000mm の線]

記入縮尺：1/100	記入縮尺：1/20	記入縮尺：1/100
①1000mm	①200mm	①1000mm
	②1000mm	②5000mm
	☆①の 5 倍の長さの線が描かれ、①の長さは 200mm になります。	☆①の長さは 1000mm に戻り、②の長さが 5000mm になります。

Memo 　・ステータスバーの図面縮尺をクリックしても設定ダイアログを表示し、図面縮尺や用紙サイズなどを設定することができます。

　A4横　1:100　1:100　　　　＊ L:50 ＊　　　　1:0.01 G:1003 M:0 ＊なし 　 2508

3-2 データの保存と呼び出し

3-2-1 データを保存する

入力したデータを保存します。

◼ 上書き保存

【上書き保存】💾コマンドは、ファイル名を変更しない場合に選択する保存方法で、読み込んだデータを編集し、同じファイル名で保存します。

☆複数のファイルが開いている場合は、【すべて上書き保存】コマンドで編集したファイルをすべて上書き保存することができます。

◼ 名前をつけて保存

【名前をつけて保存】コマンドは、作成したデータを新規に保存する場合、または編集中のデータのファイル名を変更して、別のファイル名をつけて保存する方法です。

[ファイルの種類]を選択すると、MPS以外の形式で保存することができます。

☆MPZ/MPX/MPS以外のファイルを保存する場合は、それぞれの設定ダイアログが表示され、変換方法を設定することができます。

また、【DWG保存】DWG、【DXF保存】DXF、【JWW保存】JWW、【JWC保存】JWC、【P21保存】P21、【SFC保存】SFCコマンドで直接、設定ダイアログを表示して保存することもできます。

(1) 【名前をつけて保存】コマンドを実行します。

[ファイル]メニューから[🖫 名前をつけて保存]をクリックします。

(2) ダイアログボックスが表示されます。

保存先のドライブ、フォルダを変更する場合は、[フォルダの参照]ボタンをクリックし、データを保存するドライブ、フォルダを指定します。

(3) ファイル名を入力し、ファイルの種類を選択します。

(4) [保存]ボタンをクリックすると、データが保存されます。
　　【名前をつけて保存】コマンドは解除され、作図画面に戻ります。

POINT　コメントを入力しておくと、ファイルを呼び出す時に便利です。

POINT　MPS ファイルは DRA-CAD7 以降のプログラムで有効です。
DRA-CAD6 より以前のプログラムでは、MPZ ファイルを選択してください。

◢ その他の保存方法

【別名で保存】
現在編集中の図面を新しい名前をつけて保存します。
☆現在編集中の図面名は変わりません。

【画像で保存】
解像度を指定して、図面を画像ファイル(BMP/JPG/TIFF/PNG 形式)で保存します。

【圧縮して保存】
現在開いているすべての図面を圧縮(ZIP 形式)して保存します。

【クラウドへ保存】
インターネットを介して利用できるクラウド上のディスクドライブに図面を保存します。
保存されたファイルは、DRA Viewer で閲覧することができます。
☆DRA Viewer は、iPhone・Android で利用可能なアプリです。

Memo　DRA-CAD では下記のファイルを呼び出し・保存することができます。

DRACAD セキュリティファイル(*. MPS)　：パスワードで保護できる DRA-CAD の圧縮ファイル
DRA Win ファイル(*.MPZ)　：DRA-CAD のファイル
DRA Win Flat ファイル(*.MPX)　：OLE 以外の DRA-CAD ファイル
DRA-CAD α (*.MPW)　：DRA-CAD α のファイル
DRA-CAD2 (*.MPP)　：DRA-CAD2 V2 のファイル
ARM-M(*.MDL)　：ARM-M のファイル
AutoCAD DWG(*.DWG)　：AutoCAD のファイル
AutoCAD DXF(*.DXF)　：AutoCAD または他の CAD との交換用データ
JW_CAD(*.JWC)　：JW_CAD のファイル
Jw_cad for Windows(*.JWW)　：Jw_cad for Windows のファイル
SXF ファイル(*.SFC、*.P21)　：図面の電子納品のために作成された CAD データ
書庫(圧縮)ファイル(*.ZIP)　：圧縮ファイル

☆MPS、MPZ、MPX ともに、「DRA-CAD21 以前」にした場合は、更に"書き出しバージョン"を設定することができます。

3-2-2 データを呼び出す

保存されているデータを呼び出します。

【開く】コマンドは、新しいウィンドウを開いて選択した図面を読み込みます。また、圧縮されたファイルを読み込むこともできます。

☆MPZ/MPX/MPS 以外のファイルを開く場合は、それぞれの設定ダイアログが表示され、変換方法を設定することができます。

また、【DWG/DXF 読込】DWG、【JWW 読込】JWW、【JWC 読込】JWC、【SXF 読込】SXFコマンドで直接、設定ダイアログを表示して読み込むこともできます。

(1) 【開く】コマンドを実行します。

[ファイル]メニューから[🗁 開く]をクリックします。

(2) ダイアログボックスが表示されます。

「フォルダ」で呼び出したいデータのあるドライブとフォルダを指定します。

(3) ファイルの種類を選択し、開きたいファイル名を指定します。

(4) [開く]ボタンをクリックします。

新しいウィンドウを開いて指定したデータが開き、【開く】コマンドは解除されます。

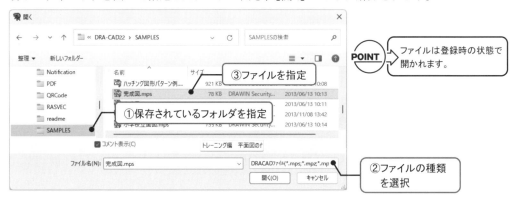

POINT ファイルは登録時の状態で開かれます。

①保存されているフォルダを指定
②ファイルの種類を選択
③ファイルを指定

アドバイス

作業ウィンドウ上にエクスプローラまたは Web ブラウザからファイルをドラッグ＆ドロップすると、ファイルを開いたり、部品またはオブジェクトとして挿入することができます。

(1) エクスプローラで、ファイルを指定し、作業ウィンドウにドラッグします。

(2) ボタンを離すと、メニューが表示されます。操作を選択すると、指定したファイルが表示されます。

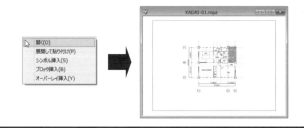

☆図面ファイルは、ほかにシンボル、ブロック、オーバーレイファイルとして開くことができます。

また、画像ファイルや Excel ファイルなどを挿入することもできます。

◢ その他の呼び出し方法

【読み取り専用で開く】

図面ファイルを読み取り専用で開きます。ファイルを読み込むと、タイトルバーと作業ウィンドウのファイルのタブに「読み取り専用」と表示されます。

編集はできますが、保存時にはメッセージが表示され、上書き保存はできません。

【修復して開く】

データ数が 0 で開かれる MPZ ファイルを修復して開きます。MPZ ファイルを開いた場合に、ファイルサイズはあるにもかかわらず、データ数が 0 で読み込まれる場合があります。その場合に、ファイルの内部を解析し、図面データのみを取り出す処理を行ってファイルを開きます。

【クラウドから開く】

インターネットを介して利用できるクラウド上のディスクドライブにある図面ファイルを読み込むことができます。

3-2-3 書き出しと読み込み

◢ 書き出し

【XML 保存】XML、【SVG 保存】SVG、【WMF/BMF 保存】WMF、【PDF 保存】☆1 PDF、【HTML 保存】☆2 HTML コマンドで、図面をそれぞれの表示形式で保存することができます。

☆1 PDF ファイルへは、用紙サイズの範囲で、色、線種、線幅は印刷時の状態で保存されます。

☆2 図面にある画像や OLE 図形は書き出せません。また文字列はすべて DRA-CAD フォントで表示されます。

◢ 読み込み

【XML 読込】XML、【PDF 読込】PDF、【GML 読込】GML、【CSV 読込】CSV コマンドで、ダイアログボックスからファイル名を選択すると、それぞれの表示形式のファイルを読み込むことができます。

☆【XML読込】コマンドでは全ページ、【PDF読込】コマンドでは設定したページが読み込まれ、作成される図面の縮尺は 1/1 となります。

また、【GML 読込】コマンドでは地図データを読み込みます。

ＣＳＶファイルの読み込みについて

座標をカンマ区切りで記載したテキストファイル（拡張子 csv）を読み込むことができます。
CSV ファイルは、テキスト（文字）とカンマ（,）で構成されていて、カンマで値を区切ったファイルで、そのままクリックするとメモ帳で開けます。3 次元図形としても読み込むことができます。

2次元図形の場合　1 点目 X 座標,1 点目 Y 座標,2 点目 X 座標,2 点目 Y 座標,・・・

3次元図形*の場合　1 点目 X 座標,1 点目 Y 座標 1 点目 Z 座標,2 点目 X 座標,2 点目 Y 座標,2 点目 Z 座標・・・

☆DRA-CAD22LE ではご利用できません。

3-2-4 セキュリティファイル(MPS形式)について

MPS形式のファイルは、パスワードによるファイルの暗号化でデータファイルの保護、図形データに圧縮を行い、ファイルサイズを縮小することができます。
また、パスワードを設定しない場合は、圧縮したデータ形式として利用できます。

◼ パスワードの設定方法

(1) 名前をつけて保存ダイアログボックスの[**セキュリティ**]**ボタン**をクリックします。

(2) セキュリティオプションダイアログボックスを表示します。パスワードで保護する項目を✔し、[**入力**]**ボタン**をクリックします。

(3) パスワードを設定して[**OK**]**ボタン**をクリックします。

(4) セキュリティオプションダイアログボックスの[**OK**]**ボタン**をクリックすると、パスワードが設定されます。

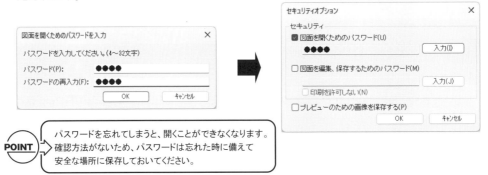

> **POINT** パスワードを忘れてしまうと、開くことができなくなります。
> 確認方法がないため、パスワードは忘れた時に備えて
> 安全な場所に保存しておいてください。

◼ 呼出方法

MPS形式でセキュリティが設定されているファイルを指定すると、以下のダイアログボックスが表示されます。

「図面を開くためのパスワード」が設定してある場合:
パスワードを入力し、[**OK**]**ボタン**をクリックすると、図面を表示します。

☆不特定多数の人に図面を閲覧させたくない場合に使用します。

「図面を編集、保存するためのパスワード」が設定してある場合:
パスワードを入力し、[**OK**]**ボタン**をクリックすると、図面を表示し、編集・保存することができます。

☆不特定多数の人に図面の編集をさせたくない場合に使用します。

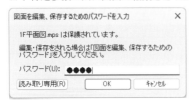

[**読み取り専用**]**ボタン**をクリックすると、図面のタイトルに「編集/保存:× 印刷:○」などとコメントの入った図面が表示され、編集・保存することはできません。

3-3 その他のファイル操作

3-3-1 オーバーレイ機能

オーバーレイ機能とは、作業を分担する施工図の作成や3次元モデルの作成、意匠・構造・設備などの共通データ化など、建築設計一般に行われているチーム作業（コラボレーションワーク）を支援する機能で、【オーバーレイ管理】 コマンドで、DRA-CAD の図面ファイルを重ね合わせて表示します。

下地とする図面ファイルの図形にはスナップはできますが、編集することはできません。印刷時には、オーバーレイされている状態で印刷できるため、複数ファイルを合成する手間が必要ありません。

[アクティブファイル] 例：設備図　　　[オーバーレイファイル] 例：意匠図/構造図

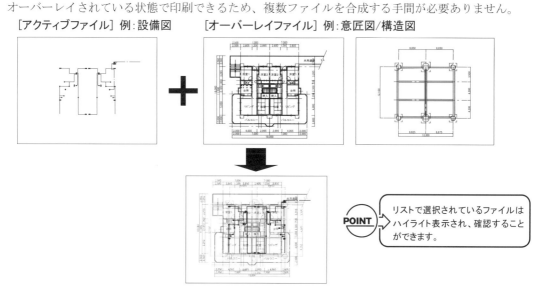

POINT　リストで選択されているファイルはハイライト表示され、確認することができます。

3-3-2 串刺し編集

【串刺し編集】 コマンドは、複数のファイル、領域を重ね合わせて一度に編集することができます。ファイルの指定、表示・非表示の切り替えが行え、図形操作などのコマンド終了時といったタイミングで各元図面に反映されます。作図時にはすべての元図面に要素を作図する場合と特定の図面に作図する場合が選択できます。

例：1F平面図　　　　　　　　　　2F平面図

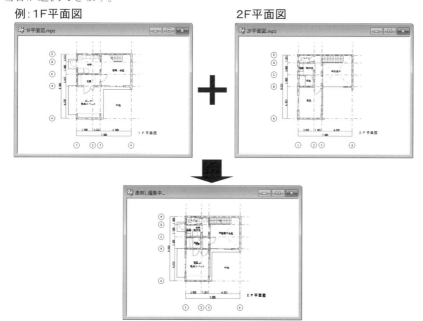

3-3-3 図面比較

【重ね合わせ表示】コマンドで、2つのファイルを選択し、それぞれに指定した表示色で重ね合わせて
表示または切り替えて表示することでファイルの相違点の確認が容易にできます。

また、【連動表示】コマンドで、複数開いた図面の同じ範囲を連動して表示します。一方のウィンドウで
画面表示を変更すると、連動してもう一方のウィンドウでも画面表示が変更されます。

[重ね合わせ表示]

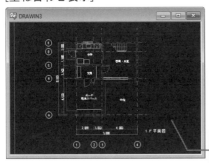

[連動表示]

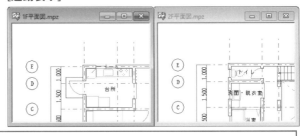

一致する部分はOR描画により、白で表示され、一致しない部分は
それぞれ指定した色で表示されます。

【図面比較】コマンドは、二つの図面をデータとして比較し、違いのある部分、または同じ部分を強調し
て表示します。また違う部分だけを別の図面として作成することができます。

【図面管理】コマンドは、保存したファイルが時系列で一覧表示されます。作業中のファイル、元の
ファイル、バックアップしたファイル、別名保存したファイルなど履歴が世代で表示され、一目でわか
ります。

また、2つの図面を比較して表示します。一方の図面だけにある図形がわかりやすく表示され、一方の
図面にだけある図形をもう一方の図面にマージ（コピー）することができます。コピーされた図形はシン
ボルで配置されますので、【シンボル編集】コマンドで直接編集することもできます。

選択したファイル

選択したファイルの履歴を表示

比較結果をプレビュー
左側のファイルのみに
ある図形を青色、右側の
ファイルのみにある図形
を赤色で表示

④ 画面の表示を変えてみよう!

画面上での作業をスムーズに、正確に行うために、画面に対しての拡大・縮小、表示する範囲の移動(パンニング)などの機能があります。

☆練習用データ「練習1.mps」を開いて練習してみましょう(「本書の使い方　練習用データのダウンロード」を参照)。

4-1 画面の表示変更

4-1-1 画面表示の種類

画面を表示するコマンドは表示メニューにまとめられています。画面を表示するコマンドは、ダイアログボックスが表示されていない時はいつでも変更ができます。

アイコン	コマンド名	機　能
（青）	再表示	現在の画面の表示状態を正確に再表示します。 ☆ Ctrl キーを押しながら R キーを押しても実行することができます。
（赤）	全図形表示	図形全体を作業ウィンドウに最大表示します。 ☆ホイールボタンをダブルクリック、または Ctrl キーを押しながら Home キーを押しても実行することができます。
	すべて全図形表示	複数の作業ウィンドウを開いている場合に、現在開いているすべてのウィンドウを全図形表示にします。
（緑）	図面範囲表示	用紙枠で設定されている範囲(図面範囲)が作業ウィンドウに入るように表示します。 ☆ Home キーを押しても実行することができます。
	表示範囲呼出	サブウィンドウパレットで記憶している図面範囲で、直前に呼び出して表示した図面範囲を呼び出します。
1:1	実寸表示	ウィンドウの解像度に合わせて、出力サイズで表示します。 ☆解像度は、【環境設定】コマンドの〔表示〕タブの「画面のドットピッチ」で設定します。
	拡大	作業を行いやすいように、画面の一部分を拡大する時に実行します。 拡大する範囲を対角にクリックして指定すると、指定した範囲が拡大表示されます。
	パンニング	画面の中心となる位置をクリックすると、表示される図形の大きさを変えずに、指定した位置が中心になるように、表示範囲を移動することができます。 ☆矢印(→←↓↑)キーを押すことにより表示範囲を一定比率で移動することもできます。
	ズームアップ	〝もう少し大きく表示したい〟という時に使用します。 画面の中心となる位置をクリックすると、指定した位置を中心に、表示範囲を一定比率で拡大します。 ☆ Page Down キーでも画面の中心を基準にズームアップすることができます。
	ズームダウン	〝もう少し小さく表示したい〟という時に使用します。 画面の中心となる位置をクリックすると、指定した位置を中心に、表示範囲を一定比率で縮小します。 ☆ Page Up キーでも画面の中心を基準にズームダウンすることができます。
	前画面	クリックするごとに、前の画面の表示状態を表示します。表示画面の変更が15以上になると、古いものから消去されます。
	次画面	【前画面】コマンドで戻った表示画面を1つ元の画面に進みます。

4-1-2 指定した範囲を拡大する

作業を行いやすいように、画面の一部分を拡大します。拡大範囲を指定すると、その部分が画面一杯に表示されます。

(1) 【拡大】コマンドを実行します。

[表示]メニューから[🔍 拡大]をクリックします。

(2) 「拡大1点目」とメッセージが表示されたら、1点目をクリックします。

(3) 「拡大2点目」とメッセージが表示され、ボックスラバーバンドに変わります。

対角にカーソルを移動し、枠を広げ2点目をクリックします。

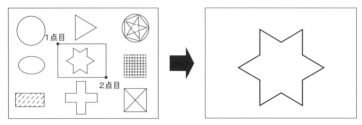

ボックスラバーバンドで指定した範囲が拡大表示されます。

(4) 右クリックすると、【拡大】コマンドは解除されます。

Memo

・【環境設定】📑コマンドの[操作]タブの「ホイールクリック」で「拡大とパン」を指定すると、コマンドを実行しなくても、ホイールボタンでドラッグすると指定範囲を拡大、クリックすると表示範囲を移動することができます。

・【環境設定】コマンドの[図面]タブで「スクロールバーを表示する」に✔すると、作業ウィンドウに[水平スクロールバー]および[垂直スクロールバー]が表示され、画面を移動することができます（DRA-CAD7 以降）。

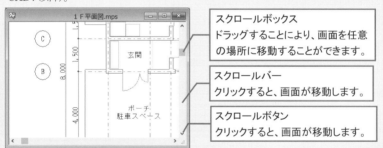

スクロールボックス
ドラッグすることにより、画面を任意の場所に移動することができます。

スクロールバー
クリックすると、画面が移動します。

スクロールボタン
クリックすると、画面が移動します。

・【環境設定】コマンドの[操作]タブで、「マルチ表示」という設定をマウスに割り当てることができます。

「マルチ表示」を設定したボタンをクリックすると、作業ウィンドウに[ズームダウン]、[全図形表示]、[前画面]、[窓による拡大]の4つのコマンドガイドが表示されます。

実行したいコマンドの方向へマウスを移動すると、コマンドガイドが選択されて実行することができます。

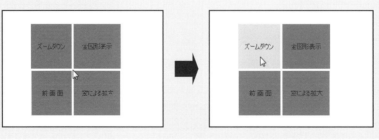

4-1-3 全体を表示する

◪ 用紙枠の範囲を表示する

用紙枠で設定されている範囲(図面範囲)が作業ウィンドウに入るように表示します。

(1)【図面範囲表示】コマンドを実行します。

[表示]メニューから[🖥 図面範囲表示]をクリックします。

(2) 設定された用紙枠の全体が表示され、【図面範囲表示】コマンドは解除されます。

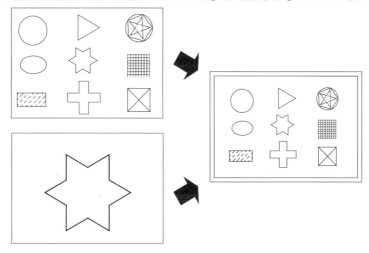

◪ 図形全体を表示する

図形全体を最大表示します。

(1)【全図形表示】コマンドを実行します。

[表示]メニューから[🖥 全図形表示]をクリックします。

(2) 作図されている図形全体が画面一杯に表示され、【全図形表示】コマンドは解除されます。

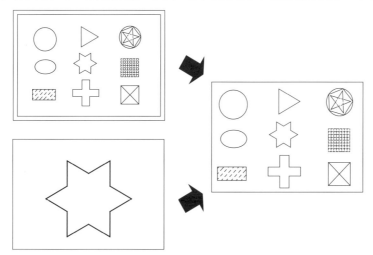

4-1-4　一定の比率で拡大・縮小する

◢ 一定の比率で拡大する

〝もう少し大きく表示したい〟という時に、一定の比率で拡大されます。

(1) 【ズームアップ】コマンドを実行します。

[表示]メニューから[🔍 ズームアップ]をクリックします。

(2) 「拡大する中心を指示」とメッセージが表示され、クロスカーソルに変わります。

クロスカーソルで拡大したい図形の中心をクリックします。

(3) 指定した位置を中心に拡大表示されます。

クリックするごとに拡大表示することができます。

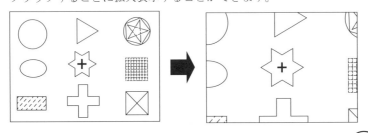

(4) 右クリックすると、【ズームアップ】コマンドは解除されます。

> **POINT** 〔Page Down〕キーを押すことにより、画面中心を基準に一定の比率で拡大することができます。

◢ 一定の比率で縮小する

〝もう少し小さく表示したい〟という時に、一定の比率で縮小されます。

(1) 【ズームダウン】コマンドを実行します。

[表示]メニューから[🔍 ズームダウン]をクリックします。

(2) 「縮小する中心を指示」とメッセージが表示され、クロスカーソルに変わります。

クロスカーソルで縮小したい図形の中心をクリックします。

(3) 指定した位置を中心に縮小表示されます。

クリックするごとに縮小表示することができます。

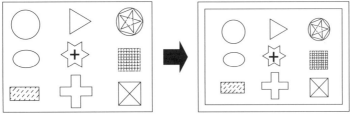

(4) 右クリックすると、【ズームダウン】コマンドは解除されます。

> **POINT** 〔Page Up〕キーを押すことにより、画面中心を基準に一定の比率で縮小することができます。

Memo

・ズーム・パンニングの比率は、【環境設定】🔧コマンドの〔表示〕タブで設定することができます。
初期値はズーム比率1.5、パンニング比率0.25で設定しています。

・【環境設定】コマンドの〔操作〕タブの「ホイール回転」でMicrosoft IntelliMouse のホイールに機能を割り付けることができます。初期値では、ホイール回転すると、ズームアップ・ズームダウンします。また、「ホイール回転」に別の機能を割り付けた場合は、〔Ctrl〕キーを押しながらホイール回転するとズームアップ・ズームダウンすることができます。

4-1-5 表示範囲を移動する

表示される図形の大きさを変えずに、指定した位置が中心になるように、表示範囲を移動させます。

(1) 【パンニング】コマンドを実行します。

[表示]メニューから[📲 パンニング]をクリックします。

(2) 「中心に置きたい位置を指示」とメッセージが表示され、クロスカーソルに変わります。

クロスカーソルで画面の中心にしたい図形の中心をクリックします。

(3) 指定した位置の図形が、画面の中心に表示されます。

クリックするごとに表示範囲が移動します。

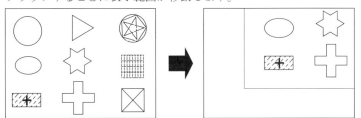

(4) 右クリックすると、【パンニング】コマンドは解除されます。

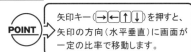

POINT 矢印キー(→←↑↓)を押すと、矢印の方向（水平垂直）に画面が一定の比率で移動します。

4-1-6 その他の表示方法

◢ 元の範囲を表示する

現在の画面表示から1つ前の表示状態に戻します。

【前画面】 📺 コマンドを実行すると、前の画面の表示状態を表示します。実行と同時に【前画面】コマンドは解除されます。

☆表示画面の変更が15以上になると、古いものから消去されます。

また、【次画面】 📺 コマンドを実行すると、【前画面】コマンドで戻った表示画面を1つ元の画面に進みます。実行と同時に【次画面】コマンドは解除されます。

◢ 画面を再表示する

現在の画面の表示状態を正確に再表示します。

【再表示】 🖥 (青)コマンドを実行すると、現在表示されている画面をそのまま表示し直します。実行と同時にコマンドは解除されます。

使用例≫

・描いたはずの図形の一部が表示されない時。

・消したはずの線分や文字が表示されている時。

Memo
・【環境設定】 🖳 コマンドの〔操作〕タブの「ホイールクリック」で Microsoft IntelliMouse のホイールに機能を割り付けることができます。初期値では、ホイールボタンでドラッグすると、パンニングすることができます。

また、「ホイールクリック」に別の機能を割り付けた場合は、 **Ctrl** キーを押しながらホイールボタンでドラッグするとパンニングすることができます。

・マウスに第4、第5ボタンがある場合は、【環境設定】コマンドの〔操作〕タブで機能を割り付けることができます。

❺　図形を描いてみよう！

基本となる線分や円を作図します。

5-1　線分を描く

線分を描くには、セットアップ時に設定した操作体系により次のようになります。

☆【環境設定】🖳コマンドの〔操作〕タブで、変更することができます。

［図形選択］　常に図形選択モードの状態にあるため、コマンドを実行してから、図面上をクリックして線分を描きます。

［線描画］　常に作図モードの状態にあるため、コマンドを実行する必要はありません。図面上をクリックするだけで、線分を描くことができます。

また、1本ずつ線分を描く【単線】コマンドと一筆書きのように線分を連続的に描く【折れ線】コマンドがあります。

5-1-1　単線を描く

1本ずつ線分を描きます。

(1)【単線】コマンドを実行します。

　　［ホーム］メニューから［― 単線］をクリックします。

(2)「線分の始点」とメッセージが表示され、クロスヘアカーソルに変わります。

　　始点にしたい任意の位置をクリックします。カーソルを動かすとカーソルの交差部からラバーバンドが表示されます。

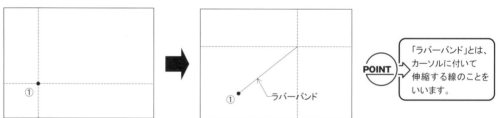

(3)「線分の中点」とメッセージが表示されたら、線を描きたい位置までカーソルを移動し、クリックすると、1本の線が描かれます。

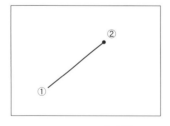

(4) 右クリックまたは Esc キーを押すと、【単線】コマンドは解除されます。

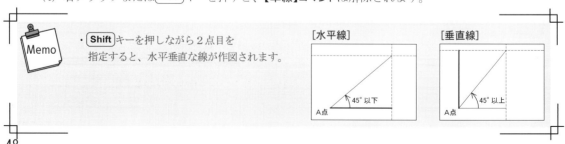

Memo
・Shift キーを押しながら2点目を指定すると、水平垂直な線が作図されます。

［水平線］　　45°以下　　A点

［垂直線］　　45°以上　　A点

5-1-2 連続した線を描く

一筆書きのように線分を連続的に描きます。

(1) 【折れ線】コマンドを実行します。

[ホーム]メニューから[― 単線]の▼ボタンをクリックし、[／＼ 折れ線]をクリックします。

(2) 「線分の始点」とメッセージが表示され、クロスヘアカーソルに変わります。

始点にしたい任意の位置をクリックします。カーソルを動かすとカーソルの交差部からラバーバンドが表示されます。

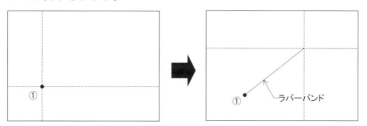

(3) 「線分の中点」とメッセージが表示されたら、線を描きたい位置までカーソルを移動し、クリックすると、1本の線が描かれます。カーソルにラバーバンドが付いてきます。

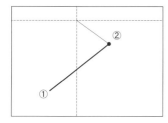

(4) (3)と同様に、カーソルを移動して第3点〜第6点とクリックして星を描きます。

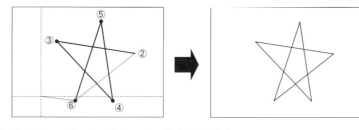

(5) 右クリックして、ラバーバンドを切ります。

☆【環境設定】▦コマンドの〔操作〕タブの「右クリックでラバーバンドを切る」に✔がある場合、線分を作図後、右クリックすると、ラバーバンドが切れます。また、「コマンド実行中の ESC キー」により、Esc キーを押してもラバーバンドを切ることができます。

アドバイス🖊

図面上にマウスがある場合に【クイックメジャー】▥コマンドを指定すると、マウス位置から上下左右にクイックメジャーが起動し、カーソルと図形の交点間の寸法を表示します。

☆ Ctrl キーを押しながら G キーを押してもクイックメジャーが起動します。

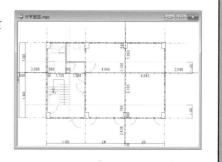

(6)　右クリックまたは Esc キーを押すと、【折れ線】コマンドは解除されます。

5-1-3　チップパネル

作図モードの際、[補助]メニューの[カーソルチップ]を✔するとリアルタイムに距離や角度、座標をツールチップで表示し、[カーソル目盛]を✔するとクロスヘアカーソルに目盛りが表示されます。
また、[プロパティチップ]を✔すると、マウス位置にある図形の情報をツールチップで表示します。

［カーソルチップ］　　　　　　　　　　　　　　　　　　［プロパティチップ］

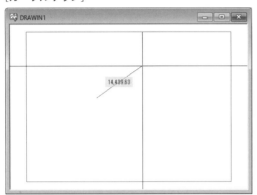

また、〔チップ〕パネルの▦をクリックすると、チップの設定ダイアログが表示され、プロパティチップに関する設定、カーソルチップやカーソル目盛に関する設定を変更することができます(詳細は『マニュアル』を参照)。

アドバイス✎

【拡張線分】◁コマンドを実行すると、拡張線分ダイアログが表示され、角度や長さを指定した線分や指定した
図形に平行な線分などを作図することができます（詳細は『マニュアル』を参照）。

[☑ 長さ]/☑ 角度]/☑ 連続線]

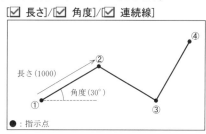

長さ(1000)
角度(30°)
● : 指示点

[☑ 平行]　　　　　[☑ 垂直]

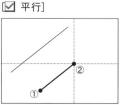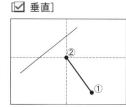

また、端部を任意の長さで延長、または指示点より短く作図することができます。

[端部延長 ☑ 始点側 150]　　☑ 終点側−100]

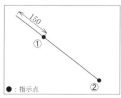

● : 指示点　　　　● : 指示点

【補助線】╫コマンドは、一方向へ無限に延びる線（1点目から2点目に向けて無限に伸びる線）や両方向へ無限
に伸びる線（指定した2点で無限に伸びる線）を作図します（詳細は『マニュアル』を参照）。
また、既存の線分を補助線に、補助線を線分に変換することもできます。
☆【印刷の設定】コマンドでの指定により、印刷することもできます。

[線分補助線]　　　　　[半直線補助線]　　　　　[無限補助線の作成]

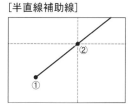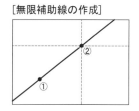

5-2 線色・線種・線幅を変える

5-2-1 線の色を変える

DRA-CAD は初期設定では、青い線で描かれます。

カラーは 256 色設定できます。カラーの指定方法はいくつかありますが、ここではリボンメニューからの指定方法を説明します。

(1) [ホーム]メニューの〔属性〕パネルでカラーが表示されている場所をクリックします。

(2) カラーパレットが表示されます。任意の色をクリックします。
  設定したカラーは、〔属性〕パネルに表示されます。

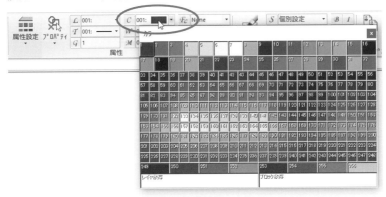

(3) 【単線】―コマンドまたは【折れ線】∧∧コマンドを実行し、指定した色で線分を描いてみましょう。

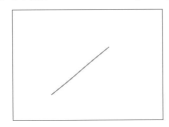

違う色に変更するまでこのままの色で作図します。

Memo

- カラーには、図形のレイヤ情報で変化する表示属性の[レイヤ依存]とブロックの配置属性で変化する表示属性の[ブロック依存]の設定があります(詳細は『マニュアル』を参照)。
- 【印刷の設定】コマンドで「線幅を色で指定する」に✔すると、[出力色と線幅の設定]でカラーごとに線幅を設定して印刷ができます。
- 【環境設定】コマンドの〔表示〕タブまたは【表示設定】コマンドで「線色を印刷状態で表示」に✔すると、画面表示が出力色の状態で表示されます。
- 設定したカラーは、ステータスバーにも表示されます。左にある[*]をクリックすると、自動的に未使用番号を検索し、その最小番号を設定することができます。

| A4横 | 1:100 | 1:100 | | * L:1 | * | | 1:0.01 G:1 | M:0 | * なし | 2508 |

アドバイス！

【カラー設定】▦ コマンドは、使用する色を選択またはオリジナルのカラーを作成することができます。

☆ステータスバーのカラー番号を右クリックしてもカラーの設定ダイアログを表示し、カラー設定を行うことができます。

(1) 変更したい番号の色ボックスをクリック（33〜256 番はダブルクリック）します。

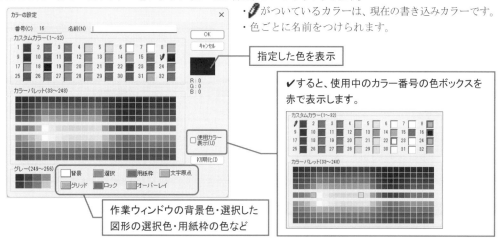

・🖊 がついているカラーは、現在の書き込みカラーです。

・色ごとに名前をつけられます。

指定した色を表示

✔すると、使用中のカラー番号の色ボックスを赤で表示します。

作業ウィンドウの背景色・選択した図形の選択色・用紙枠の色など

(2) カラーダイアログボックスが表示されます。

[標準]タブでは[色]から設定したい色をクリック、[カスタム]タブではカラーマトリックスの中の色を指定して明るさのバー（◀）をドラッグ、または[色合い] [鮮やかさ] [明るさ]のボックス、[赤] [緑] [青]のボックスのどちらかに数値を入力して色を作成し、[OK]ボタンをクリックします。

☆色の設定ダイアログは、【環境設定】▦ コマンドの[表示]タブで「六角色相環タイプの色の設定ダイアログを使う」の設定により表示されるダイアログが異なります。

カラーマトリックス

明るさ

また、色ボックスを右クリックすると、カラーリストが表示されます。

カラー設定の保存・読み込みができます。カラーリストに保存できる色情報は、300 個までです。

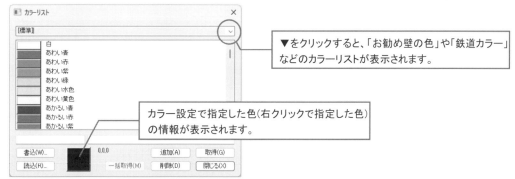

▼をクリックすると、「お勧め壁の色」や「鉄道カラー」などのカラーリストが表示されます。

カラー設定で指定した色(右クリックで指定した色)の情報が表示されます。

5-2-2 線種・線幅を変える

DRA-CAD は初期設定では、実線の 0.01 mm で描かれます。

線種は標準では、実線・破線・点線・１点鎖線・２点鎖線の５種類から選択し、線幅は 0.01 mm から 320 mm まで設定することができます。

線種・線幅の指定方法はいくつかありますが、ここではリボンメニューからの指定方法を説明します。

例：[線種の場合]

(1) [ホーム]メニューの[属性]パネルで線種が表示されている場所をクリックします。

(2) 線種リストから任意の線種をクリックします。
　　設定した線種は、[属性]パネルに表示されます。

(3) 【単線】──コマンドまたは【折れ線】╱コマンドを実行し、指定した線種で線分を描いてみましょう。

違う線種に変更するまでこのままの線種で作図します。

Memo

- 線種・線幅には、図形のレイヤ情報で変化する表示属性の[レイヤ依存]とブロックの配置属性で変化する表示属性の[ブロック依存]の設定があります(詳細は『マニュアル』を参照)。
- 【環境設定】■コマンドの[その他]タブで「ダイアログで線種を定義通り表示」に✔すると、ステータスバーやダイアログボックスでの線種を定義通りに表示します。✔しない場合は、画像で表示します。
- 【環境設定】コマンドの[表示]タブまたは【表示設定】■コマンドで「線種を印刷状態で表示」に✔すると、画面表示が出力時の線種ピッチの状態で表示されます。✔しない場合は、【線種設定】コマンドの「編集時の線種」で表示されます。
- 【環境設定】コマンドの[表示]タブまたは【表示設定】コマンドで「線幅を印刷状態で表示」に✔すると、画面表示が印刷時の線幅(出力線幅)の状態で表示されます。✔しない場合は、すべて同じ太さで表示されます。
　また、【印刷の設定】✕コマンドで「線幅を色で指定する」に✔すると、[出力色と線幅の設定]でカラーごとに線幅を設定し印刷することができます。作図で設定した線幅は無効になります。
- 設定した線種・線幅は、ステータスバーに表示されます。

| A4横 | 1:100 | 1:100 | | | * L:1 | * | | 1:0.01 G: | M:0 | * なし | | 2508 |

アドバイス✎

【線種設定】コマンドは、使用する線種を選択または線の長さや空き間隔などを設定し、新しい線種を作成することができます。

☆ステータスバーの線種番号を右クリックすると、線種の設定ダイアログを表示し、線種設定を行うことができます。

(1) 新たに作成できる 006 から 032 の 1 つをクリックして選択します。

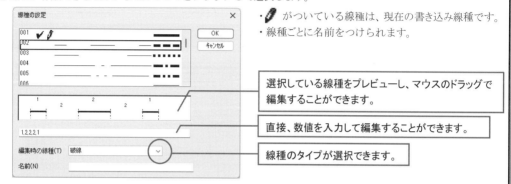

・✎ がついている線種は、現在の書き込み線種です。
・線種ごとに名前をつけられます。

選択している線種をプレビューし、マウスのドラッグで編集することができます。

直接、数値を入力して編集することができます。

線種のタイプが選択できます。

(2) 線幅や空き間隔を数値入力で設定します。単位は㎜で、最小は 0.01 ㎜です。数値入力する時、数値はカンマで区切ります。

(3) [編集時の線種]を設定し、[OK]ボタンをクリックします。

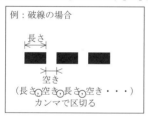

（例 5 ㎜の破線の場合 : 5, 5, 5, 5）

【線幅設定】コマンドは、使用する線幅を選択、または番号に対応する線幅を変更することができます。

☆ステータスバーの線幅番号を右クリックすると、線幅の設定ダイアログを表示し、線幅設定を行うことができます。

(1) 作成する番号の線幅を✔して選択します。

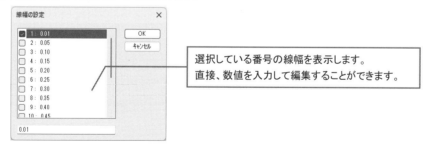

選択している番号の線幅を表示します。
直接、数値を入力して編集することができます。

(2) 線幅や空き間隔を数値入力で設定します。単位は㎜で、最小は 0.01 ㎜です。数値入力する時、数値はカンマで区切ります。

(3) [編集時の線種]を設定し、[OK]ボタンをクリックします。

5-3 座標入力について

図面上の特定の点をとるには、スナップモードを用いて図面上のプリミティブ(図形や線分など)から拾う
方法と、キーボードから座標値を直接入力する方法があります。
入力した文字(数値)はステータスバーのコマンドラインに表示されます。

> 1000,1000
> コマンドを入力してください

X、Yの2つの座標軸があり、横方向がX軸(右方向が+)、縦方向がY軸(上方向が+)になります。初期設
定では用紙枠の左下が作図原点(0,0)になります。
また角度指定は、原点から右の水平方向が角度0°の位置となり、反時計回りが正(+)の角度、時計回り
が負(−)の角度になります。

[座標の考え方]　　　　　　　[初期設定]　　　　　　　　　[角度の考え方]

5-3-1 絶対座標値の入力

常に作図原点(0,0)を基準として座標値を入力します。

① 「＊1000, 0」 ↵
② 「＊2000, 1000」 ↵
③ 「＊1000, 2000」 ↵
④ 「＊0, 1000」 ↵
⑤ 「＊1000, 0」 ↵

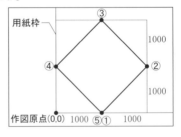

> ＊ X座標, Y座標 ↵

5-3-2 相対座標値の入力

◢ 相対座標での入力

直前に指定した点を基準として座標値を入力します。

> X座標, Y座標 ↵

① 始点にしたい任意な点
② 「1000, 1000」 ↵ (①が基準(0,0))
③ 「−1000, 1000」 ↵ (②が基準(0,0))
④ 「−1000, −1000」 ↵ (③が基準(0,0))
⑤ 「1000, −1000」 ↵ (④が基準(0,0))

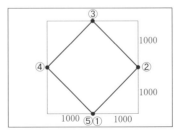

◩ 直交座標

X座標、Y座標のどちらかが「0」の場合は、直前に指定した点を基準として距離と矢印キー（←→↓↑）で方向を入力します。

> 距離（←→↓↑）

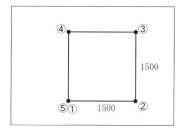

①始点にしたい任意な点
②「1500」→　（①が基準(0, 0)）
③「1500」↑　（②が基準(0, 0)）
④「1500」←　（③が基準(0, 0)）
⑤「1500」↓　（④が基準(0, 0)）

◩ 極座標

直前に指定した点を基準として距離と角度を入力します。

> /距離，角度↵

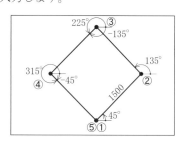

①始点にしたい任意な点
②「/1500, 45」↵　（①が基準(0, 0)）
③「/1500, 135」↵　（②が基準(0, 0)）
④「/1500, -135」↵　（③が基準(0, 0)）
⑤「/1500, -45」↵　（④が基準(0, 0)）

また、角度ではなく寸勾配を入力することもできます。

> /距離，寸勾配↵

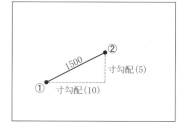

①始点にしたい任意な点
②「/1500, 5 | 10」↵　（①が基準(0, 0)）

5-3-3 コマンドラインでの計算

ステータスバーのコマンドラインにキーボードから入力して計算することができます。

```
6000*4
コマンドを入力してください
```

［入力例］

> 6000＊4＝↵

と入力すると

> 24000

と計算結果が表示されます。

また、

> 1200＊3→

と入力すると

相対座標で、3600→と入力したことになります。

☆使用できるキーは、0〜9, -, +, *, /, (,) だけです。

5-4 スナップモードについて

「**スナップモード**」は、図形の交点や中点などを正確に取るための機能です。正確に図面を描くためには必要・不可欠な機能です。DRA-CAD の作図では「**スナップモード**」を状況に応じて指定します。

5-4-1 スナップモードの種類

2次元操作で使用できるスナップモードは 14 種類、スナップ補助は 6 種類あり、ダイアログボックスが表示されていない時はいつでも変更ができます。

アイコン	名　称	機　能
	任意点	グリッドが表示されている場合、近くのグリッドにスナップします。グリッドが表示されていない場合、画面上の指示した位置にスナップします。 ☆グリッドとは、図面上に等間隔に表示される点で作図の目安になりますが、印刷はされません。
	端点	線分、円弧、楕円弧の両端、円の 0°、90°、180°、270° の位置、楕円の右端部、文字原点、点にスナップします。
	垂直点	直前に指示した位置から指定した線分、円、円弧、楕円、楕円弧に対して垂直な位置にスナップします。
	線上点	線分、円、円弧、楕円、楕円弧上にスナップします。
	交点	線分、円、円弧、楕円、楕円弧が交差した点にスナップします。
	中点	線分、円、円弧、楕円、楕円弧上の中間点にスナップします。
	円中心	円、円弧、楕円、楕円弧の中心にスナップします。
	接線	直前に指示した位置から指定した円、円弧または楕円、楕円弧上に接する位置にスナップします。
	端点・交点	端点、交点にスナップします。
	二点間中央	指定した二点間（【カスタム】スナップで有効になっている点）の中間点にスナップします。
	二線分交点	指定した二線分の交点にスナップします。
	カスタム	上記のスナップを複数組み合わせて、その中で最も近い点にスナップします。
	線分端点	指定した線分上の近い方の端点へスナップします。
	面重心	閉じたポリラインの重心にスナップします。
	スナップの設定	【カスタム】スナップの組み合わせパターンや、[スナップマーカー]のサイズを設定します。
	スナップマーカー表示	マウスを動かすとスナップする位置をマーカーと文字で表示します。
LP	参照点の変更	スナップした最後の点を変更します。
.x	X軸方向拘束	スナップ位置をX軸方向に拘束します。
.y	Y軸方向拘束	スナップ位置をY軸方向に拘束します。
	トグルスナップ	設定したスナップモードの順番に切り替えます。

Memo
・【環境設定】■コマンドの〔操作〕タブで「スナップ失敗で再入力」を✔すると、指定しているスナップモードと指示点が違う場合、スナップしないで警告音（ビープ音）がなります。操作を進めることができませんので、正しい指示点を指定してください。ただし、「スナップ失敗でビープ音鳴らさない」を✔している場合は、警告音（ビープ音）をならしません。

5-4-2 スナップモードの指定

スナップモードを指定するには、次の方法があります。

☆指定したスナップモードは違うスナップモードを指定するまで有効です。

方法1） [補助]メニューの〔スナップ〕パネルから指定します。

POINT 【環境設定】コマンドの〔操作〕タブの「ホイール回転」でMicrosoft IntelliMouseのホイールにスナップモードの変更を割り付けることができます。

方法2） ファンクションキーで指定します。

方法3） ツールバーのアイコンを指定します。

☆ツールバーのアイコンをクリックするのが便利です。

方法4） ステータスバーから指定します。

5-4-3 スナップの設定

[補助]メニューの〔スナップ〕パネルのをクリックすると、スナップの設定ダイアログが表示されます。【カスタム】♠スナップの組み合わせや表示などの設定をすることができます。

☆「カスタムスナップ」で設定した点は、【二点間中央】スナップでの対象点にもなります。

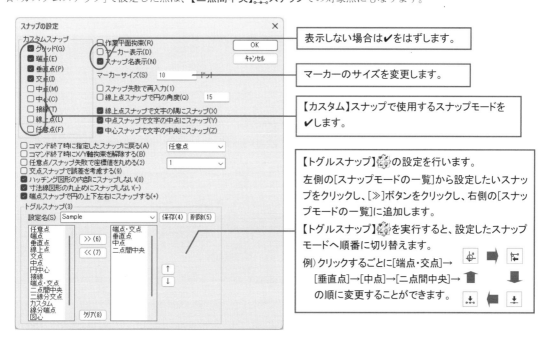

表示しない場合は✔をはずします。

マーカーのサイズを変更します。

【カスタム】スナップで使用するスナップモードを✔します。

【トグルスナップ】の設定を行います。

左側の[スナップモードの一覧]から設定したいスナップをクリックし、[≫]ボタンをクリックし、右側の[スナップモードの一覧]に追加します。

【トグルスナップ】を実行すると、設定したスナップモードへ順番に切り替えます。

例）クリックするごとに[端点・交点]→[垂直点]→[中点]→[二点間中央]→の順に変更することができます。

また、[マーカー表示][スナップ名表示]に✔をつけている場合は、
【スナップマーカー表示】★コマンドを指定するとスナップできる
位置にカーソルが近づくと十字のマーカーとスナップ名を表示
してスナップ位置を知らせます。

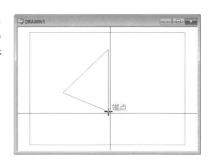

5-4-4 スナップモードの機能

【折れ線】〴コマンドを実行し、スナップを変更しながら機能を確認してみましょう。

☆練習用データ「練習2.mps」を開いて練習してみましょう（「本書の使い方　練習用データのダウンロード」を参照）。
　線分の作図方法については「**5-1　線分を描く**」(P48)を参照してください。

◢ 任意点スナップ

＜グリッドを表示している場合＞

(1) 【グリッドの設定】コマンドを実行します。
　　[表示]メニューから[グリッド]パネルの▣をクリックします。

(2) ダイアログボックスが表示されます。
　　間隔や色を指定し、[OK]ボタンをクリックします。

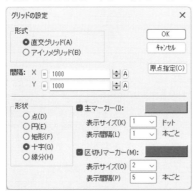

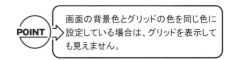

画面上にグリッドが表示され、【グリッドの設定】コマンドは解除されます。

・【スナップの設定】コマンドで「線上点スナップで文字の隅にスナップ」、「中点スナップで文字の中点にスナップ」、「中心スナップで文字の中央にスナップ」に✔すると、それぞれ文字の四隅、文字の境界矩形の中点、文字の中央にスナップします。

また、「寸法線図形の丸止めにスナップしない」を✔すると、「寸法線図形」の丸止めにスナップしません。

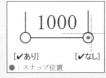

☆「引出線図形」の丸止めも同様です。

(3) 【任意点】♥スナップを指定し、グリッドにカーソルを近づけてクリックします。

(4) 同様にグリッドをクリックして下図と同じような図形を描きます。

[直行グリッド]

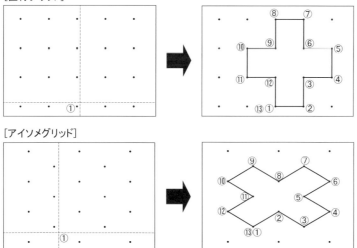

[アイソメグリッド]

(5) 右クリックまたは Esc キーを押して、ラバーバンドを切ります。

(6) 【グリッド表示】コマンドを実行します。

[表示]メニューから[⣿ グリッド]をクリックします。

グリッドは非表示になり、【グリッド表示】コマンドは解除されます。

☆グリッドの間隔や色などを変更しない場合は【グリッド表示】コマンドで表示/非表示の切り替えができます。

<グリッドなし>

(1) 【任意点】♥スナップを指定し、始点にしたい任意の位置をクリックします。

(2) 同様に任意の位置をクリックして星を描きます。

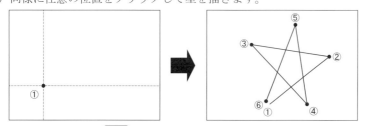

(3) 右クリックまたは Esc キーを押して、ラバーバンドを切ります。

◩ 端点スナップ

(1) 【端点】✦スナップを指定し、線分の端部にカーソルを近づけてクリックします。

(2) 同様に端部をクリックして長方形の中に斜めの線分を描きます。

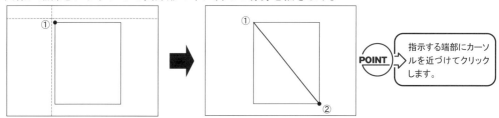

POINT 指示する端部にカーソルを近づけてクリックします。

(3) 右クリックまたは Esc キーを押して、ラバーバンドを切ります。

◢ 中点スナップ

(1) 【中点】↓スナップを指定し、線分上にカーソルを近づけてクリックします。

(2) 同様に線分上をクリックして長方形の中に縦の線分を描きます。

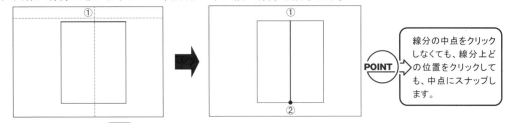

POINT 線分の中点をクリックしなくても、線分上どの位置をクリックしても、中点にスナップします。

(3) 右クリックまたは Esc キーを押して、ラバーバンドを切ります。

◢ 線上点・垂直点スナップ

(1) 【線上点】↙スナップを指定し、線分上の任意な位置にカーソルを合わせてクリックします。

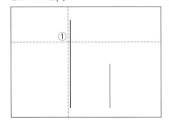

(2) 【垂直点】↙スナップに変更し、反対側の線分上にカーソルを合わせてクリックして垂直線を描きます。

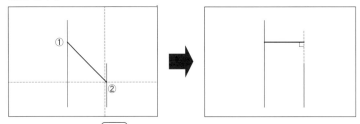

(3) 右クリックまたは Esc キーを押して、ラバーバンドを切ります。

◢ 交点スナップ

(1) 【交点】↓スナップを指定し、線分の交差部にカーソルを近づけてクリックします。

(2) 同様に交差部をクリックして四角形を描きます。

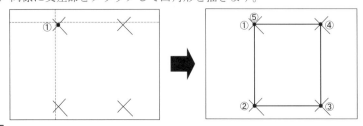

Memo ・【線上点】スナップは、【環境設定】コマンドの〔その他〕タブ、または【スナップの設定】コマンドで「線上点で円の角度指定」に✔して角度を設定すると、円周上の設定した角度の位置にスナップします。

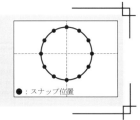

●：スナップ位置

(3) 右クリックまたは Esc キーを押して、ラバーバンドを切ります。

◢ 円中心スナップ

(1) 【円中心】👁スナップを指定し、円周上にカーソルを合わせてクリックします。

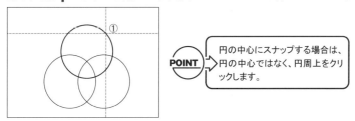

> **POINT** 円の中心にスナップする場合は、円の中心ではなく、円周上をクリックします。

(2) 同様に円周上をクリックして三角形ＡＢＣを描きます。

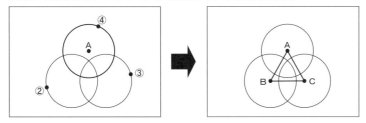

(3) 右クリックまたは Esc キーを押して、ラバーバンドを切ります。

◢ 接線スナップ

(1) 【端点】✔スナップを指定し、線分の端部にカーソルを近づけてクリックします。

(2) 【接線】◌スナップに変更し、円周の上側にカーソルを近づけてクリックして円の上側に対しての接線を描きます。

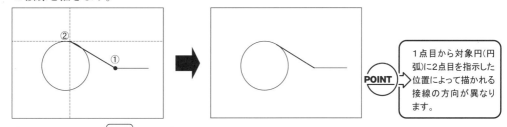

> **POINT** 1点目から対象円(円弧)に2点目を指示した位置によって描かれる接線の方向が異なります。

(3) 右クリックまたは Esc キーを押して、ラバーバンドを切ります。

📋Memo 円（楕円）について

円（楕円）は、時計でいう**3時の位置**が円の描き始め（始点）と終わり（終点）になります。

楕円は、**3時の位置**が端点、**9時の位置**が中点になり、円は、3、6、9、**12時の位置**が端点、**9時の位置**が中点になります。

例：円に五角形描きます。

【円中心】👁スナップ　　　【端点】✔スナップ　　　【端点】✔/【中点】⬇スナップ

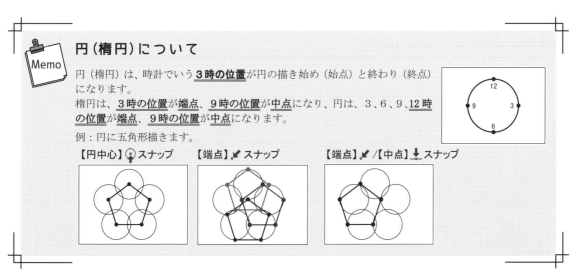

アドバイス

【端点・交点】⊕スナップは、線分、円弧、円などのすべての端点または交点へスナップします。操作は【端点】✔、【交点】✔スナップと同様です。

【線分端点】⇆スナップは、【端点】スナップと同様の機能ですが、線分の端部をクリックしなくても、線分上をクリックすれば近い方の端部にスナップします。

【面重心】⟡スナップは、面の辺上にカーソルを合わせクリックすると、指定した面の重心位置にスナップします。

【端点・交点】スナップ	【線分端点】スナップ	【面重心】スナップ
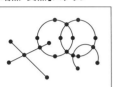	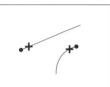	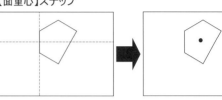

【二点間中央】⟱スナップは、1点目、2点目と指示した二点間の中間点へスナップします。

☆二点は【スナップの設定】コマンドで設定されている点を指示します。

例：【カスタム】スナップが[端点]・[交点]の場合

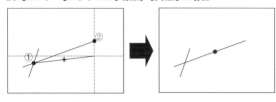

【二線分交点】⟱スナップは、指定した二線分の交点にスナップします。

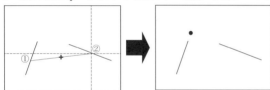

【参照点の変更】LP は、直前に指示した点をクリックした点へ変更します。

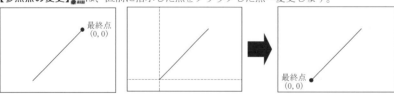

【X軸方向拘束】.x・【Y軸方向拘束】.y は、直前に指示した位置（A点）から指定した点（B点）に対してX（Y）軸方向に平行な点にスナップします

例：[端点]の場合

[X軸方向拘束]	[Y軸方向拘束]

●：スナップ位置	●：スナップ位置

☆設定したスナップ拘束モードはステータスバーに表示され、クリックするごとに[.-]→[.x]→[.y]の順に変更することができます。また、拘束されている場合は背景色が変更されて表示されます。

A4横 1:100	1:100	* L:50 * 1:0.01 G:1003 M:0	なし ⬙ 2508
図形を選択、またはコマンドを入力		レイヤ小	

5-5 円を描く

円を作図するには、【円】コマンドがあります。
作図の方法は4種類（『半径固定』『半径指定』『3点指定』『3接線指定』）あります。
ここでは、半径を画面上で指定する方法とダイアログボックスで設定する方法で描きます。

5-5-1 ダイアログボックスで設定した半径の円を描く

(1) 【円】コマンドを実行します。

[作図]メニューから[○ 円]をクリックします。

(2) ダイアログボックスが表示されます。

【半径固定】を選択します。

【円(半径固定)】⊙、【円(半径指定)】⊙、【円(3点指定)】○、
【円(3接線指定)】⬠ コマンドで直接、円を作図することもできます。

(3) 円(半径固定)ダイアログボックスが表示されます。

サイズや原点などを指定し、[OK]ボタンをクリックします。

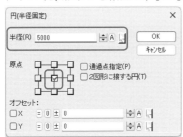

半径	5000
原点	中央中

・その他は初期設定のまま

(4) 「円の中心を指示」とメッセージが表示され、カーソルに円がついて表示されます。

中心にしたい位置をクリックすると、設定した半径の円が作図されます。

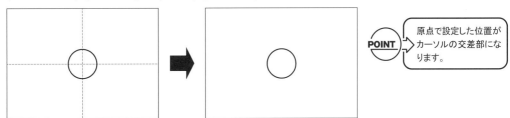

原点で設定した位置が
カーソルの交差部にな
ります。

(5) 右クリックすると、ダイアログボックスが表示されます。

[キャンセル]ボタンをクリックすると、【円】コマンドは解除されます。

オフセットについて

[オフセット] 原点から円を離して作図する場合は✔し、原点から円を移動する距離を設定します。

例：原点(中央中)で、Y＝500 と設定した場合

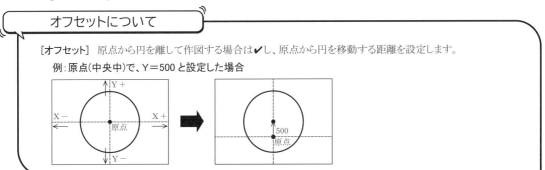

5-5-2 画面上で指定した半径の円を描く

(1)【円(半径指定)】コマンドを実行します。
[作図]メニューから[○ 円]の▼ボタンをクリックし、
[○ 円]の▶ボタンをクリックし、[○ 円(半径指定)]を
クリックします。

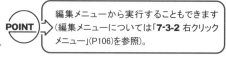

POINT　編集メニューから実行することもできます
（編集メニューについては「**7-3-2** 右クリック
メニュー」(P106)を参照）。

(2)「**円の中心を指示**」とメッセージが表示されたら、中心にしたい位置をクリックします。

(3)「**円周上の点を指示**」とメッセージが表示されたら、カーソルを移動させ、2点目をクリックします。

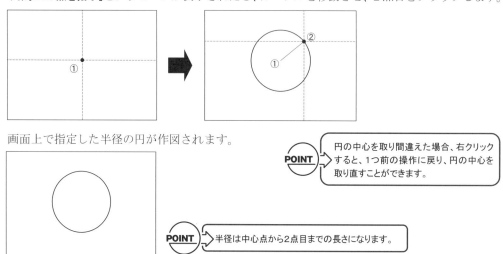

画面上で指定した半径の円が作図されます。

POINT　円の中心を取り間違えた場合、右クリック
すると、1つ前の操作に戻り、円の中心を
取り直すことができます。

POINT　半径は中心点から2点目までの長さになります。

(4) 右クリックすると、【円(半径指定)】コマンドは解除されます。

【円】コマンドについて

[半径固定]　　設定した半径の円を連続して作図、または2つの図形に接し、設定した半径を持つ円、円周
　　　　　　　上の2点を指定して設定した半径の円を作図します。
[半径指定]　　中心と円周上の1点を指示して円を作図します。
[3点指定]　　円周上の3点を指定して円を作図します。
[3接線指定]　　3本の線分に接する円を作図します。

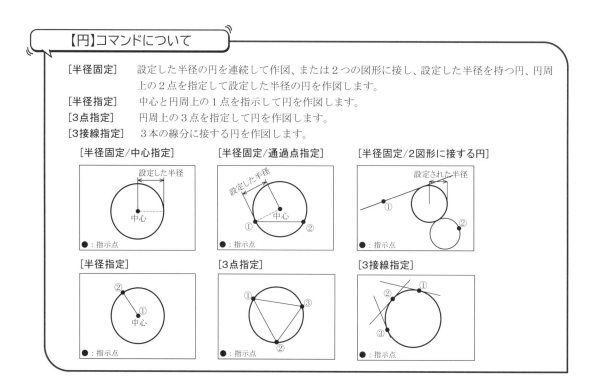

アドバイス✏

【円弧】⌒コマンドでは、[半径固定][半径指定][3点指定][2点と半径指定][2点と開き角指定]のいずれかの方法で円弧を作図します（詳細は『マニュアル』を参照）。

☆【円弧(半径指定)】◝、【円弧(3点指定)】⌒、【円弧(2点と半径指定)】◝、【円弧(2点と開き角指定)】◝コマンドで直接、円弧を作図することもできます。

[半径固定]

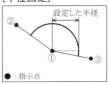

● : 指示点

[半径指定]

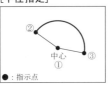

● : 指示点

[3点指定]

● : 指示点

[2点と半径指定]

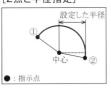

● : 指示点

[2点と開き角度]

● : 指示点

また、【拡張円弧】コマンドを実行すると、拡張円弧ダイアログが表示され、以下の作図方法で円弧を作図することができます（詳細は『マニュアル』を参照）。

[弧長と半径]

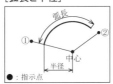

● : 指示点

[弧長と2点]

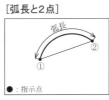

● : 指示点

[弧長と矢高]

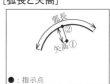

● : 指示点

☆[弧長と半径]で Ctrl キーを押しながら2点目を指示すると、中央振り分けで円弧を作図することができます。

【楕円】◯コマンドでは、[半径固定][半径指定][3点指定]のいずれかの方法で楕円を作図します（詳細は『マニュアル』を参照）。

☆【楕円(半径固定)】⊙、【楕円(半径指定)】⊙、【楕円(3点指定)】◯コマンドで直接、楕円を作図することもできます。

[半径固定]

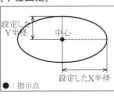

● : 指示点

[半径指定]

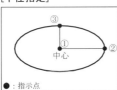

● : 指示点

[3点指定]

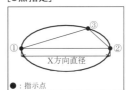

● : 指示点

【楕円弧】⌒コマンドでは、[半径固定][半径指定][3点指定]のいずれかの方法で楕円を仮配置し、両端点を指示して作図します（詳細は『マニュアル』を参照）。

☆【楕円弧(半径固定)】⌒、【楕円弧(半径指定)】⌒、【楕円弧(3点指定)】⌒コマンドで直接、楕円を仮配置し、両端点を指示して作図します。

[半径固定]

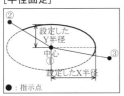

● : 指示点

[半径指定]

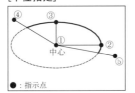

● : 指示点

[3点指定]

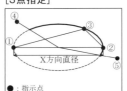

● : 指示点

6 線分を削除するには？

6-1 選択した線分を削除する

6-1-1 線分を1本ずつ削除する

対象とする図形を選択し、削除します。図形の選択方法は、選択モードにより異なります。

☆ここでは【標準選択】□□で図形を選択します（「**6-3** 選択モードについて」(P71) を参照）。

(1) 【削除】コマンドを実行します。

　　[編集]メニューから[◇ 削除]をクリックします。

(2) 「図形を選択してください」とメッセージが表示され、クロスカーソルに変わります。

　　クロスカーソルを削除したい線分に合わせ、クリックすると、指定した線分だけが削除されます。

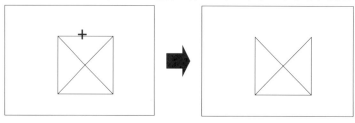

(3) 右クリックすると、【削除】コマンドは解除されます。

6-1-2 線分をまとめて削除する

(1) 【削除】コマンドを実行します。

　　[編集]メニューから[◇ 削除]をクリックします。

(2) 「図形を選択してください」とメッセージが表示され、クロスカーソルに変わります。

　　クロスカーソルを削除したい図形の上から下へと対角にドラッグして選択します。

　　指定した範囲内に両端部が含まれる線分が削除されます。

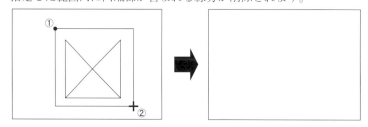

(3) 右クリックすると、【削除】コマンドは解除されます。

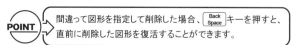

POINT → 間違って図形を指定して削除した場合、[Back Space]キーを押すと、直前に削除した図形を復活することができます。

6-2 指定した線分を削除する

6-2-1 指定したレイヤ番号の図形削除する

(1) 【応用削除】コマンドを実行します。

[編集]メニューから[◆ 削除]の▼ボタンをクリックし、[◆ 応用削除]をクリックします。

(2) ダイアログボックスが表示されます。

「指定レイヤ番号を削除」を指定し、[レイヤ番号]を入力します。

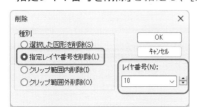

種別	指定レイヤ番号を削除
レイヤ番号	10

(3) [OK]ボタンをクリックすると、指定したレイヤ番号の線分などが削除されます。

(4) ダイアログボックスが表示されます。

[キャンセル]ボタンをクリックすると、【応用削除】コマンドは解除されます。

【応用削除】コマンドについて

[選択した図形を削除]　　線分を１本ずつ、またはまとめて削除します。選択モードにより、削除する方法を指定します。
　　　　　　　　　　　　☆【削除】コマンドと同じ操作になります。

[指定レイヤ番号を削除]　指定されたレイヤ番号で描かれている線分などを削除します。

[クリップ範囲内(外)削除]　指定された範囲内(外)の図形を削除します。

　　　　　　　　　　[クリップ範囲内削除]　　　　　　[クリップ範囲外削除]

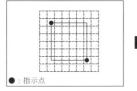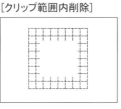

● : 指示点

クリップ形状：

　[矩形]　　　　　対角の２点を指示して囲まれる矩形の範囲で切断して範囲内(外)を削除します。

　[多角形]　　　　連続してポイントを指示して囲まれる多角形の範囲で切断して範囲内(外)削除します。

　[半径指定円]　　中心と円周上の点の２点を指示して囲まれる円の範囲で切断して範囲内(外)を削除します。

[矩形]　　　　　　　　　　　[多角形]　　　　　　　　　　[半径指定円]

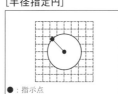

● : 指示点　　　　　　　　　● : 指示点　　　　　　　　　● : 指示点

6-2-2 クリップ範囲内(クリップ範囲外)を削除する

【矩形内削除】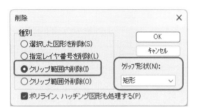、【矩形外削除】 コマンドで直接、矩形の範囲で切断して範囲内(外)を削除します。

(1) 【応用削除】コマンドを実行します。

   [編集]メニューから[削除]の▼ボタンをクリックし、[応用削除]をクリックします。

(2) ダイアログボックスが表示されます。

   「クリップ範囲内削除」を指定し、[クリップ形状]は「矩形」を選択して[OK]ボタンをクリックします。

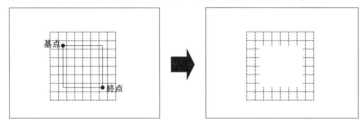

種別	クリップ範囲内削除
クリップ形状	矩形
☑ ポリライン、ハッチング図形も処理する	

(3) 「矩形範囲の基点を指示」とメッセージが表示されたら、削除する部分の基点をクリックします。

(4) 「矩形範囲の終点を指示」とメッセージが表示されたら、対角にカーソルを移動し、枠を広げ終点をクリックすると、指定した範囲の内側が削除されます。

(5) 右クリックすると、ダイアログボックスが表示されます。

   [キャンセル]ボタンをクリックすると、【応用削除】コマンドは解除されます。

アドバイス

必要な線分を削除してしまったり、誤って線分の編集をしてしまった場合には【元に戻す】 コマンドを実行します。操作は最大127操作前まで元に戻すことができます。

また、元に戻した操作をもう一度やり直すには、【やり直し】 コマンドを実行します。

☆画面操作やレイヤ操作のコマンド、文字スタイル登録、ブロック登録・削除などで行った変更は、元に戻すことはできません。元に戻せるのは、図形に対して変更が行われる処理だけです。

6-3 選択モードについて

図形を編集(移動・複写・削除など)するには、対象とする図形を選択する必要があります。
選択方法はセットアップ時に設定した「操作方法」により次のようになります。

☆【環境設定】🖩コマンドの〔操作〕タブで、変更することができます。

[図形選択優先] 　編集対象の図形を選択してからコマンドを実行、またはコマンドを実行してから図形を選択します。

[線描画優先] 　　コマンドを実行してから、図形を選択します。

6-3-1 選択モードの種類

図形を選択するモードは 19 種類あり、ダイアログボックスが表示されていない時はいつでも変更ができます。

アイコン	名　称	機　　能
🔲	標準選択	上から下にドラッグすると【ウィンドウ選択】、下から上にドラッグすると【クロス選択】、クリックすると、【単一選択】となります。
🔽	単一選択	プリミティブ(図形や線分など)を1つずつ選択します。
⬜	ウィンドウ選択	指定した範囲に全体が入っているプリミティブを選択します。
⬚	クロス選択	指定した範囲に一部でも含まれるプリミティブを選択します。
⤙	クロスライン選択	指示した2点間に交わるプリミティブを選択します。
⬚	ポリライン内選択	指定したポリライン内に完全に入っている図形を選択します。指定した位置にポリラインがない場合は、ポリライン範囲を作成して選択します。
👥	グループ選択	指示した図形と同じグループ番号を持つプリミティブを選択します。
⬆	レイヤ選択	指定した図形と同じレイヤ番号のプリミティブを選択します。
🪣	カラー選択	指定した図形と同じカラー番号のプリミティブを選択します。
⋯⋯	線種選択	指定した図形と同じ線種番号のプリミティブを選択します。
≡	線幅選択	指定した図形と同じ線幅番号のプリミティブを選択します。
⭕	図形種別選択	指定した図形と同じ要素(線分・文字列・円・楕円・ポリライン・点など)のプリミティブを選択します。
⬛	材質選択	指定した図形と同じ材質番号のプリミティブを選択します。
☁	カスタム選択	図形選択時にのみ実行できるコマンドで、いろいろな条件をダイアログボックス上で指定し、その条件に合った図形の選択を行います。
🔲	選択反転	選択対象を反転します。
🔲	全選択	すべての図形が選択されます。
⬅	前回の選択	直前に選択された図形を再度選択します。
AND	絞込選択	一度選択した図形の中から、絞り込んで選択します。2つの選択モードを組み合わせて使用できます。
✂	除外選択	一度選択した図形の中から、選択を除外するものを指定します。2つの選択モードを組み合わせて使用できます。

 選択モードの種類

選択モードを指定するには、次の方法があります。

　☆指定した選択モードは違う選択モードを指定するまで有効です。

　方法1)　[補助]メニューの〔選択〕パネルから指定します。

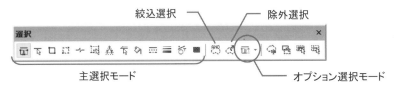

POINT → 【環境設定】■コマンドの〔操作〕タブの「ホイール回転」で Microsoft IntelliMouse のホイールに選択モードの変更を割り付けることができます。

　方法2)　キーボードの Shift キーを押しながら、ファンクションキーで指定します。

　方法3)　ツールバーのアイコンを指定します。

　　☆ツールバーのアイコンをクリックするのが便利です。

　　　　　　絞込選択　　　　　　　　　除外選択

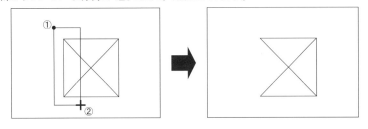

　　　　　主選択モード　　　　　　　　　オプション選択モード

　方法4)　ステータスバーから指定します。(主選択モードのみ)

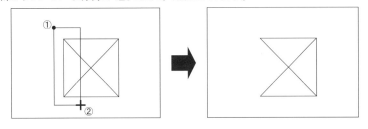

6-3-3 選択モードの種類

どのように選択されるのか、【削除】◇コマンドを実行し、選択モードを変更しながら確認をしてみましょう。

それぞれの操作で図形を削除した後で【元に戻す】↩コマンドで、削除した図形を復活します。

☆練習用データ「練習1.mps」を開いて練習してみましょう(「**本書の使い方　練習用データのダウンロード**」を参照)。

◾ 標準選択

　【標準選択】は操作方法を変えることで、3種類の選択モードを使い分けることができる便利な機能です。

　＜範囲指定1＞

　【標準選択】□を指定し、図形を**上から下へ**と対角にドラッグして囲みます。指定した範囲の中に両端部が入っている線分が選択され、削除されます。

　【ウィンドウ選択】□も図形をクリックして囲むと同じ操作になります。

<範囲指定2>

【標準選択】🔲を指定し、図形を**下から上へ**と対角にドラッグして囲みます。指定した範囲の中に一部でも含まれる線分が選択され、削除されます。

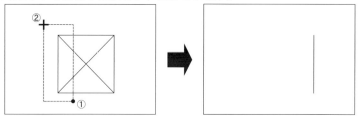

【クロス選択】🔲も図形をクリックして囲むと同じ操作になります。

<単一指定>

【標準選択】🔲を指定し、線分にカーソルを合わせ、クリックします。指定した線分が選択され、削除されます。

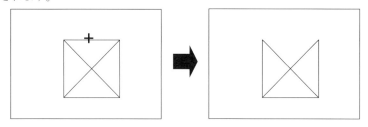

【単一選択】🔽も線分をクリックすると同じ操作になります。

◼ クロスライン選択

【クロスライン選択】は指示した2点間に交わる図形や線分などを選択します。

【クロスライン選択】🔽を指定し、ラバーバンドが線分に交わるように2点をクリックします。線分にクロスした図形が選択され、削除されます。

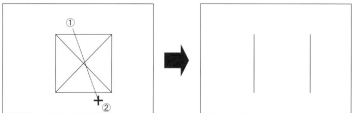

Memo

・【標準選択】の[単一指定]、【単一選択】の場合は、2本以上の線分または図形が重なっている時に、Alt キーを押しながら選択すると確認のマウスが表示されます。
 左クリック(YES)すると選択が確定され、削除されます。右クリック(NO)すると、もう一方の線分が選択されます。
 Esc キーを押すと、選択をキャンセルします。
・【環境設定】コマンドの[表示]タブで「選択図形のハイライト表示」を✔すると、選択されたプリミティブ(図形や線分など)を「システム色：選択」または【カラー設定】⚙コマンドの[選択]で指定した色でハイライト表示します。
 また、「選択図形にマーカー表示」を✔すると、選択された図形に[選択マーカー]で設定されているサイズのマーカー(制御点)を表示します。
・選択が正しくない場合、警告音(ビープ音)がなります。ただし、【環境設定】コマンドの[操作]タブで「選択失敗でビープ音鳴らさない」を✔している場合は、警告音(ビープ音)をならしません。

◤ ポリライン内選択

【ポリライン内選択】 は、指定したポリライン内に完全に入っている図形を選択します。

指定した位置にポリラインがない場合は、ポリライン範囲を作成して選択します（ポリラインについては「**9-1** 図形の塗りつぶしについて」（P121）を参照）。

ポリラインが作図されていない場合は、ポリライン範囲を作図します

＜ポリラインありの場合＞

【ポリライン内選択】 を指定し、ポリラインにカーソルを合わせ、クリックします。指定したポリライン範囲に全体（線分の両端）が入っている図形が選択され、削除されます。

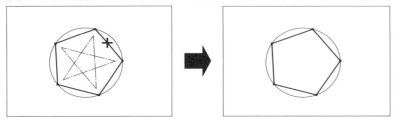

＜ポリラインなしの場合＞

(1) 【ポリライン内選択】 を指定し、任意な位置（第1点〜第6点まで）をクリックします。

(2) 第6点まで取り終えたら、右クリックし、編集メニューを表示します。

(3) [図形を閉じる]を指定すると、ポリライン範囲に全体（線分の両端）が入っている図形が選択され、削除されます。

アドバイス！

【標準選択】 を指定し、 Shift キーを押しながら図形を選択すると、複数の図形を連続して選択することができます。右クリックすると、選択した図形がすべて削除されます。

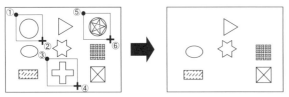

また、【標準選択】 を指定し、 Shift キーを押しながら複数の図形を選択後、 Ctrl キーを押しながら選択した図形を再度選択すると、選択対象からはずすことができます。

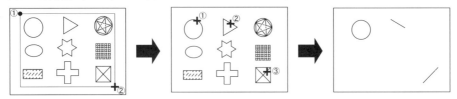

右クリックすると、 Ctrl キーで選択した図形以外が削除されます。

◤ 属性ごとの選択

各属性(レイヤ、カラー、線種、線幅、グループ、材質)ごとに図形を選択することができます。

☆カラー、線種、線幅などのように表示色、線種表示、線幅表示が同じでも番号が違う場合は、選択されません。

[グループ選択]

【グループ選択】🧍を指定し、図形にカーソルを合わせ、クリックします。指定した図形と同じグループ番号の線分が選択され、削除されます(星形を構成する線分が同一グループ番号の場合)。

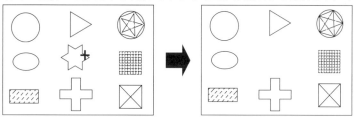

[レイヤ選択]

【レイヤ選択】👆を指定し、図形にカーソルを合わせ、クリックします。指定した図形と同じレイヤ番号の図形が選択され、削除されます(画面中央の縦1列の図形が同じレイヤ番号の場合)。

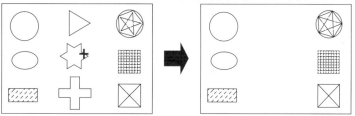

[カラー選択]

【カラー選択】🖊を指定し、図形にカーソルを合わせ、クリックします。指定した図形と同じカラー番号の図形が選択され、削除されます(右下がり斜めの図形が同じカラー番号の場合)。

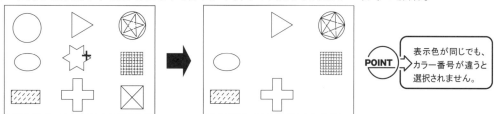

POINT ⇨ 表示色が同じでも、カラー番号が違うと選択されません。

[線種選択]

【線種選択】┈を指定し、図形にカーソルを合わせ、クリックします。指定した図形と同じ線種番号の図形が選択され、削除されます(残った図形以外が同じ線種番号の場合)。

POINT ⇨ 線種表示が同じでも、線種番号が違うと選択されません。

[線幅選択]

【線幅選択】☰を指定し、図形にカーソルを合わせ、クリックします。指定した図形と同じ線幅番号の図形が選択され、削除されます(画面中央の横1列の図形が同じ線幅番号の場合) 。

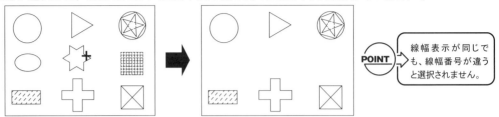

POINT ▶ 線幅表示が同じでも、線幅番号が違うと選択されません。

[材質選択]

【材質選択】▓を指定し、図形にカーソルを合わせ、クリックします。指定した図形と同じ材質番号の図形が選択され、削除されます(画面中央の横1列の図形が同じ材質番号の場合)。

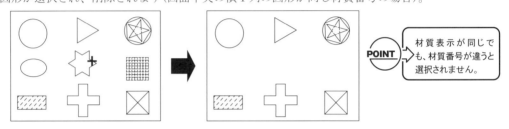

POINT ▶ 材質表示が同じでも、材質番号が違うと選択されません。

◢ 図形ごとの選択

【図形種別選択】は図形の要素(点・線分・円・ポリライン・文字・ブロック・オブジェクトなど)ごとに図形を選択することができます。

【図形種別選択】☞を指定し、図形にカーソルを合わせ、クリックします。指定した図形と同じ要素(線分)の図形が選択され、削除されます。

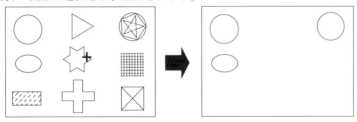

Memo　2次元図形の要素は、次の種類があります。

・点	・ポリライン（ベジェ曲線）	・パッケージ
・線分	・文字	・ラベル
・補助線	・寸法線図形	・画像
・円	・引出線図形	・オブジェクト
・円弧	・ハッチング図形	・オーバーレイ
・楕円	・線上配置図形	・ビューポート
・楕円弧	・領域図形	・串刺し編集
・ポリライン	・ブロック	・リンクアイテム
・ポリライン（スプライン曲線）	・シンボル	

◢ 絞込・除外選択

【絞込選択】🖳は、一度選択した図形の中から、指定したオプション選択モードで絞込選択をし、

【除外選択】🖳は、除外選択をします。

この操作は【環境設定】🖳コマンドの〔操作〕タブで設定した[単一選択]と[複数選択]により手順が違います。

ここでは、ツールバーから[単一選択]で【標準選択】で選択した中から【線種選択】で絞込(除外)選択をしてみましょう。

(1) 主選択モードの【標準選択】🔲を指定します。

(2) 【絞込選択】🖳(【除外選択】🖳)を指定し、オプション選択モードから【線種選択】═══を指定します。

(3) 図形を上から下へと対角にドラッグして選択します。

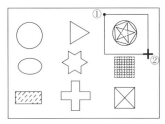

<【絞込選択】の場合>

(4) 指定した範囲から、絞り込む図形を指定すると、選択した図形(同じ線種番号の円と五角形)が削除されます。

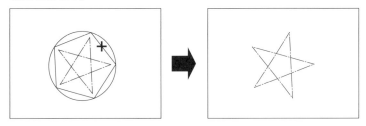

<【除外選択】の場合>

(4) 指定した範囲から、除外する図形を指定すると、選択した図形(同じ線種番号の円と五角形)以外が削除されます。

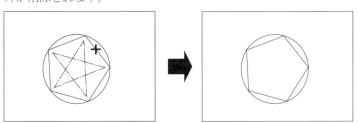

◤ カスタム選択

【カスタム選択】🐾は、図形選択時にのみ実行できるコマンドで、いろいろな条件をダイアログボックスで指定し、その条件に合った図形の選択を行います。

ここでは、同じカラー番号の図形を追加選択してみましょう。

(1) 選択する条件([属性]の[カラー]が[1:])を設定します。

(2) [追加選択]ボタンをクリックすると、設定した条件と同じ図形が選択され、ハイライト表示されます。

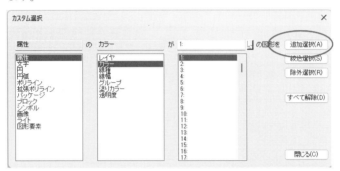

☆さらに条件を設定する場合は続けて操作を行います。

(3) 選択が終わりましたら、[閉じる]ボタンをクリックします。

(4) 右クリックすると、ハイライト表示された図形がすべて削除されます。

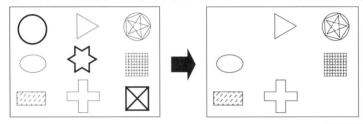

POINT 【環境設定】コマンドの〔表示〕タブで「選択図形のハイライト表示」が設定されていない場合は、ハイライト表示されません。

アドバイス！

【選択反転】は、選択されている図形を非選択状態にし、選択されていない図形を選択状態にし、【全選択】は、すべての図形を選択します。

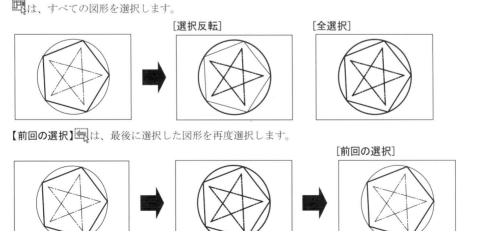

【前回の選択】は、最後に選択した図形を再度選択します。

7 編集機能を練習しよう！

7-1 線分の編集

7-1-1 延長・カット

すでに描いてある図面の線分や円などのプリミティブを編集・修正することで、作業効率が大幅にアップします。線分の編集をするためのコマンドは、[編集]メニューにまとめられています。

☆練習用データ「練習3.mps」を開いて練習してみましょう（「**本書の使い方　練習用データのダウンロード**」を参照）。

線分またはポリラインや円・円弧・楕円・楕円弧を指示した位置から延長・カットします。

📘 線分を延長・カットする場合

＜線分をカットする＞

(1) 【延長・カット】コマンドを実行します。

[編集]メニューから[⊞ 連続延長カット]の▼ボタンをクリックし、[→ 延長カット]をクリックします。

(2) 「**延長・カットするラインまたは円・円弧を指示**」とメッセージが表示され、クロスカーソルに変わります。

カットする線分をクリックします。

(3) 指定された線分がハイライト表示され、「**延長・カット位置を指示**」とメッセージが表示されます。

【交点】⊾スナップで、線分の交差部をクリックします。

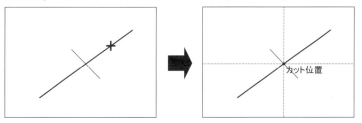

> **POINT** カットする線分やカット位置を間違えた場合は、右クリックすると1つ前の操作に戻り、指示をとり直すことができます。
> また、カットする位置によってスナップモードを変更してください。

(4) 指定した位置からラバーバンドとクロスカーソルが表示され、「**延長・カット方向を指示**」とメッセージが表示されます。

カットする方向にクロスカーソルを移動させ、クリックすると、線分が指定した位置からカットされます。

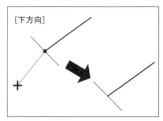
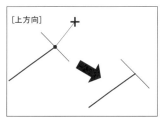

> **POINT** カーソルを上下・左右に動かすとカットする方向が変わるのが確認できます。
> また、違う方向をカットした場合は、【元に戻す】🔙コマンドを実行してください。

＜線分を延長する＞

(1) 「延長・カットするラインまたは円・円弧を指示」とメッセージが表示されているのを確認します。
延長する線分をクリックします。

(2) 指定された線分はハイライト表示され、「延長・カット位置を指示」とメッセージが表示されます。
【線上点】スナップで、延長する基準の線分上をクリックします。

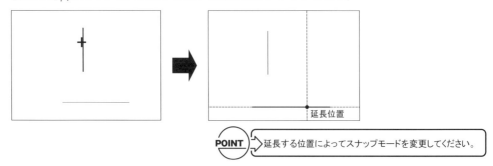

POINT 延長する位置によってスナップモードを変更してください。

(3) 指定した位置からラバーバンドとクロスカーソルが表示され、「延長・カット方向を指示」とメッセージが表示されます。
延長する方向にクロスカーソルを移動させ、クリックすると、線分が指定した位置まで延長されます。

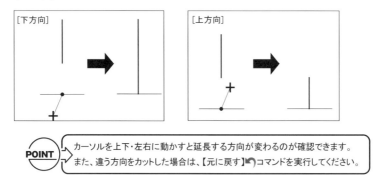

POINT カーソルを上下・左右に動かすと延長する方向が変わるのが確認できます。
また、違う方向をカットした場合は、【元に戻す】コマンドを実行してください。

◢ 円弧（楕円弧）を延長・円（楕円）をカットする場合

円（楕円）は、時計でいう「3時の位置」が円（楕円）の描き始め（始点）と終わり（終点）になります。

＜円をカットする＞

(1) 「延長・カットするラインまたは円・円弧を指示」とメッセージが表示されているのを確認します。
カットする円をクリックします。

(2) 指定された円はハイライト表示されます。
中心からラバーバンドが表示され、「延長・カット位置を指示」とメッセージが表示されます。
【交点】スナップで、線分と円の交差部をクリックします。

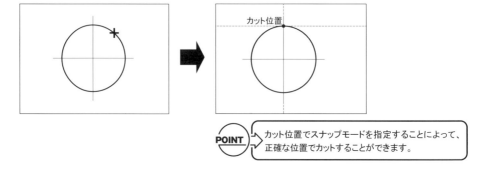

POINT カット位置でスナップモードを指定することによって、
正確な位置でカットすることができます。

(3) クロスカーソルが表示され、「延長・カット方向を指示」とメッセージが表示されます。
カットする方向にクロスカーソルを移動させ、クリックすると、円が指定した位置からカットされます。

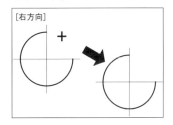 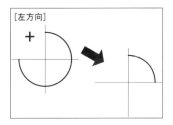

＜円弧を延長する＞

(1) 「延長・カットするラインまたは円・円弧を指示」とメッセージが表示されているのを確認します。
延長する円弧をクリックします。

(2) 指定された円弧はハイライト表示されます。
中心からラバーバンドが表示され、「延長・カット位置を指示」とメッセージが表示されます。
【線上点】←スナップで、延長する基準の線分上をクリックします。

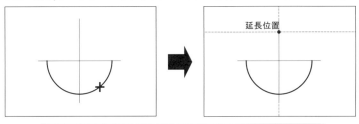

POINT ここでは、どの位置まで伸ばすのかを指示します。
また、特定の位置を指定する時は、的確なスナップモードを指定します。

(3) クロスカーソルが表示され、「延長・カット方向を指示」とメッセージが表示されます。
延長する方向にクロスカーソルを移動させ、クリックすると、円弧が指定した位置まで延長されます。

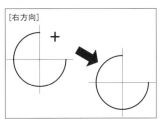 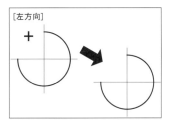

(4) 右クリックすると、【延長・カット】コマンドは解除されます。

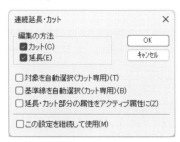
アドバイス！

【連続延長・カット】コマンドは、複数のプリミティブ（線分や円・円弧など）を、基準ラインまで延長またはカットします。

[対象を自動選択]　　　基準線を指定すると交差している対象プリミティブを自動的に選択してカットします。
[基準線を自動選択]　　対象プリミティブを指定すると交差している基準線を自動的に選択してカットします。
[アクティブ属性]　　　延長・カットした部分を、現在の書き込み属性にします。✔しない場合は、延長した部分が対象プリミティブと同じ属性になります。

[対象を自動選択]　　　　　　[基準線を自動選択]　　　　　[アクティブ属性]　例：破線

基準ラインを指定し、【標準選択】で延長またはカットする線分をクリックして選択すると、線分が延長またはカットされます。
☆基準ラインは線分や円・円弧・楕円・楕円弧などのほかにハッチング図形・ポリラインなども指定できます。

[線分]　　　　　　　　　　　　　　　　　　　　[円]

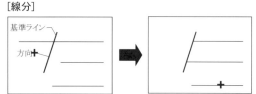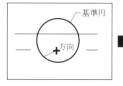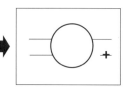

また、延長またはカットする線分を【標準選択】で下から上へと対角にドラッグして選択すると、一度に延長・カットすることができます（【クロス選択】、【クロスライン選択】も同じ）。

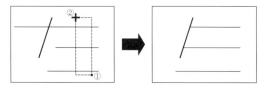

7-1-2 中抜き

線分またはポリラインや円・円弧・楕円・楕円弧の指示した2点間を中抜きします。

◤ 線分を中抜きする場合

(1) 【中抜き】コマンドを実行します。

[編集]メニューから[連続中抜]の▼ボタンをクリックし、[中抜き]をクリックします。

(2) 「中抜きするラインまたは円・円弧を指示」とメッセージが表示され、クロスカーソルに変わります。中抜きする線分をクリックします。

(3) 指定された線分はハイライト表示され、「どこから」とメッセージが表示されます。

【交点】 スナップで、線分の交差部をクリックします。

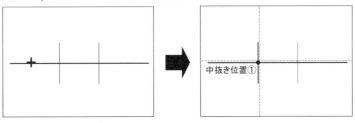

POINT 中抜き位置でスナップモードを指定することによって、正確な位置で中抜きすることができます。

(4) 指定した位置からラバーバンドが表示され、「どこまで」とメッセージが表示されます。もう一方の交差部をクリックすると、線分が中抜きされます。

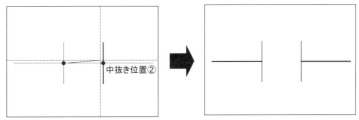

◤ 円を中抜きする場合

(1) 「中抜きするラインまたは円・円弧を指示」とメッセージが表示されているのを確認します。中抜きする円をクリックします。

(2) 指定された円はハイライト表示されます。
中心からラバーバンドが表示され、「どこから」とメッセージが表示されます。

【交点】 スナップで、線分と円の交差部をクリックします。

(3) 指定した位置からラバーバンドが表示され、「どこまで」とメッセージが表示されます。
　　もう一方の交差部をクリックします。

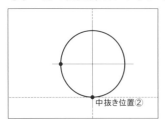

(4) 指定した位置からラバーバンドとクロスカーソルが表示され、「中抜き方向を指示」とメッセージが表示されます。
　　中抜きする方向にクロスカーソルを移動させ、クリックすると、円が中抜きされます。

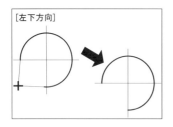
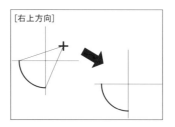

(5) 右クリックすると、【中抜き】コマンドは解除されます。

アドバイス！

【連続中抜き】コマンドは、複数のプリミティブ（線分や円・円弧など）の一部を削除します。

[対象を自動選択]、[基準線を自動選択]、[アクティブ属性]の詳細については、【連続延長・カット】コマンドを参照してください。

[対象を自動選択]　　　[基準線を自動選択]　　　[アクティブ属性] 例：破線

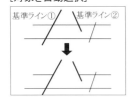
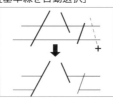

基準ラインを2本指定し、【標準選択】で中抜きする線分をクリックして選択すると、線分が中抜きされます。
☆中抜きする線分を【標準選択】で下から上へと対角にドラッグして選択すると、一度に中抜きすることができます（【連続延長・カット】コマンドを参照）。

[線分]　　　　　　　　　　　　　　　　　[円]

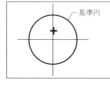
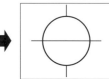

7-1-3 線分1本化

結ぶ一方の線分または円弧・楕円弧と、もう ·方の線分または円弧・楕円弧を指定し、１つの線分または円・円弧・楕円・楕円弧にします。

◤ 線分を1本化する場合

(1) 【線分1本化】コマンドを実行します。

[編集]メニューから[包絡]の▼ボタンをクリックし、[--- 線分1本化]をクリックします。

(2) 「1本化するラインまたは円弧を指示」とメッセージが表示され、クロスカーソルに変わります。

１本化する片方の線分をクリックします。

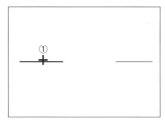

(3) 指定された線分はハイライト表示され、指定した位置からラバーバンドとクロスカーソルが表示され、「1本化するラインを指示」とメッセージが表示されます。

もう一方の線分をクリックすると、線分が１本化されます。

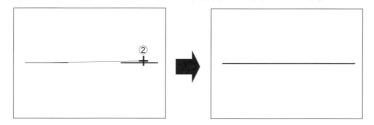

◤ 円弧を1本化する場合

(1) 「1本化するラインまたは円弧を指示」とメッセージが表示されているのを確認します。

１本化する円弧をクリックします。

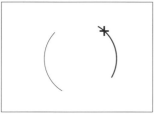

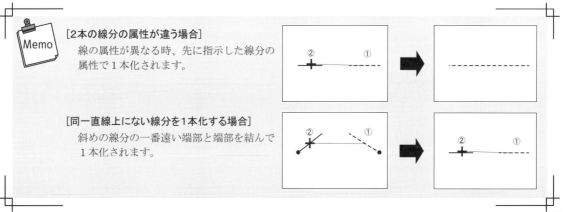

Memo

[2本の線分の属性が違う場合]

線の属性が異なる時、先に指示した線分の属性で１本化されます。

[同一直線上にない線分を1本化する場合]

斜めの線分の一番遠い端部と端部を結んで１本化されます。

（2）指定された円弧はハイライト表示され、指定した位置からラバーバンドとクロスカーソルが表示され、「**1本化する円弧を指示**」とメッセージが表示されます。
　　もう一方の円弧をクリックすると、円弧が 1 本化されます。

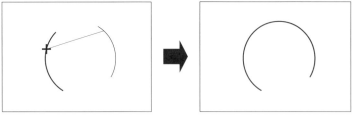

（3）右クリックすると、【線分1本化】コマンドは解除されます。

【連続1本化】コマンドは、範囲を指定すると、範囲内に含まれる複数の線分を一度に 1 本化します。

[同じレイヤ]/[同じカラー]/[同じ線種]
　　指定した範囲の中で同一直線上の同じレイヤ(カラー/線種)の線分を組み合わせて 1 本化します。
　☆複数の項目を✔した場合は、それぞれの要素の組み合わせが同じ線分を 1 本化します。

[アクティブ属性]
　　現在の書き込み属性で 1 本化します。✔しない場合は、指定した範囲の中で一番長い線分の属性で 1 本化します。

1 本化する範囲を指定すると、範囲内に含まれる複数の線分が 1 本化されます。

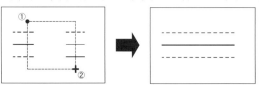

☆属性が異なる場合は長い線分の属性になり、同じ場合は先に作図された線分の属性になります。

7-1-4 線分連結

連結する一方の線分・ポリラインまたは円弧・楕円弧と、もう一方の線分・ポリラインまたは円弧・楕円弧を指定し、連結します。

(1) 【線分連結】コマンドを実行します。

[編集]メニューから[̄¡ 線分連結]をクリックします。

(2) ダイアログボックスが表示されます。

何も✔しないで、[OK]ボタンをクリックします。

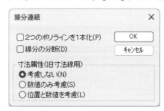

(3) 「連結するラインまたは円・円弧を指示」とメッセージが表示され、クロスカーソルに変わります。
連結する片方の線分をクリックします。

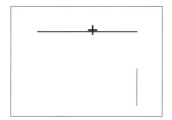

【線分連結】コマンドについて

[2つのポリラインを1本化]

　　　2つのポリラインを結んで1本化します。

[線分の分断]　同じ線分上の2点を指定することで2本の線分に分断できます。

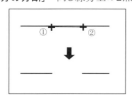

寸法属性(旧寸法線用)：

　【寸法線】冊コマンドの「旧寸法線」、【通り心】十°コマンドの「旧通り心」で作図した寸法線などの寸法属性数値の編集方法を選択します。

[考慮しない]　　通常の線分として編集します(寸法値も位置も変わりません)。

[数値のみ考慮]　数値の位置は変えず、寸法値のみ再計算します。

[位置と数値を考慮]　数値の位置と寸法値を考慮して編集します。

[考慮しない]　　　　　[数値のみ考慮]　　　　　[位置と数値を考慮]

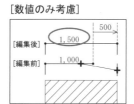
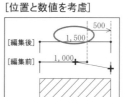

(4) 指定された線分はハイライト表示されます。
指示した位置からラバーバンドとクロスカーソルが表示され、「**連結するラインまたは円・円弧を指示**」とメッセージが表示されます。
もう一方の線分をクリックすると、線分が連結されます。

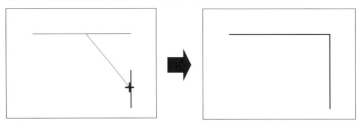

(5) 右クリックすると、ダイアログボックスが表示されます。
[**キャンセル**]ボタンをクリックすると、【線分連結】コマンドは解除されます。

Memo その他の連結について

円や線分を指定する位置によって連結の状態が異なります。
角の内側になる線分・円弧上を指示します。

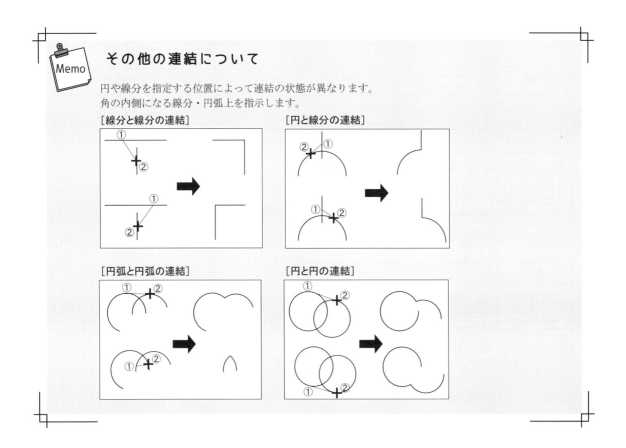

[線分と線分の連結]

[円と線分の連結]

[円弧と円弧の連結]

[円と円の連結]

7-1-5 包絡

包絡する範囲を指定すると、線分が自動包絡されます。

☆包絡とは、交差している線分の中抜き・カット、離れている線分の延長・連結などの編集機能です。

(1) 【包絡】コマンドを実行します。

[編集]メニューから[--- 線分1本化]の▼ボタンをクリックし、[包絡]をクリックします。

(2) ダイアログボックスが表示されます。

[高度]を選択し、[OK]ボタンをクリックします。

(3) 「包絡する範囲の1点目を指示」とメッセージが表示され、クロスカーソルに変わります。

クロスカーソルで1点目をクリックします。

(4) 「包絡する範囲の2点目を指示」とメッセージが表示され、ボックスラバーバンドに変わります。

対角にカーソルを移動し、枠を広げ2点目をクリックすると、破線で囲んだ範囲の線分が自動包絡されます。

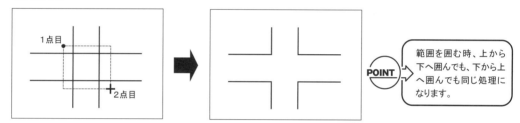

(5) 右クリックすると、ダイアログボックスが表示されます。

[キャンセル]ボタンをクリックすると、【包絡】コマンドは解除されます。

【包絡】コマンドについて

編集方法:

[高度] 指定した範囲の図形の外形をたどり、その外郭線のみを残して包絡します。

線分の位置や交点の状態により、より建築図面の作図に適した形に包絡します。

[簡易] 線分上の交点を互い違いに描画する/しないを繰返して包絡します。

☆[簡易]では"カット""中抜き"処理のみに対し、[高度]は加えて"延長"や"同一直線上の線分1本化"の処理ができます。

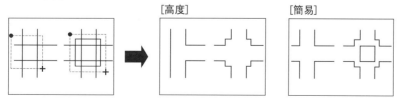

自動包絡する組み合わせ方法:

指定した範囲の中で同じレイヤ(カラー・線種)の線分を組み合わせて自動包絡します。

☆✔しない場合は、指定した範囲の中ですべての線分を組み合わせて自動包絡します。

また、複数の項目を✔した場合は、それぞれの要素の組み合わせが同じ線分を自動包絡します。

Memo　高度包絡について

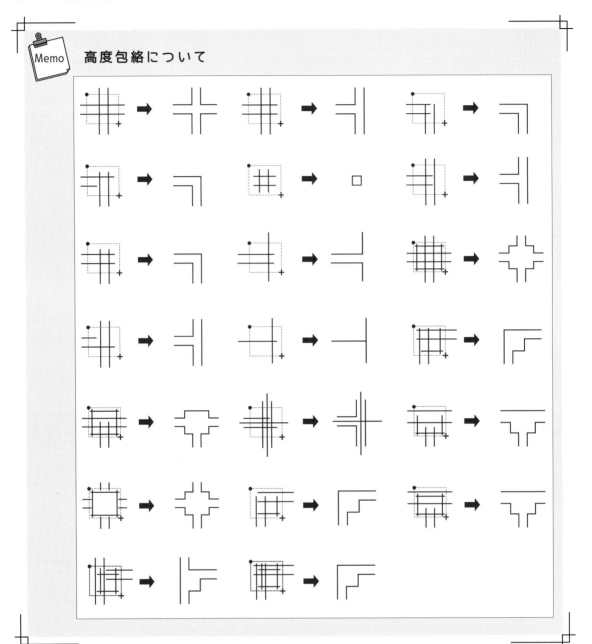

7-2 図形の編集

すでに描いてある図形を編集・修正することで作業効率を大幅にアップします。図形の編集をするためのコマンドは、[編集]メニューにまとめられています。

☆練習用データ「練習4.mps」を開いて練習してみましょう（「**本書の使い方　練習用データのダウンロード**」を参照）。
　また、特に指示のない場合は、【**標準選択**】▥となります。

7-2-1 移動する

図形を移動します。移動の方法は以下の2種類があります。

◢ 図面から位置を指定して移動する

図面から位置を指定して、図形を移動します。

(1) 【移動】コマンドを実行します。

　　[編集]メニューから[🚪 移動]をクリックします。

(2) ダイアログボックスが表示されます。

　　「ドラッギング」を✔し、[OK]ボタンをクリックします。

> **POINT** ▷ 「ドラッギング」を✔すると、カーソルに図形を表示しながら移動します。

(3) 「**図形を選択してください**」とメッセージが表示され、クロスカーソルに変わります。

　　移動する小さな円をクリックして選択します。

(4) 「**移動の基点を指示**」とメッセージが表示されます。

　　【**端点**】▨ **スナップ**で、選択した小さな円の右側をクリックします。

> **POINT** 【**環境設定**】▥コマンドの〔表示〕タブで「選択図形のハイライト表示」を✔すると、選択された図形はハイライト表示されます。

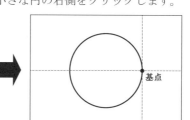

> **【移動】コマンドについて**
>
> [回転角]　　　回転させて移動する場合に✔し、その角度を設定します。
>
> 　　　　　　　☆[回転角]を設定しなくても、移動先の指示の時に **Ctrl** キーを押しながらクリックすると
> 　　　　　　　　【**環境設定**】▥コマンドの〔操作〕タブで設定した角度だけ回転します。
>
> [矩形クリップ]　指定した範囲内の図形だけを切断して移動します。
>
>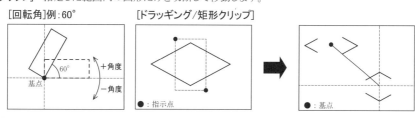

(5) 基点からラバーバンドが表示され、カーソルに円がついて表示されます。
「**移動の目的点を指示**」とメッセージが表示されます。
同じスナップのまま、大きな円の右側をクリックすると、小さな円が、大きな円の右側に移動されます。

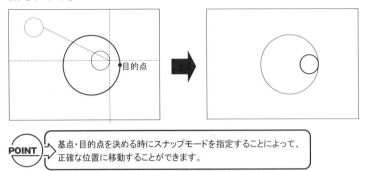

POINT ➡ 基点・目的点を決める時にスナップモードを指定することによって、正確な位置に移動することができます。

◢ 移動量を設定して移動する

移動量(X・Y)を設定して図形を移動します。

(1) 右クリックすると、ダイアログボックスが表示されます。
[**移動量**]を設定し、[OK]**ボタン**をクリックします。

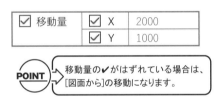

POINT ➡ 移動量の✔がはずれている場合は、[図面から]の移動になります。

(2) 「**図形を選択してください**」とメッセージが表示され、クロスカーソルに変わります。
移動する机の上から下へと対角にドラッグして選択すると、机が移動されます。

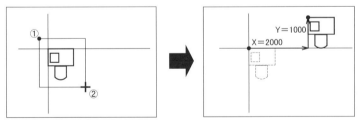

(3) 右クリックすると、ダイアログボックスが表示されます。
[**キャンセル**]**ボタン**をクリックすると、【**移動**】コマンドは解除されます。

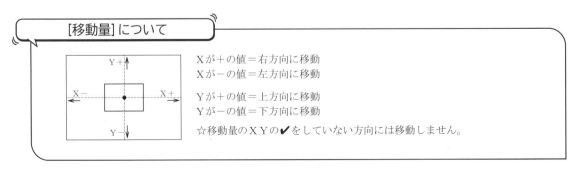

[移動量] について

Xが＋の値＝右方向に移動
Xが－の値＝左方向に移動

Yが＋の値＝上方向に移動
Yが－の値＝下方向に移動

☆移動量のＸＹの✔をしていない方向には移動しません。

7-2-2 複写する

図形を複写します。複写の方法は４種類あり、ダイアログボックスの４つのタブによって変わります。

◤ 図面から位置を指定して複写する

図面から位置を指定して、図形を複写します。

(1) 【複写】コマンドを実行します。

[編集]メニューから[🖚 複写]をクリックします。

(2) ダイアログボックスが表示されます。

〔マウス〕タブで「ドラッギング」を✔し、[OK]ボタンをクリックします。

```
複写                                             ×
マウス  直列  配列  回転

□回転(K)        0 ± 0          ⬍A ⌐ □連続(J)
□倍率(B)  □X  = 1 ± 1         ⬍A ⌐ □連続(C)
          □Y  = 1 ± 1         ⬍A

□レイヤ変更(L)        1:      ∨ ⬍ * ⌐ □連続(P)
□グループ変更(G)       1        ⬍ * ⌐ □連続(H) □個別(Q)

☑ドラッギング(D)  □矩形クリップ(R)  ☑この設定を継続して使用(M)
              ☑ポリライン、ハッチング図形も処理する(S)
  OK      キャンセル
```

□ 回転			
□ 倍率	□ X	–	
	□ Y	–	
□ レイヤ変更			
□ グループ変更			
☑ ドラッギング			
□ 矩形クリップ			
☑ この設定を継続して使用			

┌─ 【複写】コマンドについて ─┐

[回転] 回転させて複写する場合に✔し、その角度を設定します。

　　　　[連続]を✔した場合は、複写するごとに図形が設定した角度で回転します。

　　　☆[回転角]を設定しなくても、複写先の指示の時に〔Ctrl〕キーを押しながらクリックすると【環境設定】コマンドの〔操作〕タブで設定した角度だけ回転します。

[回転]例：60°　　　　　　　　　☑ 連続] 例：90°

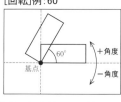

[倍率] 拡大縮小して複写する場合に✔し、複写元の図形を1とする倍率(XY)を設定します。

　　　　✔されていない方向には拡大・縮小されません。

　　　　[連続]を✔した場合は、複写するごとに図形が設定した倍率で拡大・縮小します。

[拡大] 例：X、Y＝2　　　　[縮小] 例：X、Y＝0.5　　　☑ 連続] 例：X、Y＝1.5

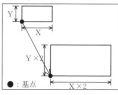
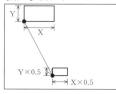

☆[ドラッギング] [矩形クリップ]については【移動】コマンドを参照してください。

(3) 「図形を選択してください」とメッセージが表示され、クロスカーソルに変わります。
　　複写するひし形の上から下へと対角にドラッグして選択します。

(4) 「複写の基点を指示」とメッセージが表示されます。
　　【端点】　スナップで、選択したひし形の左端部をクリックします。

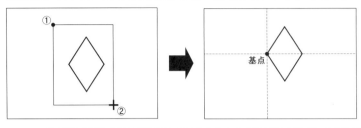

図形の選択を間違えた時は、右クリックすると図形を選択し直すことができます。
また、基点を取り間違えた時も右クリックすると、取り直すことができます。

(5) 基点からラバーバンドが表示され、カーソルにひし形がついて表示されます。
　　「複写の目的点を指示」とメッセージが表示されます。
　　同じスナップのまま、選択したひし形の右端部をクリックすると、ひし形が右側に複写されます。

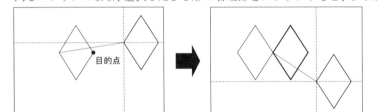

＜続けてひし形を左側に複写する場合＞

(1) 右クリックすると、「複写の基点を指示」のメッセージに戻ります。
　　同じスナップのまま、複写したひし形の右端部をクリックします。

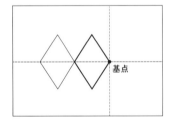

Memo

・【移動】　や【複写】　コマンドなどの選択を必要とする
コマンドでダイアログボックスを表示すると、ダイアロ
グボックスの「上」「下」「左」「右」の指定した位置に、
選択モードバーを表示し、すばやく選択モードを切り
替えることができます。
【環境設定】　コマンドの〔操作〕タブで設定します。

☑ダイアログの　上　∨　に選択モードバー(S)

また、選択モードバーの境界位置で上下
または左右のカーソルをドラッグすると、
サイズを変更することができます。

例：5段・4例

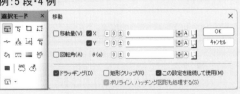

(2) 基点からラバーバンドが表示され、カーソルにひし形がついて表示されます。
「複写の目的点を指示」とメッセージが表示されます。
同じスナップのまま、始めに選択したひし形の左端部をクリックすると、ひし形が左側に複写されます。

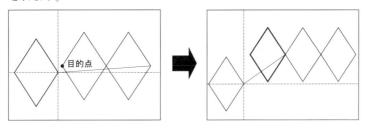

■ 間隔と個数を設定して直線的に複写する

間隔（X・Y）と個数を設定して図形を直線的に複写します。

(1) 3回右クリックすると、ダイアログボックスが表示されます。
〔直列〕タブをクリックします。

(2) [間隔]、[個数]を設定し、[OK]ボタンをクリックします。

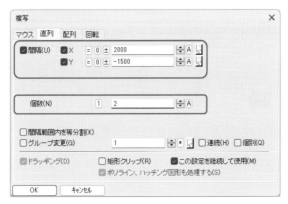

☑ 間隔	☑ X	2000
	☑ Y	-1500
個数		2
□ 間隔範囲内を等分割		
□ グループ変更		

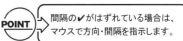

POINT ▶ 間隔の✔がはずれている場合は、マウスで方向・間隔を指示します。

(3) 「図形を選択してください」とメッセージが表示され、クロスカーソルに変わります。
クロスカーソルを複写する机の上から下へと対角にドラッグして選択すると、机が複写されます。

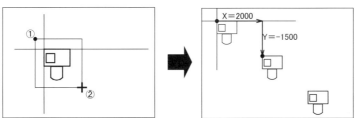

[間隔] について

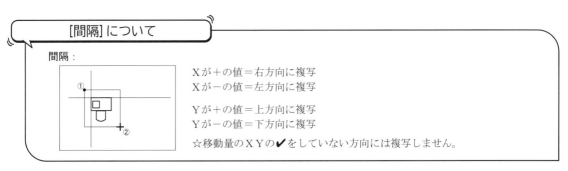

間隔：

Xが＋の値＝右方向に複写
Xが－の値＝左方向に複写

Yが＋の値＝上方向に複写
Yが－の値＝下方向に複写

☆移動量のXYの✔をしていない方向には複写しません。

▨ 間隔と個数を設定して縦横に複写する

間隔（X・Y）と個数（X・Y）を設定して図形を縦横に複写します。

(1) 右クリックすると、ダイアログボックスが表示されます。
〔配列〕**タブ**をクリックします。

(2) [間隔]、[個数]を設定し、[OK]**ボタン**をクリックします。

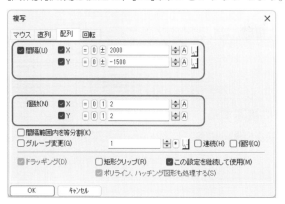

☑ 間隔	☑ X	2000
	☑ Y	-1500
個数	☑ X	2
	☑ Y	2

(3) 「図形を選択してください」とメッセージが表示され、クロスカーソルに変わります。
クロスカーソルを複写する机の上から下へと対角にドラッグして選択すると、机が複写されます。

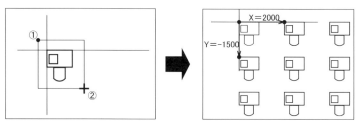

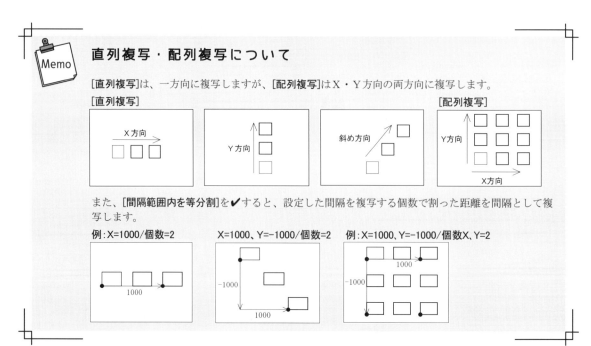

直列複写・配列複写について

[**直列複写**]は、一方向に複写しますが、[**配列複写**]はX・Y方向の両方向に複写します。

[直列複写]   [配列複写]

また、[間隔範囲内を等分割]を✔すると、設定した間隔を複写する個数で割った距離を間隔として複写します。

例：X=1000/個数=2   X=1000、Y=-1000/個数=2   例：X=1000、Y=-1000/個数X、Y=2

■ 角度と個数を設定して円形に複写する

角度と個数を設定して図形を円形に複写します。

(1) 右クリックすると、ダイアログボックスが表示されます。
   〔回転〕**タブ**をクリックします。

(2) [**角度**]、[**個数**]を設定し、[OK]**ボタン**をクリックします。

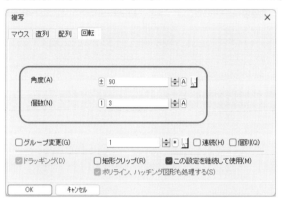

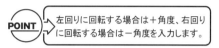

角度	90
個数	3

POINT → 左回りに回転する場合は＋角度、右回り
に回転する場合は－角度を入力します。

(3) 「図形を選択してください」とメッセージが表示され、クロスカーソルに変わります。
   クロスカーソルを複写する机の上から下へと対角にドラッグして選択します。

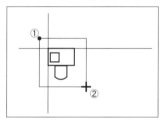

アドバイス✎

【連続等間隔複写】🔗 **コマンド**は、図形を、任意の２点間を指定したピッチや等間隔で分割してコピーします。

複写方法:

[ピッチ]　　　指定したピッチ以下で等間隔に複写します。

[ピッチ+余り]　指定したピッチで複写します。余りを均等に割り付けるかどうかを指定します。

[等間隔]　　　指定した分割数で等間隔に複写します。

[ピッチ]　例:60°

[ピッチ+余り]

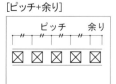

[等間隔]

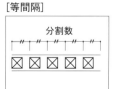

(4) 「回転の中心を指示」とメッセージが表示されます。

【端点】🖈 スナップで、選択した机の左上端部をクリックすると、机が基点を中心に回転して複写されます。

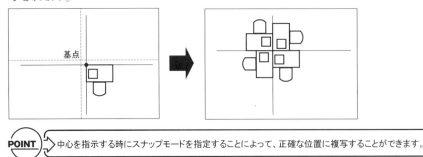

基点

POINT ▷ 中心を指示する時にスナップモードを指定することによって、正確な位置に複写することができます。

(5) 右クリックすると、ダイアログボックスが表示されます。

[キャンセル]ボタンをクリックすると、【複写】コマンドは解除されます。

7-2-3 変形する

範囲を指定して、範囲内に含まれる図形の頂点を移動して変形します。変形の方法は以下の2種類があります。

◢ 図面から位置を指定して変形する

図面から位置を指定して、図形の端点を移動変形します。

(1) 【ストレッチ】コマンドを実行します。

[編集]メニューから[🔲 ストレッチ]をクリックします。

(2) ダイアログボックスが表示されます。

「ドラッギング」を✔し、[OK]ボタンをクリックします。

移動量		X	–
		Y	–
寸法属性		考慮しない	
☑ ドラッギング			
☑ この設定を継続して使用			

・その他は初期設定のまま

【ストレッチ】コマンドについて

[最初に図形を選択] 変形する図形を選択してから、移動したい頂点を含む範囲を指定することができます。

[☐ 最初に図形を選択]　　[☑ 最初に図形を選択]

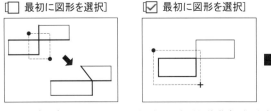

[ドラッギング] カーソルに図形を表示しながら移動変形します。

(3) 「ストレッチの範囲始点を指示」とメッセージが表示され、クロスカーソルに変わります。
クロスカーソルで始点をクリックします。

(4) 「ストレッチの範囲終点を指示」とメッセージが表示され、ボックスラバーバンドに変わります。
対角にカーソルを移動し、枠を広げ終点をクリックします。

(5) 「ストレッチの第1点を指示」とメッセージが表示されます。
【端点】 ✔ スナップで、四角形の右上端部をクリックします。

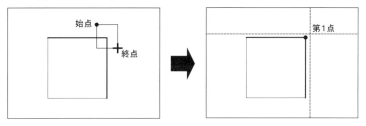

(6) 指定した位置からラバーバンドが表示され、「ストレッチの第2点を指示」とメッセージが表示されます。

【任意点】 ♥ スナップに変更してカーソルを任意な位置に移動させ、クリックすると、四角形の一部が変形します。

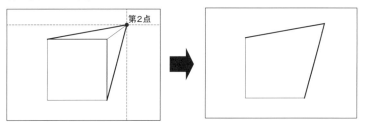

コマンドの実行～解除まで

DRA-CADのコマンドは、繰り返し操作を意識して作られています。
操作の流れは、下図のように、クリックで次の操作/指示へ進み、右クリックで1つ前の操作に戻ります。したがって、何回か右クリックするとコマンドから抜けられますし、適当な操作ステップからクリックを行えば、繰り返し操作を行うことができます。

☆この図は、DRA-CADの標準的な操作の流れの概念を表していますので、コマンドや選択モードによっては、「ダイアログが表示されない」「図形選択をしない」「指示点の入力がない」など若干異なっている場合もありますが、操作体系はほぼ一緒になっています。

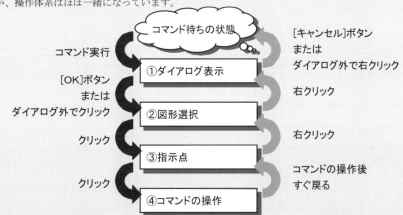

☆図形を選択する時に【環境設定】コマンドの〔操作〕タブで、〔図形選択〕を設定した場合は、上図の「②図形選択」後に、コマンドを実行して操作することもできます。

移動量を設定して変形する

移動量（X・Y）を設定して図形の端点を移動変形します。

(1) 右クリックすると、ダイアログボックスが表示されます。
　　[移動量]を設定し、[OK]ボタンをクリックします。

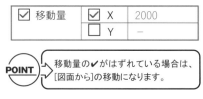

移動量の✔がはずれている場合は、[図面から]の移動になります。

(2) 「ストレッチの範囲始点を指示」とメッセージが表示され、クロスカーソルに変わります。
　　クロスカーソルで始点をクリックします。

(3) 「ストレッチの範囲終点を指示」とメッセージが表示され、ボックスラバーバンドに変わります。
　　対角にカーソルを移動し、枠を広げ終点をクリックすると、四角形のサイズが変更されます。

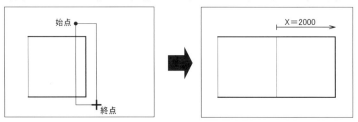

＜スパンを変更する場合＞

通り心などのスパンと一緒に寸法数値も変更することができます。

(1) 右クリックすると、ダイアログボックスが表示されます。
　　[移動量]を設定して「位置と数値を考慮」を指定し、[OK]ボタンをクリックします。

☑ 移動量	☑ X	1000
寸法属性		位置と数値を考慮

[移動量]について

移動量：

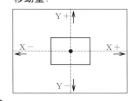

Xが＋の値＝右方向に移動変形
Xが－の値＝左方向に移動変形

Yが＋の値＝上方向に移動変形
Yが－の値＝下方向に移動変形

☆移動量のＸＹの✔をしていない方向には移動変形しません。

(2) 「**ストレッチの範囲始点を指示**」とメッセージが表示され、クロスカーソルに変わります。
クロスカーソルで始点をクリックします。

(3) 「**ストレッチの範囲終点を指示**」とメッセージが表示され、ボックスラバーバンドに変わります。
対角にカーソルを移動し、枠を広げ終点をクリックすると、スパンが右方向に 1000 ㎜ストレッチ
され、寸法数値も変更されます。

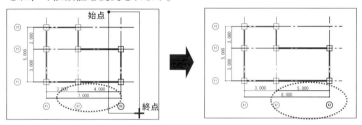

(4) 右クリックすると、ダイアログボックスが表示されます。
[**キャンセル**]ボタンをクリックすると、【**ストレッチ**】コマンドは解除されます。

【**ストレッチ**】コマンドについて

寸法属性(旧寸法線用)
【**寸法線**】コマンドの「旧寸法線」、【**通り心**】コマンドの「旧通り心」で作図した寸法などの寸法属性数値の編集方法を選択します。
[**考慮しない**]　通常の線分として編集します(寸法値も位置も変わりません)。
[**数値のみ考慮**]数値の位置は変えず、寸法値のみ再計算します。
[**位置と数値を考慮**]　数値の位置と寸法値を考慮して編集します。

[**寸法文字位置を考慮**]
【**寸法線**】、【**通り心**】コマンドで「寸法文字位置自由」を✔して作図した場合に、寸法文字の位置を考慮します。

[**寸法線の記入縮尺を考慮する**]
✔すると、寸法線作成時の記入縮尺の状態で寸法数値を生成します。✔しない場合は、現在の記入縮尺で寸法数値を生成します。
記入縮尺を使用していない場合、結果は変わりません。

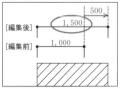  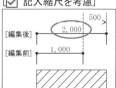

アドバイス！

【辺ストレッチ】コマンドは、線分やポリラインなどの辺を平行に移動して変形します。
移動量を設定して図形を移動変形します。✔しない場合は、基点(始点)と移動先(終点)を図面から指定します。
[辺の垂直方向に移動]を✔すると、指定した辺に対して垂直方向に移動して変形します。X・Yの方向は無効になり、[移動量]のみ設定します。

【辺スライド】コマンドは、閉じたポリラインの辺を平行に移動変形したり、ポリラインの頂点を追加して新しい辺を追加します。辺ストレッチと異なり、指定した辺に接する線分との角度を維持したまま変形します。指定した辺の長さは変わります。
移動量を設定して図形を移動変形します。✔しない場合は、移動量を図面から指定します。
また、✔しない場合に、[長さ・面積表示]に✔すると、ドラッギング中に変形した図形の長さや面積を指定した表示単位で表示します。

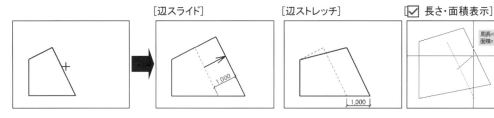

| [辺スライド] | [辺ストレッチ] | ☑ 長さ・面積表示] |

【矩形変形】コマンドは、長方形を平行四辺形や任意の四角形に変形します。また、反対に任意の四角形を長方形に変形することもできます。

形状:

[矩形から任意の四角形]　　矩形(長方形)を2点で指定し、平行四辺形や台形などの任意の四角形に変形します。

[任意の四角形から矩形]　　平行四辺形や台形などの四角形を4点で指定し、矩形(長方形)に変形します。

[任意の四角形から任意の四角形]　平行四辺形や台形などの四角形を、別の任意の四角形に変形します。

例:[矩形から任意の四角形]　　　　　　　　　　　　　　　[比率(比例配分)]　　　　[パース(射影変換)]

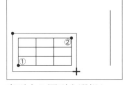 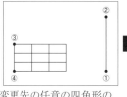 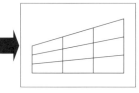 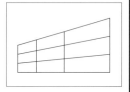

変形する図形を選択し　　変更先の任意の四角形の
変形元の矩形を2点指定　4点を順に指定

7-2-4 反転移動・複写する

図形を上下、左右、斜めに反転移動、または反転複写します。

(1) 【ミラー】コマンドを実行します。

　　[ホーム]メニューから[■ ミラー]をクリックします。

　　☆【上下反転】▶◀、【左右反転】▼コマンドで図形の中心を基点として反転することもできます。

(2) ダイアログボックスが表示されます。

　　[上下]を選択し、「元データを残す」を✔して[OK]ボタンをクリックします。

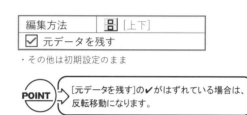

編集方法	🔲 [上下]
☑ 元データを残す	

・その他は初期設定のまま

POINT　[元データを残す]の✔がはずれている場合は、反転移動になります。

(3) 「図形を選択してください」とメッセージが表示され、クロスカーソルに変わります。

　　クロスカーソルを反転複写したい机の上から下へと対角にドラッグして選択します。

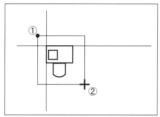

(4) 「ミラーの基点を指示」とメッセージが表示されます。

　　【端点】✔スナップで、選択した机の左上端部をクリックすると、机が反転して上に複写されます。

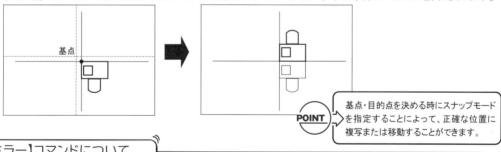

POINT　基点・目的点を決める時にスナップモードを指定することによって、正確な位置に複写または移動することができます。

【ミラー】コマンドについて

編集方法:

[上下]　　指定した点のX軸(上下)に対して反転します。
[左右]　　指定した点のY軸(左右)に対して反転します。
[基準点]　指定した2点を結んだ線分を基準軸として反転します。
[基準線]　指定した線分を基準軸として反転します。

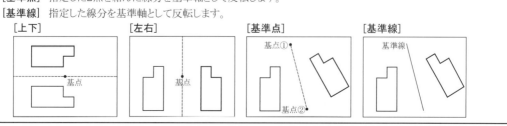

103

(5) 右クリックすると、ダイアログボックスが表示されます。
　　[キャンセル]ボタンをクリックすると、【ミラー】コマンドは解除されます。

アドバイス✐

【回転】🌀コマンドは、図形を回転します。

回転方法：

[回転角]　　　　　角度を設定します。

[ラインを参照]　　回転する図形の線分を参照する線分と同じ角度になるように回転します。

どちらも✔しない場合は、回転角度を図面から指定します。

[回転角] 例：60°　　　　　[ラインを参照]　　　　　[✔しない場合]

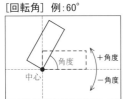 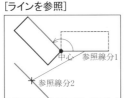 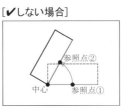

☆【右90度回転】🌀、【左90度回転】🌀、【180度回転】🌀コマンドで直接、選択した図形の中心を基点として回転することもできます。

【拡大・縮小】🔲コマンドは、図形を拡大、または縮小します。

拡大方法：

[拡大率]　　　　　拡大（縮小）する方向を✔し、その方向の倍率を設定します。

[ラインを参照]　　拡大（縮小）する図形の線分を参照する線分と同じ長さになるように等倍で拡大（縮小）します。

[縦横倍率独立]　　図面から拡大（縮小）する方向と倍率をそれぞれ指定します。

どちらも✔しない場合は、倍率を図面から指定します。

[拡大率] 例：X、Y＝2　　　　[ラインを参照]　　　　　[✔しない場合]

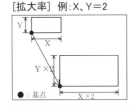 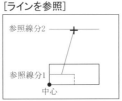 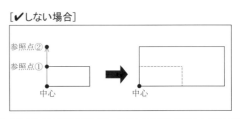

7-3　ダイレクト編集

7-3-1　ドラッグ操作

【環境設定】■コマンドの〔操作〕タブで「選択図形のドラッグ操作を行う」を✔した場合に、図形を選択し、ドラッグすると移動することができます。

(1) 移動したいボックスを選択します。

(2)【端点】✔スナップで、選択したボックスの左下端部をクリックします。
　　カーソルが変わります。

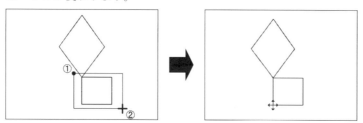

(3) ドラッグして同じスナップのまま、ひし形の右端部でマウスの左ボタンを離すと、選択したボックスが、ひし形の右端部に移動されます。

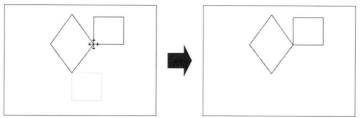

(4) **Esc**キーを押すと選択が解除されます。

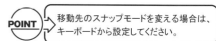
POINT　移動先のスナップモードを変える場合は、キーボードから設定してください。

また、ドラッグ中に**Ctrl**キーを押し続けると複写になり、ドラッグ中に**Shift**キーを押し続けるとXまたはY方向に拘束されます。

[ドラッグ中に**Ctrl**キー]　　　　[ドラッグ中に**Shift**キー]

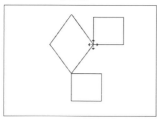
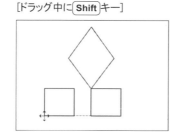

7-3-2 右クリックメニュー

作業ウィンドウ上で右クリックすると編集メニューが表示され、編集作業をすることができます。

☆ポップアップメニューを表示している場合は、【環境設定】📎コマンドの〔操作〕タブで「右クリック：編集メニュー表示」を指定しないと表示されません。

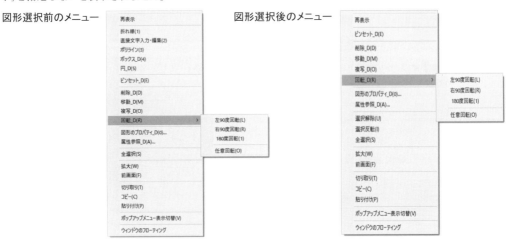

図形選択前のメニュー　　　　　　　　　　図形選択後のメニュー

[折れ線]/[直接文字入力・編集]/[ポリライン]/[ボックス_D]/[円_D]

　図形を選択していない場合に表示されます。

　現在設定されている属性でそれぞれ線分、文字、画面上で指定したボックス、ポリライン、画面上で指定した半径の円を作図することができます。

[ピンセット_D]

　選択した図形の1頂点を移動し、変形します。

(1)「**編集する図形を指示**」とメッセージが表示され、クロスカーソルに変わります。

　　【**端点**】⊿ スナップで、ひし形の右下線分の下端部付近をクリックします。選択した線分がラバーバンドに変わります。

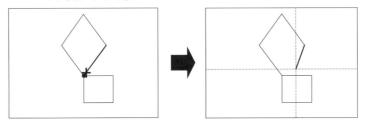

(2)「**移動先を指示**」とメッセージが表示されたら、同じスナップのまま、カーソルを移動させて、ボックスの右上端部をクリックすると、図形が変形します。

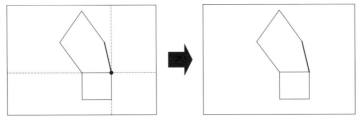

(3)右クリックすると、【ピンセット_D】コマンドは解除されます。

[削除_D]

　選択した図形を削除します。

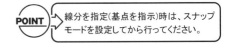
線分を指定（基点を指示）時は、スナップモードを設定してから行ってください。

[移動_D]/[複写_D]

ダイアログボックスを表示しないで、図面から位置を指定して、図形を移動(複写)します(詳細は**「7-2 図形の編集」**(P91)を参照)。

[左 90 度回転]/[右 90 度回転]/[180 度回転]

選択した図形を図形の中心を基点として左に 90 度、右に 90 度、180 度に回転します。

例:左に 90 度

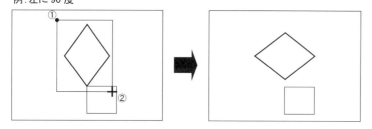

[任意回転]

回転角度を図面から指定します。

(1) 「図形を選択してください」とメッセージが表示され、クロスカーソルに変わります。
　　ボックスを選択します。
　　☆図形を選択している場合はこの操作はありません。

(2) 「回転の中心を指示」とメッセージが表示されたら、【端点】 ↙ スナップで、ボックスの左上端部を
　　クリックします。

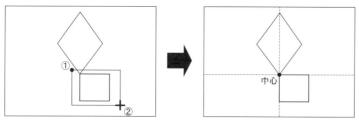

(3) 指定した位置からラバーバンドとクロスカーソルが表示され、「回転の参照点の1点目を指示」と
　　メッセージが表示されます。
　　同じスナップのまま、カーソルを移動させて、ひし形の右端部をクリックします。

(4) 「回転の参照点の2点目を指示」とメッセージが表示されたら、同じスナップのまま、カーソルを
　　移動させて、ボックスの右上端部をクリックすると、ひし形が指定した角度で回転します。

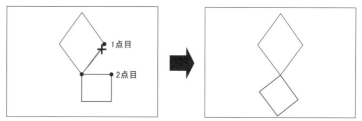

(5) 右クリックすると、【任意回転】コマンドは解除されます。

その他に、[図形のプロパティ_D]で【図形のプロパティ】 や[属性参照_D]で【属性参照】 コマンドの起動や、
[選択解除]/[選択反転]/[全選択]、[切り取り]/[コピー]/[貼り付け]、[前画面]/[拡大]などができます。
また、ポップアップメニューの表示/非表示や[ウィンドウのフローティング]を行うこともできます。
☆セットアップ時に設定した「操作方法」で「線描画優先」とした場合は、[全選択]は表示されません。

◢ カスタマイズ

【右クリックメニューの設定】コマンドを実行すると、右クリックメニューの設定ダイアログを表示し、編集メニューにコマンドを追加したり、削除することができます(詳細は『マニュアル』を参照)。

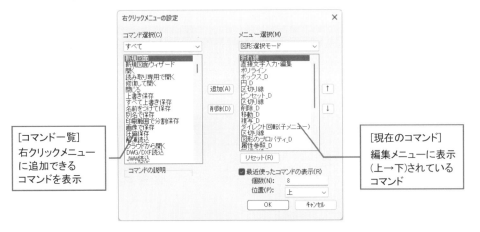

[コマンド一覧]
右クリックメニューに追加できるコマンドを表示

[現在のコマンド]
編集メニューに表示(上→下)されているコマンド

[リセット]　　設定を初期の状態に戻します。
[▲] [▼]　　[現在のコマンド]で選択しているアイコンの位置を変更します。

<コマンドの追加>

[コマンドの選択]から、必要なコマンドのメニューをクリックし、選択します。[コマンド]に選択したメニューのコマンドが一覧表示されます。
[コマンド]から追加したいコマンドをクリックし、[追加]ボタンをクリックすると、現在のコマンド一覧にコマンドが追加されます。

<コマンドの削除>

現在のコマンド一覧から削除したいコマンドをクリックし、[削除]ボタンをクリックすると、現在のコマンド一覧からコマンドが削除されます。

<最近使ったコマンドの表示>

[最近使ったコマンドの表示]を✔すると、右クリックメニューの指定した位置(上または下)に最近使ったコマンドを表示します。

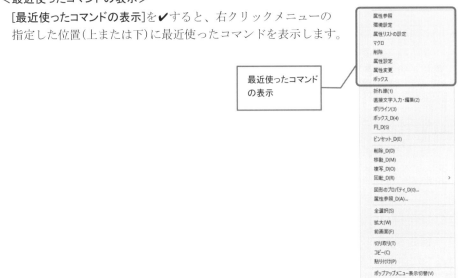

最近使ったコマンドの表示

⑧ 属性について

属性とは、色や線種など図形に与える情報のことで、DRA-CAD では、7種類(レイヤ、カラー、線種、線幅、グループ、塗りカラー、材質)用意しています。これらの属性を設定し、使い分けることにより、図面の編集作業などの効率アップにつながります。

8-1 属性の設定、変更について

8-1-1 属性を設定する

属性を設定するには、次の方法があります。

◼ 書き込み属性の設定方法1

これから作図する図形の属性をダイアログボックスで設定します(参照する図形が画面上にない場合)。

(1) 【属性設定】コマンドを実行します。

[ホーム]メニューから[🔢 属性設定]をクリックします。

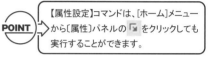

POINT 【属性設定】コマンドは、[ホーム]メニューから〔属性〕パネルの 🔽 をクリックしても実行することができます。

(2) ダイアログボックスが表示されます。
各項目を設定し、[OK]ボタンをクリックします。

POINT [図面から]をクリックすると、【属性参照】コマンドと同様に、図面に描かれた図形の属性を取得することができます。

属性が設定され、【属性設定】コマンドは解除されます。

◼ 書き込み属性の設定方法2

画面上に描かれている図形または線分を参照し、これから作図する図形の属性を設定します(参照する図形が画面上にある場合)。

(1) 【属性参照】コマンドを実行します。

[ホーム]メニューから[🔢 属性参照]をクリックします。

POINT 編集メニューから実行することもできます(編集メニューについては「7-3-2 右クリックメニュー」(P106)を参照)。

(2) 「参照するプリミティブを指示」とメッセージが表示され、
クロスカーソルに変わります。
クロスカーソルを参照したい線分に合わせ、クリックします。

(3) ダイアログボックスに指定した属性が表示されます。
各項目を確認し、[OK]ボタンをクリックします。

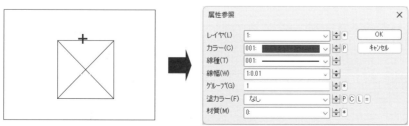

属性が設定され、【属性参照】コマンドは解除されます。

◢ 書き込み属性の設定方法 3

[ホーム]メニューの[属性]パネルに設定したレイヤ、カラー、線種、線幅、グループ、材質などが表示されます。

[属性]パネルから各項目をクリックし、これから作図する図形のレイヤ、カラー、線種、線幅などの各属性を設定することもできます。

☆図形が選択されている場合は、選択を解除してから設定してください。

$\mathcal{L}$	レイヤ	$\mathcal{C}$	カラー	$\mathit{F_C}$	塗りカラー
$\mathcal{T}$	線種	$\mathcal{W}$	線幅		
$\mathcal{G}$	グループ	$\mathcal{M}$	材質		

◢ 書き込み属性の設定方法 4

【属性リスト設定】▆コマンドで各属性の組み合わせのリストを作成します。リストから№.を選択し、書き込む属性を設定します（詳細は「Part 2　図面の作成　0-2　属性を設定する」(P154)を参照）。

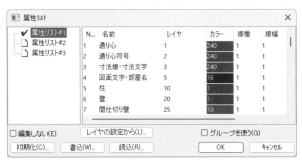

アドバイス！

設定したレイヤ、カラー、線種、線幅、グループ、材質は、ステータスバーに表示されます。直接ステータスバーの各項目をクリックし、指定することもできます。

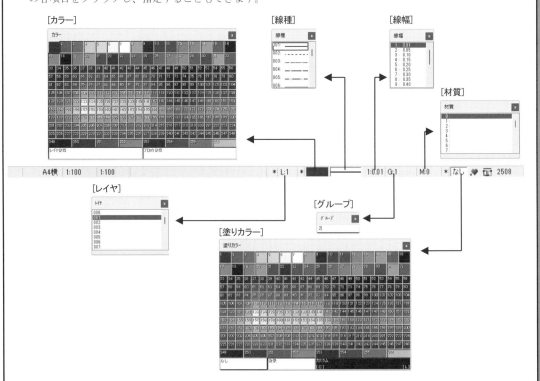

8-1-2 属性を変更する

属性を変更するには、次の方法があります。

☆ここでは【標準選択】□□で図形を選択します（「**6-3 選択モードについて**」（P71）を参照）。

■ 属性の変更方法1

すでに作図済の図形の属性をダイアログボックスで設定し変更します。

(1) 【属性変更】コマンドを実行します。

[ホーム]メニューから[属性参照]の▼ボタンをクリックし、[属性変更]をクリックします。

(2) ダイアログボックスが表示されます。

変更する項目だけ✔し、[OK]ボタンをクリックします。

変更する項目だけ
✔します。

[図面から]ボタンはすでに描かれている線の属性、[アクティブ参照]ボタンは現在の書き込み属性をそれぞれ参照することができます。

(3) 「図形を選択してください」とメッセージが表示され、クロスカーソルに変わります。

変更したい線分をクリックして選択すると、設定した属性に変わります。

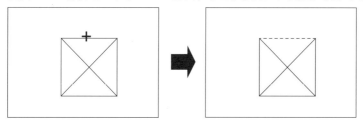

(4) 右クリックすると、ダイアログボックスが表示されます。

[キャンセル]ボタンをクリックすると、【属性変更】コマンドは解除されます。

■ 属性の変更方法2

画面上に描かれている図形または線分を指定し、属性を変更します。

画面上に描かれている図形や線分などを選択すると、[ホーム]メニューの〔属性〕パネルに選択した図形や線分などの属性が表示されます。

変更したい各項目を設定すると、選択した図形が設定した属性に変わります。

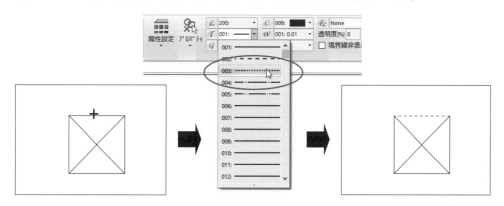

属性の変更方法3

画面上に描かれている図形または線分を指定し、属性を変更します。

(1) 【図形のプロパティ】コマンドを実行します。

[ホーム]メニューから[🔍 プロパティ]をクリックします。

(2) 「図形を選択してください」とメッセージが表示され、クロスカーソルに変わります。

クロスカーソルを変更したい線分に合わせ、クリックして選択します。

(3) ダイアログボックスに選択した図形の情報が表示されます。

〔属性〕タブで変更したい各項目を設定し、[OK]ボタンをクリックします。

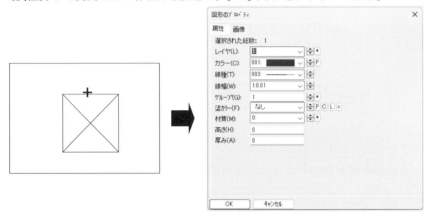

選択した図形が設定した属性に変わります。

POINT 【図形のプロパティ】コマンドは、編集メニューから実行することもできます(編集メニューについては「**7-3-2 右クリックメニュー**」(P106)を参照)。

POINT [Alt]キーを押しながら、図形を右クリックしても実行することができます。

(4) 右クリックすると、【図形のプロパティ】コマンドは解除されます。

図形のプロパティについて

図形を指定すると、図形のプロパティダイアログ(〔属性〕タブとそれぞれの図形の要素のタブ)が表示されます。

〔属性〕タブには選択された図形の個数と属性、それぞれのタブには選択された図形の情報が表示され、数値を変更することで図形のサイズや頂点の座標値などを変更することができます。

また、図形を指定すると【プロパティパレット】🔍 にも属性と指定した図形の要素が表示され、同様に編集することができます。

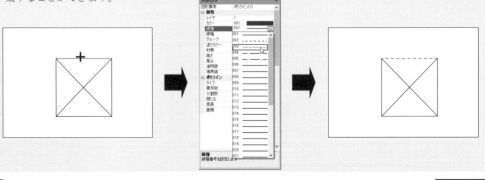

8-2 レイヤについて

通常 CAD にはレイヤ(画層)という概念があります。レイヤは透明なシートのようなものです。画面上では1枚の図面のように見えますが、CAD 上では複数のレイヤに描かれた図面が重なって見えています。DRA-CAD では1枚の図面に対して 257 枚(0〜256 番)の透明なシート(レイヤ)が用意されていて、描いた図形は指定されたレイヤへ書き込まれます。

これらのレイヤは、1枚1枚表示/非表示が指定できるため、作図途中で編集したくない図形を画面上から見えないようにすることができます(画面上に表示しないだけで、消去されるわけではありません)。

また、レイヤをロック、または退避することで、編集対象からはずすことができます。

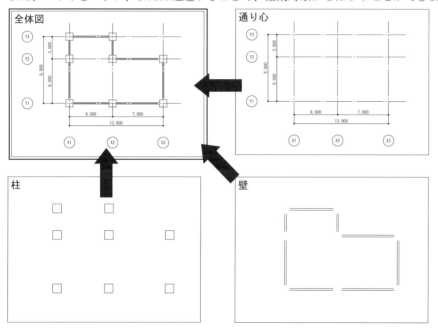

8-2-1 レイヤの指定について

レイヤの指定方法はいくつかありますが、ここではリボンメニューからの指定方法を説明します。

(1) [ホーム]メニューの[属性]パネルでレイヤが表示されている場所をクリックします。

(2) レイヤリストから任意のレイヤをクリックします。

ステータスバーのレイヤが設定した番号になります。

113

8-2-2 レイヤの表示/非表示について

DRA-CAD では表示されるレイヤを編集対象とするため、編集したくないレイヤを非表示にすることにより、表示や検索がスピードアップし、作図効率を高めることができます。

[レイヤを非表示にするコマンド]

【全レイヤ非表示】　　　　　：すべてのレイヤを非表示にします。

【非表示レイヤ指定】　　　　：表示しているレイヤを図面から指定して非表示にします。

【非表示レイヤキー入力】　　：表示しているレイヤをキーボードから番号を入力して非表示にします。

[レイヤを表示するコマンド]

【全レイヤ表示】　　　　　　：すべてのレイヤを表示します。

【表示レイヤ指定】　　　　　：非表示になっているレイヤを図面から指定して表示します。

【表示レイヤキー入力】　　　：非表示になっているレイヤをキーボードから番号を入力して表示します。

【表示レイヤの範囲指定】　　：指定した範囲のレイヤのみ表示し、それ以外のレイヤを非表示にします。

☆【表示レイヤ反転】　コマンドまたはキーボードの Ctrl キーを押しながら Q キーを押すと、レイヤの表示・非表示を反転することができます。

アドバイス！

【レイヤ設定】　　コマンド、または【レイヤパレット】　　で、現在のレイヤの表示/非表示、ロック/アンロック、退避/退避解除や印刷する/しないを確認、設定、変更することができます。

また、レイヤは 0～256 番の番号で指定しますが、名称を付けることもできます。

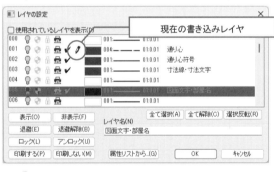

・　　がついているレイヤは、現在の書き込みレイヤです。

・レイヤごとに名前をつけられます。

・　　　　：クリックすると、表示　　/非表示　　状態を変更します。

・　　　　：クリックすると、退避　　/退避解除　　状態を変更します。

・　　　　：クリックすると、ロック　　/アンロック　　状態を変更します。

・　　　　：クリックすると、印刷する　　/印刷しない　　状態を変更します。

名称を付けるとステータスバーのレイヤ番号の横に名称が表示されます。

☆ステータスバーからレイヤ番号を右クリックしてもレイヤの設定
　ダイアログが表示されます。

[ステータスバー]のレイヤ欄

また、それぞれのレイヤごとに、カラー番号、線種番号、線幅番号を設定することもできます。

[属性]パネルや【属性設定】　　コマンドなどでカラーや線種、線幅を[レイヤ依存]とすると、設定したレイヤ番号にしたがったカラーや線種、線幅で作図されます(詳細は『マニュアル』を参照)。

◢ **非表示方法1**

(1) 【全レイヤ表示】コマンドを実行します。

[レイヤ]メニューから[≡ 全レイヤ表示]をクリックします。

すべてのレイヤが表示され、【全レイヤ表示】コマンドは解除されます。

(2) 【非表示レイヤ指定】コマンドを実行します。

[レイヤ]メニューから[≡ 非表示レイヤ指定]をクリックします。

(3) 「**非表示にしたいレイヤを指示**」とメッセージが表示され、クロスカーソルに変わります。

クロスカーソルを非表示にしたい線分に合わせ、クリックします。

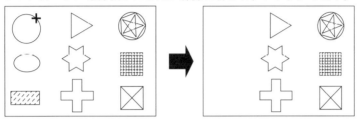

指定した線分と同じレイヤ番号のプリミティブが非表示になります(画面左の縦1列の図形が同じレイヤ番号で作図されている場合)。

(4) 右クリックすると、【非表示レイヤ指定】コマンドは解除されます。

◢ **非表示方法2**

(1) 【全レイヤ表示】コマンドを実行します。

[レイヤ]メニューから[≡ 全レイヤ表示]をクリックします。

すべてのレイヤが表示され、【全レイヤ表示】コマンドは解除されます。

(2) 【非表示レイヤキー入力】コマンドを実行します。

[レイヤ]メニューから[≡ 非表示レイヤ指定]の▼ボタンをクリックし、[≡ 非表示レイヤキー入力]をクリックします。

(3) ダイアログボックスが表示されます。

キーボードから"10 ↵"と入力します。

入力した番号と同じレイヤ番号のプリミティブが非表示になります(画面左の縦1列の図形が同じレイヤ番号(例:10)で作図されている場合)。

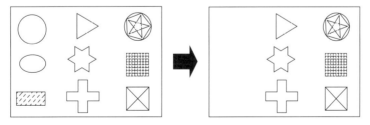

(4) ダイアログボックスの[×]ボタンをクリックすると、【非表示レイヤキー入力】コマンドは解除されます。

◤ 表示方法1

(1) 【全レイヤ非表示】コマンドを実行します。

[レイヤ]メニューから[≡ 全レイヤ非表示]をクリックします。

すべてのレイヤが非表示になり、【全レイヤ非表示】コマンドは解除されます。

(2) 【表示レイヤ指定】コマンドを実行します。

[レイヤ]メニューから[≡ 表示レイヤ指定]をクリックします。

レイヤの表示画面/非表示画面が切り替わって、非表示になっているレイヤがすべて表示されます。

(3) 「表示したいレイヤを指示」とメッセージが表示され、クロスカーソルに変わります。

クロスカーソルを表示したい線分に合わせ、クリックします。

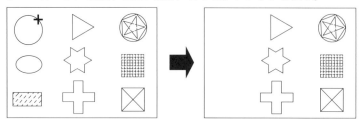

指定した線分と同じレイヤ番号のプリミティブが非表示になります(画面左の縦1列の図形が
同じレイヤ番号で作図されている場合)。

(4) 右クリックすると、再びレイヤの表示画面/非表示画面が切り替わって指定した線分のレイヤが
画面に表示され、【表示レイヤ指定】コマンドは解除されます。

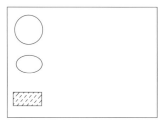

アドバイス

【レイヤ一覧】≡コマンドは、レイヤを一覧表示し、レイヤの状態の確認、変更、レイヤ名の編集をすることがで
きます。初期状態では、現在表示中の画面状態で各レイヤが表示されます。

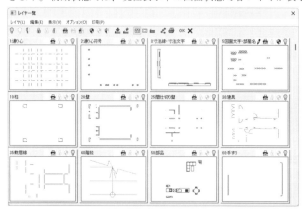

・ ✎ がついているレイヤは、現在の書き込
みレイヤです。

・ レイヤの表示枠内でダブルクリックする
と、レイヤ情報ダイアログボックスが表示
されます。

◢ 表示方法2

(1) 【全レイヤ非表示】コマンドを実行します。

[レイヤ]メニューから[◢ 全レイヤ非表示]をクリックします。

すべてのレイヤが非表示になり、【全レイヤ非表示】コマンドは解除されます。

(2) 【表示レイヤキー入力】コマンドを実行します。

[レイヤ]メニューから[◢ 表示レイヤ指定]の▼ボタンをクリックし、[◢ 表示レイヤキー入力]をクリックします。

(3) ダイアログボックスが表示されます。

キーボードから"10 ⏎"と入力します。

入力した番号と同じレイヤ番号のプリミティブが表示されます(画面左の縦1列の図形が同じレイヤ番号(例:10)で作図されている場合)。

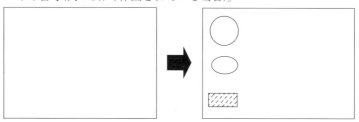

(4) ダイアログボックスの[×]ボタンをクリックすると、【表示レイヤキー入力】コマンドは解除されます。

・レイヤは【環境設定】▦コマンドの〔表示〕タブの「描画順」で設定した順番で同一レイヤ内はデータの並び順で重ねて表示されます。ただし、「DirectX」を設定した場合、同一レイヤ内は上から以下の順番で表示されます。

①点・マーカー・ライト・カメラ、②線分、③文字、④塗図形、⑤画像・OLE 図形

・【環境設定】コマンドの〔操作〕タブの「削除、レイヤ操作、拡大」で「右クリックで戻る。拡大は即終了」を指定した場合は、【表示レイヤ指定】、【表示レイヤの範囲指定】、【非表示レイヤ指定】、【ロックレイヤ指定】、【ロックレイヤの範囲外指定】コマンドの解除はプリミティブのないところをクリックします。右クリックすると、指定がキャンセルされます。

・【環境設定】コマンドの〔操作〕タブの「ホイールクリック」で Microsoft IntelliMouse のホイールに機能を割り付けることができます。

・マウスに第4、第5ボタンがある場合は、【環境設定】コマンドの〔操作〕タブで機能を割り付けることができます。

・【表示レイヤキー入力】、【非表示レイヤキー入力】コマンドは、ダイアログボックスで下記のように入力することもできます。

(使用例)

10 ⏎	:10番レイヤを表示（非表示）
10, 20, 30 ⏎	:10番、20番、30番レイヤを表示（非表示）
10-100 ⏎	:10番から100番レイヤまでを表示（非表示）
-10 ⏎	:10番レイヤを非表示（表示）

8-2-3 ロックレイヤについて

レイヤをロック（画面上に図形は表示されているが、編集できない状態）します（ただし、表示、スナップなどは可能です）。ロックしたレイヤの図形は、表示色が【環境設定】■コマンドの〔表示〕タブの「色：ロック」または【カラー設定】■コマンドで設定した色になります。

[レイヤをロックするコマンド]

【ロックレイヤ指定】 ：指定したレイヤをロックします。

【ロックレイヤの範囲外指定】 ：指定した範囲外のレイヤのみロックします。指定した範囲のレイヤはロックされません。

[レイヤロックを解除するコマンド]

【全ロックレイヤ解除】 ：すべてのレイヤのロックを解除します。

【ロックレイヤ指定】 ：ロックしたレイヤを解除します。

☆**【ロックレイヤ反転】** コマンドでレイヤのロック・解除を反転することができます。

8-2-4 退避レイヤについて

レイヤを退避（画面上から図形が非表示となり、印刷、編集できない状態）します。退避したレイヤの図形は、全レイヤ表示しても表示されません。

[レイヤを退避するコマンド]

【退避レイヤ指定】 ：指定したレイヤを退避します。

[退避レイヤを解除するコマンド]

【退避レイヤ解除】 ：指定したレイヤの退避を解除します。退避を解除した時に、レイヤが表示状態ならば表示されます。

【全退避レイヤ解除】 ：すべての退避レイヤを解除します。

アドバイス✎

【レイヤ状態保存】コマンドは、現在表示されているレイヤの状態を名前をつけて保存、または保存したレイヤの状態を呼び出します。

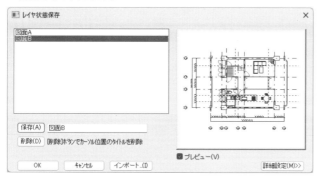

【レイヤグループ設定】コマンドは、複数のレイヤをグループ化（1つの固まり）して名称をつけます。
グループ化したレイヤは、レイヤの状態を一度に設定することができます。

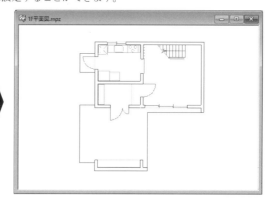

レイヤ 1（通り心）、2（丸止）、3（通り心符号）、5（寸法文字）
が非表示になります。

【レイヤアニメーション】コマンドは、レイヤの表示状態を設定し、設定したレイヤの表示状態を連続して表示することで動画として再生します。
また、AVI ファイルで保存することもできます。

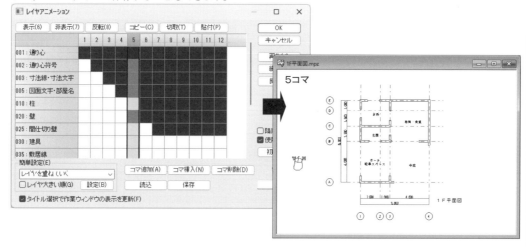

8-3　その他の属性

8-3-1　グループ

グループ番号は 0 から 65,535 番まで指定することができます。

図形ごとに 1 つのまとまりとしてグルーピングすることにより、選択モードを【グループ選択】 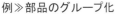 と指定すると、移動、複写、削除などの編集が容易に実行でき、作図効率アップにつながります。

☆選択モードについては、「**6-3　選択モードについて**」(P71) を参照してください。

例≫部品のグループ化

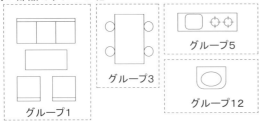

8-3-2　塗りカラー

閉じたポリラインの領域または円、楕円を塗りつぶします。

塗りカラーは 256 色＋背景色から設定するか、カスタムカラーとして個別に設定することができます(詳細は「**9-1　図形の塗りつぶしについて**」(P121) を参照)。

また、Windows のカラー設定を使用して、ユーザーオリジナルの塗りカラーを作ることもできます。

[塗りカラー：なし]　　　　[塗りカラー：5番　水色]

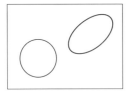 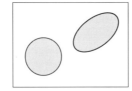

⑨ その他の機能

9-1 図形の塗りつぶしについて

DRA-CADでは、図面上の指定した範囲を任意の色で塗りつぶすことができます。
図形を塗りつぶすには、塗りカラーを指定して塗りつぶす範囲を閉じたポリラインで描きます。
ただし、円や楕円はそのまま塗りカラーで描くことができます。

ポリラインとは、連続して描かれた線分や円弧からなり、これを1つの図形として認識します。
線分は、四角形のように端部と端部がくっついた図形を描いても、真ん中の部分には何もありませんが、
ポリラインは「閉じる」「閉じない」という情報を与えることができ、「閉じる」という情報を持った四角
形は、真ん中の部分が空洞ではなく「面」として認識されます。例えるなら、厚みのない紙のようなもの
になります。

[線分]

[ポリライン：閉じない]

[ポリライン：閉じる]

[円・楕円]
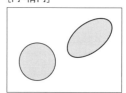

9-1-1 塗りカラーの指定

塗りカラーの指定方法はいくつかありますが、ここではリボンメニューからの指定方法を説明します。

(1) [ホーム]メニューの〔属性〕パネルで塗りカラーが表示されている場所をクリックします。

(2) カラーパレットが表示されます。任意の色をクリックします。
設定した塗りカラーは、〔属性〕パネルに表示されます。

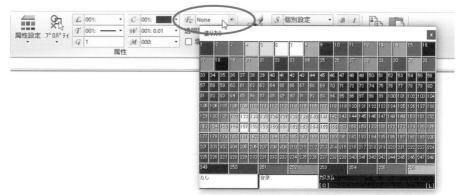

Memo

・「カスタム」を設定した場合は、塗りカラー番号に[Cust]と表示され、「背景」を設定した場合は、塗り
カラー番号に[Back]と表示されます。
また、「なし」を指定した場合は、図形を塗りつぶしません。
・「背景」は【カラー設定】コマンドの[背景色]を変更するとそれに合わせて塗りつぶし色が変化し、常
にその背後にある図形は表示されません。印刷時は白で塗りつぶされます。

9-1-2 塗りつぶした図形を描く

【ポリライン】コマンドは、連続した線分・円弧を、1つの要素として描きます。また、閉じたポリラインは、図形の中を塗りつぶすことができます。

ポリラインの終点は編集メニューで指定します。[作図終了]を選択すると[閉じないポリライン]、[図形を閉じる]を選択すると[閉じたポリライン]になります。

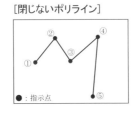
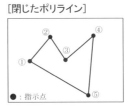
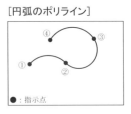

[閉じないポリライン] ●：指示点　[閉じたポリライン] ●：指示点　[円弧のポリライン] ●：指示点

(1) 塗りカラーを指定します。

POINT 編集メニューから実行することもできます（編集メニューについては「**7-3-2** 右クリックメニュー」(P106)を参照)。

(2) 【ポリライン】コマンドを実行します。
[作図]メニューから[□ ポリライン]をクリックします。

(3) 「ポリラインの始点」とメッセージが表示され、クロスヘアカーソルに変わります。
【任意点】♥スナップで、始点にしたい任意な位置をクリックします。

(4) 「ポリラインの中点」とメッセージが表示されたら、カーソルを移動させ、第2点〜第4点までクリックします。

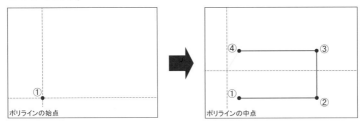

- 閉じたポリラインは面積を測定することもできます。
- 【環境設定】コマンドの〔表示〕タブまたは【表示設定】コマンドで「ポリライン頂点にマーカー表示」を✔すると、ポリラインの各頂点に[ポリラインマーカー]で設定されているサイズのマーカーを表示します。
- 【ボックス】□、【内外法線】、【ダブル線】コマンドなどでは、ダイアログボックスに[ポリライン化]の項目があります。これを✔することにより、図形をポリラインで作図することができます。

例:【内外法線】コマンド

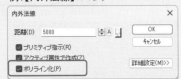

- ポリラインとして描かれた連続した線分・図形は、【単一選択】で一度に削除や移動などの編集が行えます(個別に編集することはできません)。
- 【環境設定】コマンドの〔表示〕タブで「塗りつぶし表示」を✔すると、塗りカラーを表示します。✔しない場合は塗りカラーを表示しません。
また、〔印刷〕タブで「塗りつぶしを印刷」を✔すると、塗りカラーを印刷します。✔しない場合は塗りカラーを表示していても印刷しません。

(5) 第4点まで取り終えたら、右クリックし、編集メニューを表示します。

(6) [図形を閉じる]を指定すると、塗りつぶされた図形が描かれます。

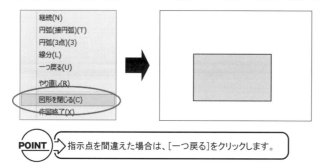

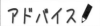 指示点を間違えた場合は、[一つ戻る]をクリックします。

(7) 右クリックすると、【ポリライン】コマンドは解除されます。

アドバイス

【ポリライン】▭コマンドの他に、【表入力でポリライン】▦コマンドや【基本図形】▨コマンドでポリラインを作図することもできます。

【表入力でポリライン】▦コマンドでは、ＸＹ座標を表形式で入力して、ポリラインを作図します。

また、[符号]や[線分長さ]を記入することもできます。

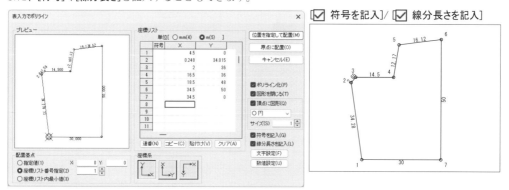

【基本図形】▨コマンドでは、幾何学図形や矢印、面取り矩形などのポリライン図形を作図します。

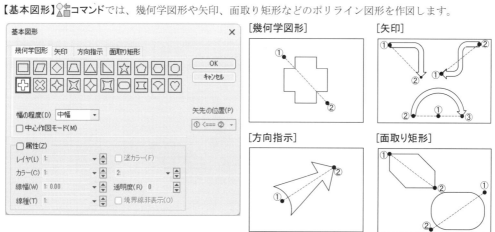

9-1-3　線分図形を塗りつぶす

線分で描かれている図形を塗りつぶすには、【ポリライン化】コマンドで、現在描かれている線分をポリラインに変換します。閉じたポリラインに変換した場合は、現在設定されている塗りカラーで塗りつぶすことができます。

(1) 塗りカラーを指定します。

(2) 【ポリライン化】コマンドを実行します。
[編集]メニューから[ポリライン化]をクリックします。

(3) ダイアログボックスが表示されます。
以下のように設定し、[OK]ボタンをクリックします。

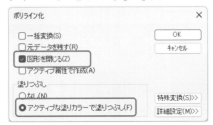
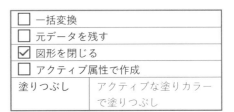

☐	一括変換	
☐	元データを残す	
☑	図形を閉じる	
☐	アクティブ属性で作成	
塗りつぶし		アクティブな塗りカラーで塗りつぶし

(4) 「図形を選択してください」とメッセージが表示され、クロスカーソルに変わります。
【標準選択】で、ポリラインにする図形をクリックして選択すると、図形が閉じたポリラインになり、塗りつぶされます。

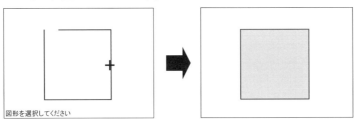

> **POINT**　基点として指定した線からつながっている線を自動検索していくので、他の線と交差または離れていると、連続線をうまく検索できません。
> ただし、[詳細設定]で「検索時の比較属性」の項目で、検索する条件を絞り込むことができます。

(5) 右クリックすると、ダイアログボックスが表示されます。
[キャンセル]ボタンをクリックすると、【ポリライン化】コマンドは解除されます。

【ポリライン化】コマンドについて

[一括変換]　　複数の図形を選択すると、一括してポリラインに変換します。
[元データを残す]　ポリラインに変換した後、変換した元の図形を残します。
[図形を閉じる]　閉じたポリラインに変換します。
[アクティブ属性]　現在設定されている属性でポリラインに変換します。
[塗りつぶし]　　[図形を閉じる]を✔した場合に、閉じたポリラインの塗りつぶしについて設定します。

9-1-4 二重図形を塗りつぶす（1）

二重に描かれている図形をドーナツ型に塗りつぶします。
【ポリライン化】コマンドで、外側の大きな図形を塗りつぶしてから、内側の図形を白で重ね塗りします。

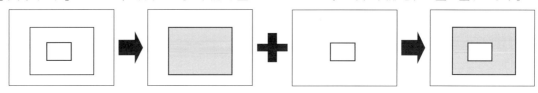

◢ ポリラインに変換する

(1) 塗りカラーを指定します。

(2) 【ポリライン化】コマンドを実行します。
 [編集]メニューから[ポリライン化]をクリックします。

(3) ダイアログボックスが表示されます。
 以下のように設定し、[OK]ボタンをクリックします。

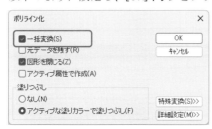

☑ 一括変換	
☐ 元データを残す	
☑ 図形を閉じる	
☐ アクティブ属性で作成	
塗りつぶし	アクティブな塗りカラーで塗りつぶし

アドバイス

ポリラインには、他にスプライン曲線とベジェ曲線があります。
スプライン曲線は、指定した点を通らずに滑らかにつなぐ曲線で、2次、3次スプライン曲線が作図できます
（3次スプライン曲線は通過点を指定することもできます）。
【スプライン曲線】コマンドで、作図します。

[2次スプライン曲線]　　　　[3次スプライン曲線]　　　　[閉じた2次スプライン曲線]

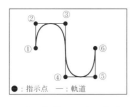
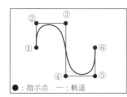
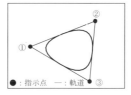

●：指示点 ―：軌道　　●：指示点 ―：軌道　　●：指示点 ―：軌道

ベジェ曲線は、点を指定して滑らかにつなぐ曲線です。【ベジェ曲線】コマンドで、作図します。

[ベジェ曲線]　　　　[閉じたベジェ曲線]

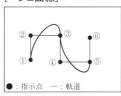
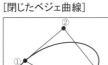

●：指示点 ―：軌道　　●：指示点 ―：軌道

(4) 「図形を選択してください」とメッセージが表示され、クロスカーソルに変わります。

【標準選択】▭で、2つの図形を上から下へと対角にドラッグして選択すると、図形が閉じたポリラインになり、塗りつぶされます。

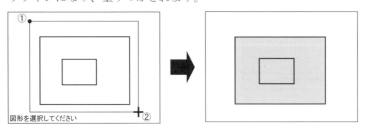

(5) 右クリックすると、ダイアログボックスが表示されます。

[キャンセル]ボタンをクリックすると、【ポリライン化】コマンドは解除されます。

◢ 属性変更する

(1) 【属性変更】コマンドを実行します。

[ホーム]メニューから[🔧 属性参照]の▼ボタンをクリックし、[🔲 属性変更]をクリックします。

(2) ダイアログボックスが表示されます。

「レイヤ」、「塗りカラー:白」を設定し、[OK]ボタンをクリックします。

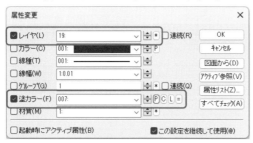

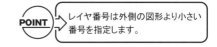

POINT → レイヤ番号は外側の図形より小さい番号を指定します。

塗りつぶしとレイヤについて

塗りつぶしを行った時の描画順は、レイヤに依存します。

レイヤは【環境設定】▢コマンドの[表示]タブの「描画順」で設定した順番で重ねて表示されます。

また、同じレイヤ番号の場合は後から作図や編集した図形や文字が上に表示されます。

例:「レイヤの小さいものが上」

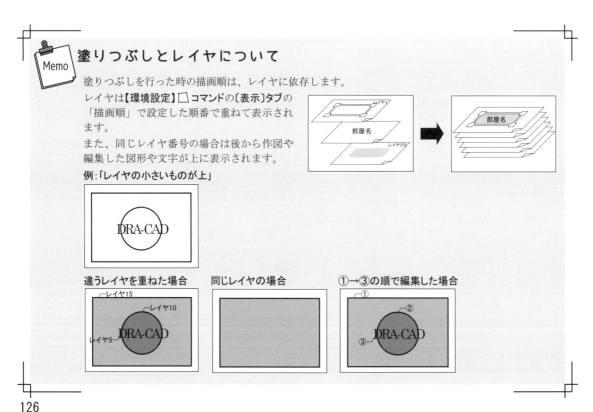

(3) 「図形を選択してください」とメッセージが表示され、クロスカーソルに変わります。
【標準選択】▭ で、内側の図形をクリックして選択すると、ドーナツ型に塗りつぶされます。

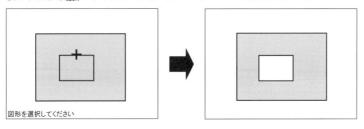

(4) 右クリックすると、ダイアログボックスが表示されます。
［キャンセル］ボタンをクリックすると、【属性変更】コマンドは解除されます。

アドバイス

【属性変更】▭ 、【図形のプロパティ】コマンドまたは【プロパティパレット】で、塗りカラーの設定を変更または解除することができます。

＜解除＞　塗りカラー：「なし」
＜変更＞　塗りカラー：「変更する色を選択」

〔属性〕タブ

〔ポリライン〕タブ

〔属性〕タブ　　　塗りカラーを変更または解除することができます。
　　　　　　　　＜解除＞　　　塗りカラー：「なし」
　　　　　　　　＜変更＞　　　塗りカラー：「変更する色を選択」
〔ポリライン〕タブ　透明度、境界線の表示について設定することができます。

[透明度0%]　　　　　[透明度85%]　　　　　[境界線非表示]

9-1-5 二重図形を塗りつぶす（2）

二重に描かれている図形をドーナツ型に塗りつぶします。

二重に描かれている図形をポリラインに変換後、【面合成】コマンドで穴の開いたポリラインにし、【属性変更】コマンドでドーナツ型に塗りつぶします。

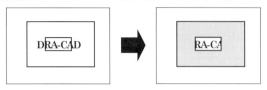

◤ ポリラインに変換する

(1) 【ポリライン化】コマンドを実行します。
  [編集]メニューから[⊞ ポリライン化]をクリックします。

(2) ダイアログボックスが表示されます。
  以下のように設定し、[OK]ボタンをクリックします。

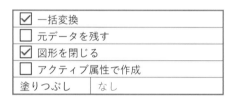

☑ 一括変換	
☐ 元データを残す	
☑ 図形を閉じる	
☐ アクティブ属性で作成	
塗りつぶし	なし

(3) 「図形を選択してください」とメッセージが表示され、クロスカーソルに変わります。
  【標準選択】▥▥で、2つの図形を上から下へと対角にドラッグして選択し、それぞれ閉じたポリラインに変換します。

(4) 右クリックすると、ダイアログボックスが表示されます。
  [キャンセル]ボタンをクリックすると、【ポリライン化】コマンドは解除されます。

◤ 穴の開いたポリラインにする

(1) 【面合成】コマンドを実行します。
  [編集]メニューから[▦ 面合成]をクリックします。

(2) ダイアログボックスが表示されます。
  「切り欠き」を設定し、[OK]ボタンをクリックします。

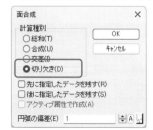

(3) 「最初の図形を指示」とメッセージが表示され、クロスカーソルに変わります。
外側のポリラインをクリックします。

(4) 「次の図形を指示」とメッセージが表示されます。
内側のポリラインをクリックすると、二重のポリラインが穴の開いたポリラインになります。

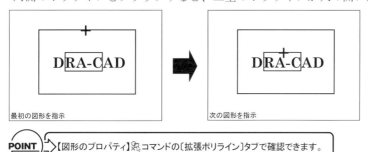

最初の図形を指示　　　　　　　　　　　次の図形を指示

POINT 【図形のプロパティ】コマンドの〔拡張ポリライン〕タブで確認できます。

(5) 右クリックすると、ダイアログボックスが表示されます。
[キャンセル]ボタンをクリックすると、【面合成】コマンドは解除されます。

属性変更する

(1) 【属性変更】コマンドを実行します。
[ホーム]メニューから[属性参照]の▼ボタンをクリックし、[属性変更]をクリックします。

(2) ダイアログボックスが表示されます。
「塗りカラー」を設定し、[OK]ボタンをクリックします。

【面合成】コマンドについて

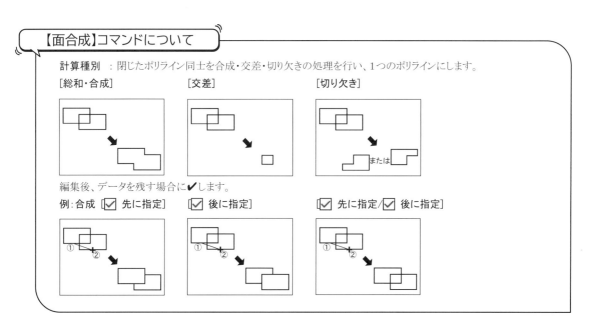

計算種別　：閉じたポリライン同士を合成・交差・切り欠きの処理を行い、1つのポリラインにします。

[総和・合成]　　　　　[交差]　　　　　[切り欠き]

または

編集後、データを残す場合に✔します。

例：合成 [✔ 先に指定]　[✔ 後に指定]　[✔ 先に指定/✔ 後に指定]

(3) 「図形を選択してください」とメッセージが表示され、クロスカーソルに変わります。
【標準選択】□□で、穴の開いたポリラインをクリックして選択すると、穴の開いたポリラインがドーナツ型に塗りつぶされます。

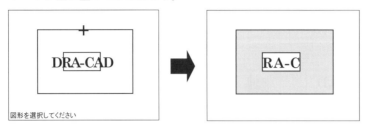

(4) 右クリックすると、ダイアログボックスが表示されます。
[キャンセル]ボタンをクリックすると、【属性変更】コマンドは解除されます。

9-1-6 二重図形を塗りつぶす（3）

二重に描かれている図形を【ハッチング図形】▨コマンドの〔塗り〕タブで穴の開いた拡張ポリラインのハッチング図形にして塗りつぶし、ドーナツ型にします。

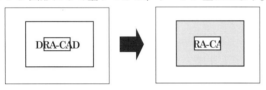

(1) ポリラインに変換します（「**9-1-5 二重図形を塗りつぶす（2）**」を参照）。

(2) 【ハッチング図形】コマンドを実行します。
[作図]メニューから[▨ ハッチング]をクリックします。

(3) ダイアログボックスが表示されます。
〔塗り〕タブで以下のように設定し、[OK]ボタンをクリックします。

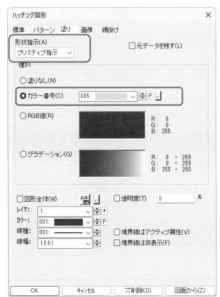

形状指示	プリミティブ指示	
種別	カラー番号	005：水色

・その他は初期設定のまま

POINT 【塗りハッチング】◇コマンドで直接、〔塗り〕タブのダイアログを表示することもできます。

(4)「図形を選択してください」とメッセージが表示され、クロスカーソルに変わります。
【標準選択】▭で、2つの図形を上から下へと対角にドラッグして選択すると、図形が穴の開いたポリラインになりドーナツ型に塗りつぶされます。

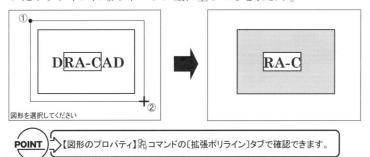

図形を選択してください

POINT 【図形のプロパティ】🖝コマンドの〔拡張ポリライン〕タブで確認できます。

(5) 右クリックすると、ダイアログボックスが表示されます。
[キャンセル]ボタンをクリックすると、【ハッチング図形】コマンドは解除されます。

【ハッチング図形】コマンドについて

【ハッチング図形】コマンドは、選択した図形または指定した閉領域に、新たにポリラインデータ(拡張ポリライン)を作成することで、ハッチング図形を作成します。
ユーザー定義ハッチング、パターンハッチング、塗り(グラデーション)ハッチング、画像ハッチング、網掛けハッチングがあります。

[ユーザー定義ハッチング]　[パターンハッチング]　[グラデーション]　[画像ハッチング]　[網掛けハッチング]

〔標準〕タブは、直線と格子のハッチング図形を描くことができます。

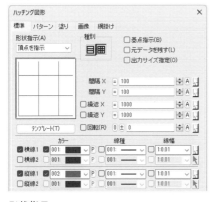

・描くハッチング線の間隔などが細かく設定できます。

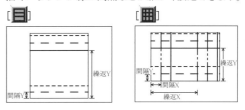

・描くハッチング線を1～4まで1本ずつ属性を設定できます。

形状指示：

　　[頂点を指示]　　　作図領域をポイントで指示してハッチングします。
　　[プリミティブ指示]　ポリラインを指定してハッチングします。
　　[閉領域を検索]　　クリックした位置から閉領域を検索してハッチングします。

　　[頂点を指示]の作図方法
　　　　ポイントを指示後、右クリックすると編集メニューが表示され、指示点をキャンセル、および作図を終了することができます。

[この図形を閉じる]は、作図領域を閉じ、続けて次の図形を作図することができます。
複数の図形の最後のポイントを指示後、編集メニューから「作図終了」で作図を終了します。

[基点指示]　　ハッチングを描き始める基点を指示します。✔しない場合は、図形の左下が基点になります。
[元データを残す]　ハッチング図形を作成後、元のポリラインを残します。
[出力サイズ指定]　出力時のサイズで指定します(現在作業中の図面縮尺にしたがいます)。
　　　　　　　　✔しない場合は、出力時のサイズに図面縮尺の逆数倍掛けた値(例:出力サイズ3㎜、図面縮尺1/100　3×100＝300㎜)で指定します。

〔パターン〕タブは、ハッチングした元図形を作成・登録して、ハッチング図形を描くことができます。
☆【パターンハッチング】▦コマンドで直接、〔パターン〕タブのダイアログボックスを表示することもできます。

種別:[sxf_7][sxf_8][リスト]
　[リスト]には登録されているユーザーオリジナルのハッチングパターンが表示されます。

[sxf7]　　　　　　　　[sxf8]

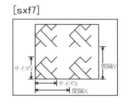 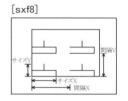

〔塗り〕タブは、単色またはグラデーションのハッチング図形を描くことができます。
☆【塗りハッチング】◈コマンドで直接、〔塗り〕タブのダイアログボックスを表示することもできます。

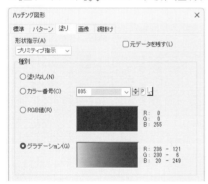

種別:
[塗りなし]　　　拡張ポリラインのみを作成します。
[カラー番号]　　塗りカラー番号を指定します。
[RGB値]　　　塗る色をRGB値で指定します。
[グラデーション]　グラデーションで塗ります。

 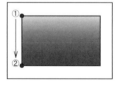

〔画像〕タブは、レンガやタイルなどの画像のハッチング図形を描くことができます。
☆【画像ハッチング】▦コマンドで直接、〔画像〕タブのダイアログボックスを表示することもできます。

・画像のあるフォルダ、ファイルを指定します。
　指定した画像1枚の大きさを設定します。

[サイズX/Y 1000]　　[サイズX/Y 500]

〔網掛け〕タブは、線分や点の網掛けハッチング図形を描くことができます。

☆【網掛けハッチング】コマンドで直接、〔網掛け〕タブのダイアログボックスを表示することもできます。

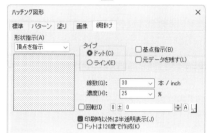

タイプ：

[ドット]　　円で網掛けハッチングを作成します。

[ライン]　　線分で網掛けハッチングを作成します。

[ドット 10 本/30%]　　　　　　　　[ライン 10 本/30%]

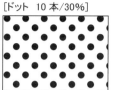 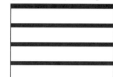

[線数]　出力サイズで1インチ(25.4mm)あたり、何本のドットまたはラインを描画するかを指定します。

[濃度]　塗りつぶす面積の割合を指定します。円の大きさや線分の太さが決まります。

[印刷時以外は半透明表示]

　　網掛けハッチングの画面表示時は半透明塗りつぶしで表現する場合に✔します。

　　通常、網掛けハッチングの表示用データを作成すると膨大なデータ数になります。印刷時以外は濃度に合わせた半透明塗りつぶし表示を行うことで、データ数や表示の負荷を軽減することができます。

[ドットは 120 度で作成]

　　ドットの網掛けは直角二等辺三角形の頂点の位置に円が来るように配置されますが、正三角形で配置したい場合に✔します。

　　　[□ ドットは 120 度で作成]　　　[✔ ドットは 120 度で作成]

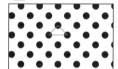 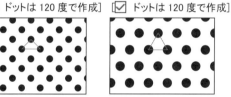

ダイアログボックスの下部分では、境界線を含めた図形全体の属性や境界線を除くハッチング線の属性などが設定できます。✔しない場合は、現在の書き込み属性で描きます。

〔塗り〕タブでは、[透明度]の設定があります。

例：〔標準〕タブ

[□ 境界線は非表示]　　[✔ 境界線は非表示]　　[□ 透明度]　　[✔ 透明度 85%]

   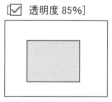

[穴削除]ボタンをクリックして、中抜き（穴を作成）したハッチング図形の穴を指定すると、削除されます。

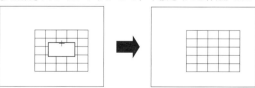

9-2 文字について

DRA-CADでは、DRA-CAD独自のベクターフォントであるDRA-CADフォントとWindowsのTrueType
フォントとプリンタフォントを使用することができます。TrueType フォントは、ボールドやイタリック
文字での記入や文字列に下線や取消し線などの装飾をつけて記入することができます。

9-2-1 文字の入力

文字を入力するには、次の方法があります。

◤ ダイアログボックスで入力した文字を配置する

(1) 【文字記入】コマンドを実行します。
   [文字]メニューから[🅰 文字記入]をクリックします。

(2) ダイアログボックスが表示されます。
   文字サイズや原点などを指定し、「**文字列記入ボックス**」をクリックします。

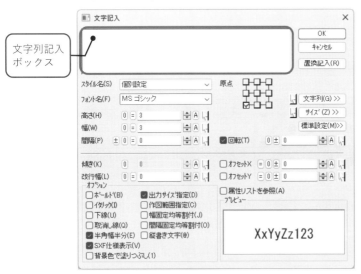

スタイル名	個別設定
フォント名	MSゴシック
原点	左下
高さ	3
幅	3
間隔	0
原点	左下
☑ 回転	0
オプション	
☑ 出力サイズ指定	

・その他は初期設定のまま

(3) 「あいうえお」と入力し、⏎キーを押します。
   ダイアログボックスの設定がすべて終わりましたら、[OK]ボタンをクリックします。

(4) 「**文字の位置を指示**」とメッセージが表示され、カーソルに文字がついて表示されます。
   【任意点】♥スナップで配置する位置をクリックすると、設定したサイズの文字が配置されます。

POINT 原点で設定した位置がカーソルの交差部になります。

(5) (4)と同様に、連続して文字を配置してみましょう。

POINT 【環境設定】コマンドの〔表示〕タブ、または【表示設定】コマンドで「文字の原点を表示」を✔すると、文字の原点を○で表示します。

(6) 右クリックすると、ダイアログボックスが表示されます。
　　[キャンセル]ボタンをクリックすると、【文字記入】コマンドは解除されます。

【文字記入】コマンドについて

[スタイル名]　文字スタイル（文字のサイズや配置条件）を設定します。
　　　　　　　[個別設定]　文字スタイルを使わずに直接設定します。
[フォント名]　文字のフォントを設定します。

[文字サイズ]　　　　　　　[回転]　　　　　　　　　　[傾き]

☆文字幅を「0」にした場合、DRA-CAD フォントでは高さと同じとみなされます。Windows フォントではフォントデザイン時の幅となります。したがって、MSP ゴシックなどの可変幅の英数字を指定している時は同じ文字数でも全体の長さが異なります。

[傾き]　　　　文字の傾斜角度を設定します。ただし、DRA-CAD フォント以外は設定できません。
[改行幅]　　　複数行の文字列を記入する時の改行幅を設定します。
[オフセット]　指示点から離れた位置に文字を記入する場合に✔し、その距離を設定します。

[改行幅]　　　　　　　　　[オフセット]　例：原点(中央下)で、Y＝500 と設定した場合

 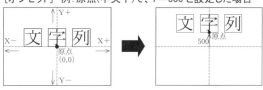

オプション：
[ボールド]、[イタリック]、[下線]、[取消し線]
　　　　　　　　　　　文字飾りを設定します。
[半角幅半分]　　　　　文字幅に0を設定していない場合に、半角文字の文字幅を全角文字の文字幅の半分にします。
[作図範囲指定]　　　　配置する範囲を指定し、その中に収まるように自動改行します。
[幅固定均等割付]　　　指示された2点の全長から幅を固定し、間隔を自動計算します。
[間隔固定均等割付]　　指示された2点の全長から間隔を固定し、幅を自動計算します。
[縦書き文字]　　　　　文字を縦書きで記入します。
[SXF 仕様表示]　　　　文字幅を設定した文字列を文字列長さの範囲内で Windows フォントのデザイン時の比率でプロポーショナル表示を行います。

[作図範囲]　　　　　[幅固定均等割付]　　　[間隔固定均等割付]　　　[SXF 仕様表示]例：MSゴシック

置換記入：すでに書かれている文字列を新たに入力した文字列と置き換える場合に使用します。
文字列　　：文字列取得のためのメニューで、記入文字エディタダイアログを表示したり、記入する文字列を図面やテンプレートファイル（.txt ファイル）、テキストファイルから取得することができます。また、現在の図面の状態などを書き込んでおくことができます。
サイズ　　：文字サイズを設定するためのメニューで、図面の文字からサイズ、回転、原点などを取得することができます。また、現在の文字サイズを文字スタイルとして登録することもできます。

画面上で直接文字を入力する（マルチテキスト）

☆マルチテキストは、１つの文字列の中で文字フォントや文字サイズを変えたり、ボールドやイタリックなどの文字装飾を行うことができます。

(1)【直接文字入力・編集】コマンドを実行します。
　　［文字］メニューから［ 📝 直接文字］をクリックします。

> **POINT** 編集メニューから実行することもできます（編集メニューについては「**7-3-2** 右クリックメニュー」（P106）を参照）。

(2)「文字記入位置を指示、または修正文字を指示」とメッセージが表示され、クロスカーソルに変わります。
　　【任意点】．❤スナップで文字を配置したい位置をクリックすると、書式バーとエディットボックスが表示されます。

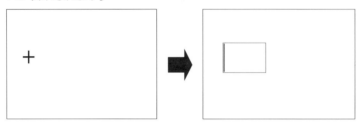

(3) 書式バーでフォント名や文字サイズなどを設定します。

	フォント名	■	文字色	𝐵	ボールド	𝐼	イタリック
𝒰	下線	◻	取り消し線	X^a	上付文字	X_a	下付文字
𝐹↕	高さ	𝓔	幅	↕𝑏	間隔	✄	切り取り
📋	コピー	📋	貼り付け	📋	文字列の貼り付け	📋	書式の貼り付け

☆詳細は【文字記入】コマンドと同じです。

(4) エディットボックスに「あいうえお」と入力し、⏎キーを押します。エディットボックス外をクリックすると、文字が確定します。

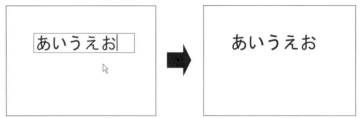

(5) 右クリックすると、【直接文字入力・編集】コマンドは解除されます。

> 📋 **Memo**
>
> ## 日本語入力について
>
> 初期設定で【環境設定】🗄コマンドの〔その他〕タブで「IME 自動切り替え」に✔がついています。
> 「IME 自動切り替え」は「文字列記入ボックス」にカーソルがある場合に自動的に IME（日本語入力システム）がオンになり、その他の場合には IME（日本語入力システム）が OFF になります。
> 　✔しない場合は、キーボードから ［半角/全角］キー（機種によっては、［ **Alt** ］キーを押しながら［半角/全角］キー）を押して、日本語入力システムの ON/OFF を手動で行います。

9-2-2 文字の編集

文字を編集するには、次の方法があります。

◢ ダイアログボックスで文字を修正する

(1) 【複数文字修正】コマンドを実行します。
[文字]メニューから[▨ 複数文字修正]をクリックします。

(2) 「図形を選択してください」とメッセージが表示され、クロスカーソルに変わります。
【標準選択】▭で、修正したい文字をクリックして選択します。

(3) ダイアログボックスが表示されます。
ドラッグして「**あい**」を指定し、「**かき**」と入力して ↵キーを押します。

(4) [OK]ボタンをクリックすると、選択した文字が修正されます。

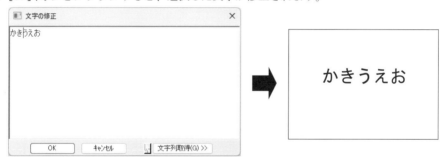

(5) 右クリックすると、【複数文字修正】コマンドは解除されます。

◢ 画面上で直接文字を修正する（マルチテキスト）

(1) 【直接文字入力・編集】コマンドを実行します。
[文字]メニューから[▨ 直接文字]をクリックします。

(2) 「文字記入位置を指示、または修正文字を指示」とメッセージが表示され、クロスカーソルに変わります。
修正したい文字をクリックすると、書式バーとエディットボックスが表示されます。

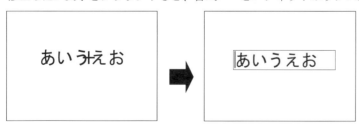

(3) ドラッグして「**あい**」を指定し、「**かき**」と入力して ⏎キーを押します。

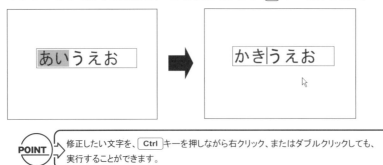

POINT　修正したい文字を、Ctrl キーを押しながら右クリック、またはダブルクリックしても、実行することができます。

(4) エディットボックス外をクリックすると、文字が確定します。

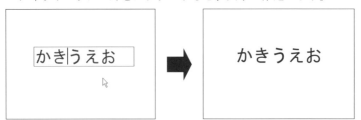

(5) 右クリックすると、【**直接文字入力・編集**】コマンドは解除されます。

アドバイス

【**複数文字修正**】コマンドのほかに、【**文字分割**】、【**文字まとめ**】、【**文字行分割**】、【**文字行まとめ**】コマンドで、記入した文字列の内容を編集することができます。

[分割]　　　指定した文字列を2つの文字列に分割します。
[まとめ]　　指定した2つの文字列を1つの文字列にまとめます。
[行分割]　　指定した複数行文字列を1行ずつの文字列に分割します。
[行まとめ]　指定した複数の文字列を1つの複数行文字列にまとめます。

[修正]　　　　　　　　　　　　[分割]　　　　　　　　　　　[まとめる]

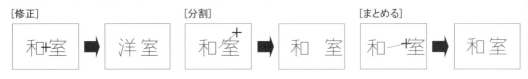

また、【**文字交換**】コマンドで、図面に書かれた文字列を指示すると、マウスホイールを回転またはマウスボタンをクリックする度に関連する他の文字列に置き変わります。

☆交換する文字列の組み合わせは、【**環境設定**】コマンドの〔保存〕タブの「DRA-CAD が使用するファイルの場所」で設定したフォルダの「¥Template¥Text¥文字交換」フォルダにテキストファイルで保存されています。

【**全角半角変換**】コマンドで、英字・数字・カタカナ・記号を全角<->半角に変換します。
☆ブロック、パッケージ、シンボル、オーバーレイにある文字列は変換しません。

9-2-3 文字の書式の変更

文字の書式を変更するには、次の方法があります。

■ ダイアログボックスで文字の設定を変更する

(1) 【文字サイズ変更】コマンドを実行します。

[文字]メニューから[📏A 文字サイズ変更]をクリックします。

(2) ダイアログボックスが表示されます。

文字高さやフォント名変更し、[OK]ボタンをクリックします。

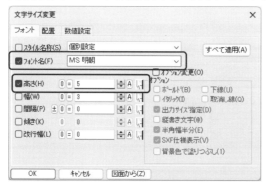

(3) 「図形を選択してください」とメッセージが表示され、クロスカーソルに変わります。

【標準選択】▥で、変更する文字をクリックして選択すると、設定した文字の書式に変わります。

(4) 右クリックすると、ダイアログボックスが表示されます。

[キャンセル]ボタンをクリックすると、【文字サイズ変更】コマンドは解除されます。

TrueType フォントについて

DRA-CAD フォントの場合は、文字の高さ・幅・間隔を設定してバランスを調整しますが、TrueType フォントでは、ある高さの文字の幅や間隔は、フォントごとに適正な値が決められています。特にプロポーショナルフォントの場合はフォントが持っている幅や間隔を使用した方がバランス良く表示されます。

TrueType フォントの幅・間隔を使用する場合は、幅と間隔に「0」を設定します。TrueType フォントで幅・間隔を「0」にした場合は、半角文字やスペースの幅が約半分になるため、同じ文字数の文字列でも、文字列全体の長さは短くなることが多いです。DRA-CAD フォントの幅と間隔を「0」に設定すると、高さと同じ値が使われます。

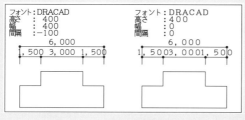

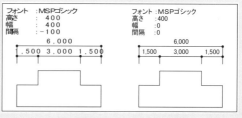

◤ 画面上で文字の設定を変更する（1）

(1)【標準選択】□で、変更する文字をクリックして選択します。

(2) [文字]メニューの〔記入〕パネルに、文字の情報(フォント名/高さ/幅/間隔)が表示されます。
フォント名や文字サイズなどを変更すると、設定した文字の書式に変わります。

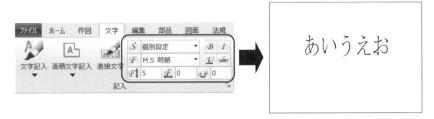

(3) 文字以外の場所をクリックまたは [Esc] キーを押すと選択が解除されます。

◤ 画面上で文字の設定を変更する（2）

(1)【直接文字入力・編集】コマンドを実行します。
[文字]メニューから[直接文字]をクリックします。

(2)「文字記入位置を指示、または修正文字を指示」とメッセージが表示され、クロスカーソルに変わります。
変更する文字をクリックすると、書式バーとエディットボックスが表示されます。

(3) ドラッグして修正する範囲を指定し、書式バーでフォント名や文字サイズなどを設定します。

(4) エディットボックス外をクリックすると、文字の書式が変更されます。

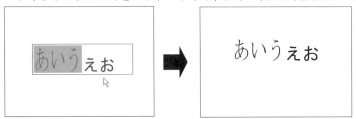

(5) 右クリックすると、【直接文字入力・編集】コマンドは解除されます。

アドバイス！

[文字の連番記入]

【文字の連番記入】①コマンドで、連続した数字や文字を記入します。既に書かれている文字列を書き換えることができます。

連番文字を記入

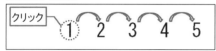

連番文字で置換記入

配置する連番文字の前後に文字を追加して記入

例：接頭に文字を付けて1つずつ繰り上げて円を記入する

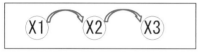

[文字の前後追加]

【文字の前後追加】123コマンドで、図面に配置している文字列の前後に、ワンクリックで文字を追加します。

追加する文字を入力すると、履歴で残りますので、よく使う文字はリストから選択することができます。

例：[前後に【　】を追加]

[前に▽を追加]

[文字の計算置換]

【文字の計算置換】123コマンドで、指定した文字列の数値に、指定した四則演算を行い、計算した結果に置き換えます。

複数の文字も範囲選択すると、一度に計算して置き換えます。

文字列を計算して置換　例：「50」を足す

複数の文字列を計算して置換　例：「50」を足す

複数の文字列を計算して置換　例：「200」を足す

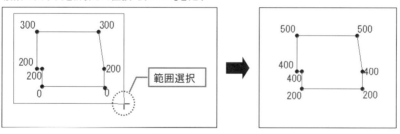

[文字の出力サイズ指定変更]

【文字出力サイズ指定変更】Aコマンドで、文字列の出力サイズ指定を変更します。

例：[出力サイズ指定されている文字列を実寸サイズに変更]

アドバイス

[文字の検索]

【文字検索】コマンドで、指定した文字列を検索します。

例：[ABC]

また、【文字検索】コマンドで、指定した文字列を検索後、【次を検索】または【前を検索】コマンドで、続けて次の文字列または前の文字列を検索することができます。

例：[次を検索]/[ABC]

[文字の置換]

【文字置換】または【文字リスト置換】コマンドで、複数の文字列を置き換えることができます。

例：[123→アイウ]

[文字の整列]

【文字整列】コマンドで、複数の文字列を上下左右の一端、左右中央、または上下中央、均等割付（自動）、幅固定均等割付、間隔固定均等割付に揃えます。

[線に合わせて文字記入]

【線に合わせて文字記入】コマンドで、図面上の線分、円弧に合わせて文字を配置することができます。

[線分]　　　　　[円弧]

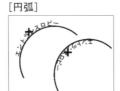

アドバイス！

[文字原点揃え]

【文字原点揃え】コマンドで、基準文字列の原点と、指定した文字列の原点位置を縦横で揃えることができます。

例：X 座標で揃える

[文字サイズ調整]

【文字サイズ調整】コマンドで、指定した文字列の高さや幅、間隔、改行幅、傾きを微調整することができます。

例：幅、マウス移動倍率：0.1　原点：左上の場合

左方向に移動：幅が小さくなる　　　　右方向に移動：幅が大きくなる

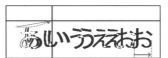

[文字位置調整]

【文字位置調整】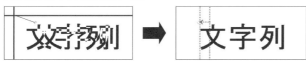コマンドで、指定した文字列の位置を X 方向、または Y 方向に微調整することができます。
マウス操作、または矢印キーで文字列を移動します。

例：X 方向、マウス移動倍率　0.5

[文字調整]

【文字調整】コマンドは、文字を調整する 25 個の機能を集めたコマンドで、以下の調整をすることができます。

・文字列の高さや幅、間隔、改行幅をそれぞれ指定してコピー
・左端・左右中央・右端・均等割付（自動）で、文字列を整列
・文字列を回転・移動・回転などの位置調整
・文字列原点の X 座標や Y 座標を揃える
・高さ・幅・間隔・改行幅・傾きを調整
・矩形・円・楕円・長楕円で囲む

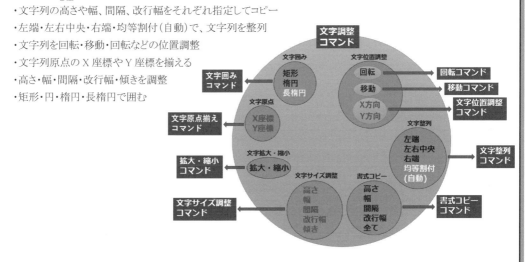

アドバイス！

数値文字は、数値または、寸法値として記入された文字列で通常の文字同様にサイズなどの配置条件の他、次の属性をもって記入されます。

[数値文字属性]　小数点以下桁数の設定
　　　　　　　　表示単位（mm/cm/m/km）
　　　　　　　　末尾の0を削除
　　　　　　　　一番下の位を0または5で丸める
　　　　　　　　桁区切りの記号（,）の指定

[数値]

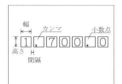

[寸法値]

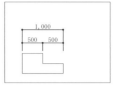

数値文字は、【ストレッチ】■または【ピンセット】■コマンドなどで図形を変形すると文字列も書き換わります。

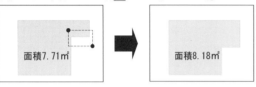

また、以下のコマンドで計算したり、集計したりすることができます。

【面積文字記入】Aコマンドで指定したポリラインや領域の面積や【長さ文字記入】Lコマンドで指定したポリラインや領域の長さ、【勾配文字記入】Sコマンドで指定した線分などの角度を文字列として配置することができます。また、数値以外に、固定文字列を付与することもできます。

[面積文字記入]

[長さ文字記入]

[勾配文字記入]

【計算文字記入】コマンドで、【面積文字記入】Aコマンドなどで作成した複数の文字や数値文字同士を四則演算し、数値文字として配置することができます。

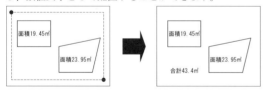

【文字集計】または【文字の合計・平均】コマンドで、指定範囲内の文字列の個数や数値を計算して結果を図面に記入します。

【文字の合計・平均】 例:[合計値]

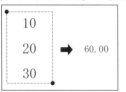

【文字集計】 例:[使用文字パターンの集計(列挙)]

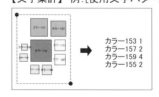

【文字アップダウン】コマンドで、全角・半角の英数字をクリックするとカウントアップ、右クリックするとカウントダウンすることができます。

左クリック　　　　　　右クリック

9-3 レイアウト機能について

DRA-CAD では、図面データの中で印刷したい部分をいくつか選んで配置し、印刷レイアウトとして別に保存することができます。A1 判や A3 縮小版、プレゼン用など、1 つの元データから複数の印刷レイアウトが作成でき、図面修正の省力化や整合性の向上に繋がります。

また AutoCAD のペーパー空間にも対応したデータ変換が行えます。

☆レイアウト機能についての詳細は、スタートメニューにある「レイアウト補足資料」をご覧ください。

[元図面]　　　　　　　　　　　　　　　[レイアウト]

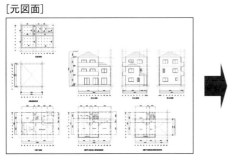
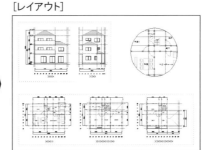

9-3-1 レイアウトの作成

【レイアウト作成】コマンドで図面を 1 枚の用紙にレイアウトするための、レイアウト図面を生成します。指定した分割のビューポートが表示され、各ビューポートに元図面の図形が表示されます。

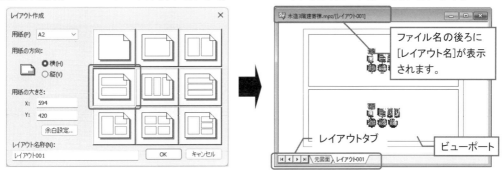

9-3-2 ビューポート

【レイアウト管理】コマンドで作成したレイアウトの用紙サイズや名称などを変更することができます。また、【図面/レイアウト切替】コマンドで元図面とレイアウトを切り替えることができます。

☆【環境設定】コマンドの〔図面〕タブで「タブでレイアウトを切り替える」を✔すると、作業ウィンドウ下にレイアウトタブが表示され、元図面とレイアウトの表示を切り替えることができます。

【ビューポート設定】

設定するビューポートを指定し、ビューポートに表示したい図形の範囲や縮尺などを設定します。

[元図面の移動]ボタンをクリックし、配置したい図形をビューポート内に移動します。

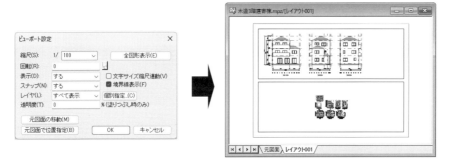

「境界線表示」の✔をはずすと、境界線がグレー表示になり、印刷はされません。

配置後、【ピンセット】✐コマンドなどでビューポートのサイズを変更したり、レイアウトに寸法線や文字などの作図や図面枠の配置をしたりすることもできます。

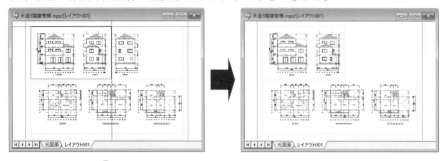

【ビューポート挿入】

現在表示されているレイアウトに矩形、楕円、多角形の形状のビューポートを挿入することができます。

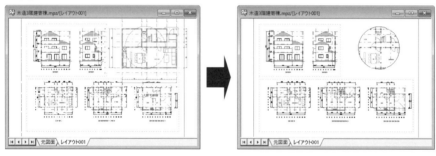

【ビューポート作成】

表示したい部分を設定すると、部分的に縮尺や表示範囲を変えて配置することができます。

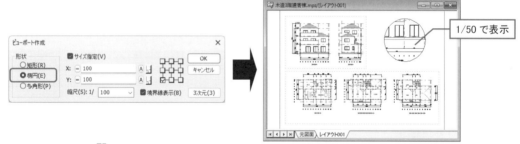

【ビューポート分解】

配置したレイアウトビューポートを指定すると、レイアウト上の図形として分解されます。分解後は、個々のプリミティブ(線分、円、文字など)として編集することができます。

また、3次元モデルを任意の方向から見たビューポートを、レイアウト上に表示することができます。3次元モデルが変更された場合、レイアウトでも反映されます。

☆DRA-CAD22LE ではご利用できません。

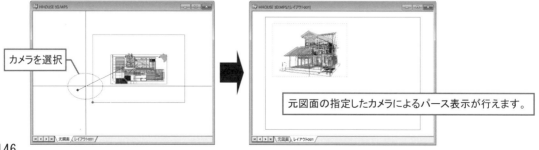

9-4 マクロ機能について

DRA-CAD では、【マクロ】コマンドで登録した複数のコマンドを自動的に起動し、決まった順番で繰り返し行う作業を助けます。

9-4-1 マクロの登録

連続して実行するコマンドを設定します。

(1) 【マクロ】コマンドを実行します。
[補助]メニューから[🔄マクロ]をクリックします。

(2) ダイアログボックスが表示されます。
[新規録画]ボタンをクリックます。

メッセージダイアログが表示されますので、[OK]ボタンをクリックします。

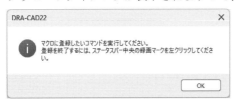

(3) 登録したいコマンドを順に実行します。
ここでは、【ボックス】コマンド→【複写】コマンド→【属性変更】コマンドを記録します。
☆コマンドの実行、操作、終了を繰り返し行います。
　操作については、ダイアログを表示し、[キャンセル]ボタンをクリックして終了でもかまいません。

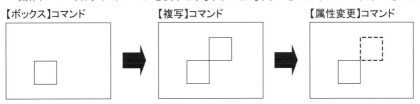

マクロの記録中ではステータスバーに◉(録画アイコン)が表示され、記録しています。

(4) ◉(録画アイコン)をクリックすると、マクロの記録を終了し、ダイアログボックスが表示されます。
[設定名]を入力し、[保存]ボタンをクリックすると、マクロリストに保存されます。

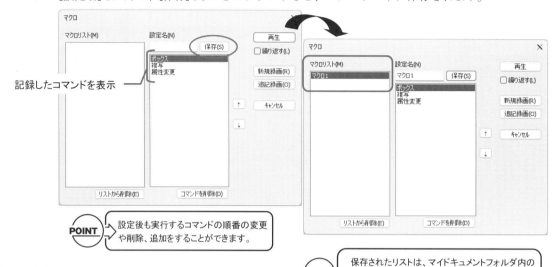

記録したコマンドを表示

POINT 設定後も実行するコマンドの順番の変更や削除、追加をすることができます。

POINT 保存されたリストは、マイドキュメントフォルダ内のarchi pivot¥DRA-CAD22¥MACRO に保存されます(拡張子.dramcr)。

9-4-2 マクロの再生

保存したマクロリストを再生します。

(1) マクロリストから再生するリストを選択し、[再生]ボタンをクリックします。

POINT 「繰り返す」を✔すると、▶(再生アイコン)をクリックするまで繰り返し実行されます。

☆初回のみ、メッセージダイアログが表示されますので、[OK]ボタンをクリックします。

(2) 登録したコマンドが順に実行されます。
ここでは、【ボックス】コマンド→【複写】コマンド→【属性変更】コマンドが再生されます。
☆起動されたコマンドを操作し終了すると、次のコマンドが起動します。

【ボックス】コマンド　【複写】コマンド　【属性変更】コマンド

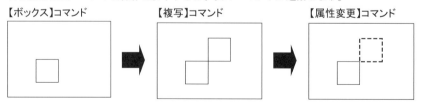

マクロの再生中はステータスバーに▶(再生アイコン)が表示されます。▶(再生アイコン)をクリックするとマクロの再生を停止し、マクロダイアログに戻ります

(3) 終了すると、ダイアログボックスが表示されます。

9-5 外部ファイルのリンク機能について

DRA-CAD では、動画や写真などの外部ファイルへのリンク情報を配置できます。配置されたリンク（アイコン）をクリックすることで、瞬時に画面上に表示することができ、スマートにプレゼンや打合せなどが行えます。

☆練習用データ「マンション基本計画書.mps」（「**本書の使い方　練習用データのダウンロード**」を参照）。

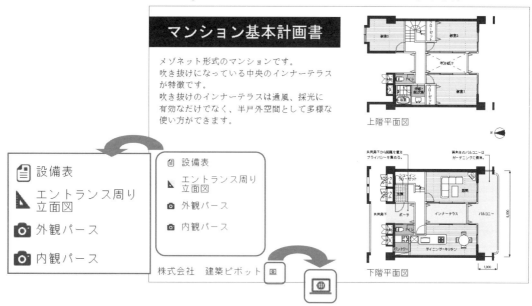

☆挿入した外部ファイルのリンクはファイルタイプにしたがって、下記の分類ごとにアイコンで表示されます。

分類	ファイルタイプ	アイコン
画像	BMP、JPG、PNG、TIF	📷
動画	MP4、AVI、WMV、MOV	🎥
音声/音楽	WAV、MP3	🔊
ドキュメント	TXT、XLS、XLSX、DOC、DOCX、PDF	📄
URL /HTML	http://、https://、html、htm	💻
図面	MPS、MPZ、MPX、MPW、MPP、DWG、DXF、JWW、JWC、SFC、P21	◣
その他		📌

☆リンク先のファイルは、以下の順で検索し、実行されます。
  1．図面ファイルからの相対パス
  2．元のファイルの場所（絶対パス）
  3．図面ファイルの場所

■ 配置方法

(1) 【リンクアイテムの挿入】コマンドを実行します。

　　[部品]メニューから[🔗 リンクアイテムの挿入]をクリックします。

(2) ダイアログボックスが表示されます。

　　挿入するファイルのパスおよびファイルを選択します。

ファイル名	内観パース.bmp

(3) リンクを挿入する位置を指定すると、選択したファイルタイプのアイコンが表示されます。

　　☆基点はアイコンの中央中になります。

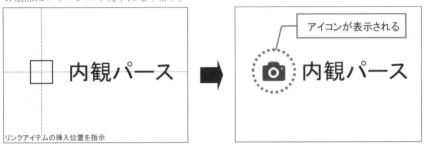

■ 再生方法

(1) 【リンクアイテムの再生】コマンドを実行します。

　　[部品]メニューから[🔗 リンクアイテムの再生]をクリックします。

(2) 外部ファイルへのリンク（アイコン）をクリックすると、関連付けられたプログラムでリンク先
のファイルが開かれます。

　　☆ダブルクリックしても、挿入したリンクを表示・再生することができます。

☆URL の挿入は、【リンクアイテムの挿入】コマンドでは行えません。

　　WEB ブラウザから、URL のアイコンを DRA-CAD の画面上にドラッグ＆ドロップします。

☆リンク先のファイルが移動された場合、【リンクアイテムの再生】コマンドを実行しても表示・再生されません。

　　【図形のプロパティ】🔧コマンドで、移動先のファイルを再度指定し直してください。

　　また、【図形のプロパティ】コマンドで、図面ファイル内に内蔵することができます。内蔵した場合は、リンクア
イテム先のファイルが図面ファイル内に保存され、図面ファイルやリンクの挿入元のファイルを移動しても
再生されます（詳細は『マニュアル』を参照）。

Part 2

図面の作成

❶ 図面を描く前に

Part2・Part3では上下階の平面図を作成します。

メゾネット形式のマンションの一室です。吹き抜けになっている中央のインナーテラスが特徴です。

Part2では、下図のような下階平面図を作成する手順を説明します。

※コマンドの使用方法に重点を置いているため、例題図面の表現に設計上一般的ではない部分があります。

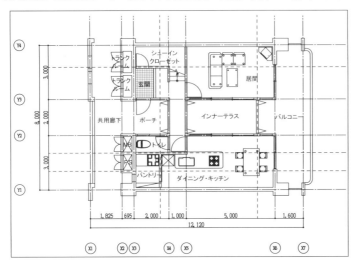

完成図

◢ 作図上の注意

- ・Part1での基本的概要や操作などを、確認されていることを前提としています。
- ・選択モードとスナップモードは、ツールバーが初期設定で表示されていますので、ツールバーのアイコンで説明します。
- ・クロスヘアカーソル、クロスカーソル、矢印カーソルをすべてカーソルと表現しています。
- ・図解では画面すべてを記載せず、作図の説明上必要な図解を拡大して表示しています。
- ・図解ではクロスヘアカーソルを点線で表示しています。
  また、コマンドのメッセージは図解上で表示しています。
- ・図解上で拡大してある範囲は【拡大】🔍、【パンニング】コマンドなどを実行し、表示してください。
  また拡大後は【全図形表示】🖥(赤)、【図面範囲表示】🖥(緑)コマンドなどで、全体図を表示します。
- ・作図の前に使用する「こんなに簡単! DRA-CAD22 2次元編 練習用データ」フォルダをパソコンにダウンロードしてください(「本書の使い方 練習用データのダウンロード」を参照)。
  また、作成したデータは、ダウンロードした「こんなに簡単! DRA-CAD22 2次元編 練習用データ」フォルダに保存します。

0-1 用紙枠を設定する

Part2・Part3で上下階の平面図を作成しますので、1/100の縮尺でA4用紙の縦方向を設定します。

1. 【新規図面】コマンドを実行します。

[ファイル]メニューから[🗋 新規図面]→[🗋 新規図面]をクリックします。

新しい作業ウィンドウが表示され、【新規図面】コマンドは解除されます。

☆DRA-CAD起動直後で、何も入力していない場合は、【新規図面】コマンドの操作は不要になります。

2. 【図面設定】コマンドを実行します。

[ファイル]メニューから[⚙ 設定]→[🖼 図面設定]をクリックします。

3. ダイアログボックスが表示されます。

[全般]タブで以下のように設定し、[OK]ボタンをクリックします。

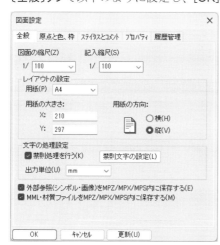

図面縮尺	1/「100」
記入縮尺	1/「100」
レイアウトの設定	
用紙	A4
用紙の方向	縦

・その他は初期設定のまま

POINT　縮尺がドロップダウンコンボにない場合は、キーボードから直接入力することができます。

用紙枠が変更され、【図面設定】コマンドは解除されます。

4. 【図面範囲表示】コマンドを実行します。

[表示]メニューから[🖥 図面範囲表示]をクリックします。

用紙枠が画面一杯に表示され、【図面範囲表示】コマンドは解除されます。

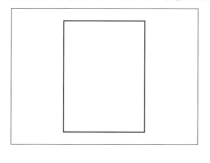

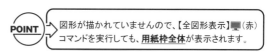

POINT　図形が描かれていませんので、【全図形表示】🖥(赤)コマンドを実行しても、**用紙枠全体**が表示されます。

0-2 属性を設定する

書き込む図形に対して属性(レイヤ、カラー、線種、線幅、グループ)を【属性リスト設定】コマンドで設定します。ただし、出力時に「線幅を色で指定する」を有効にして出力しますので、線幅は設定しません。また、グループは随時設定します。

1.【属性リスト設定】コマンドを実行します。

[ホーム]メニューから[■ 属性設定]の▼ボタンをクリックし、[■ 属性リスト]をクリックします。

2. ダイアログボックスが表示されます。

(1) 作成済みの属性リストを使用しますので、[読込]ボタンをクリックします。

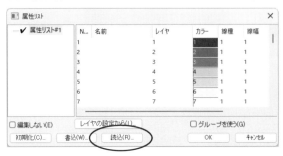

属性リスト設定】コマンドについて

【属性リスト設定】コマンドは、属性のタイトル名と属性(レイヤ・カラー・線種・線幅・塗りカラー・材質・グループ)を設定します。

<登録方法>

① 登録するNo.の[名前]欄をクリックして、名前を入力します(ここでの名前はレイヤ名とは異なります)。

② レイヤ・線種・線幅はクリックすると、ドロップダウンコンボが表示されますので、それぞれレイヤ・線種・線幅番号を設定します。

☆レイヤ・線種・線幅番号の項目欄をクリックすると設定されているレイヤ名・線種・線幅を表示/非表示することができます。

③ カラーをクリックすると、カラーパレットが表示されますので、カラーを選択します。

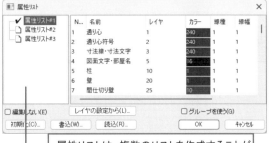

属性リストは、複数のリストを作成することができます。
用途に応じて属性リストを作成しておき、切り替えて使うと便利です。

④ 必要に応じて、塗りカラー・材質・グループを設定します。

グループは、[グループを使う]に✔をつけるとリスト欄にグループ列が表示されます。

☆カーソルをダイアログボックスの境界上に置くと、カーソルの形状が変わります(↘ ↗ ↕ ↔)。左ボタンを押したまま動かすと境界がドラッグしますので、任意の形状・サイズに変更することができます。

<呼出方法>

① 設定されているリストの番号をクリックします。

② [OK]ボタンをクリックすると、ダイアログボックスに設定されます。

☆リストNo.をダブルクリックしても設定できます。

(2) 開くダイアログボックスが表示されます。

「**こんなに簡単! DRA-CAD22 2次元編 練習用データ**」フォルダを指定します。「**課題属性リスト.txt**」ファイルを指定し、[**開く**]ボタンをクリックします。

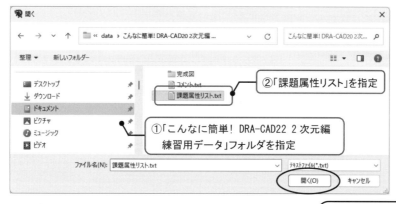

② 「課題属性リスト」を指定

① 「こんなに簡単! DRA-CAD22 2 次元編 練習用データ」フォルダを指定

(3) 読み込まれた属性リストが表示されます。

属性を確認し、[**OK**]ボタンをクリックします。

POINT 「こんなに簡単! DRA-CAD22 2次元編 練習用データ」フォルダは、ホームページからダウンロードしたデータフォルダです(「本書の使い方 練習用データのダウンロード」を参照)。

属性リストが設定され、【**属性リスト設定**】コマンドは解除されます。

属性管理表

下記のように項目別に属性管理表(レイヤ・カラー・線種など)を作成し、属性リストに設定すると、属性の設定が便利です。また、特定のレイヤを画面に表示/非表示することで修正、編集・出力などの作業が効率良くできます。

※印がついている項目はカラーと同じ色の塗りカラーを設定しています。

項目	レイヤ	カラー		線種		項目	レイヤ	カラー		線種	
通り心	1	240	青灰色	001	実線	その他	80	014	濃黄色	001	実線
通り心符号	2	240	青灰色	001	実線	補助線	100	011	濃紫色	003	点線
寸法線・寸法文字	3	240	青灰色	001	実線	方位	105	016	黒	001	実線
図面文字・部屋名	5	016	黒色	001	実線	躯体※	200	249	濃灰色	001	実線
柱	10	001	青色	001	実線	床1※	205	158	淡緑色	001	実線
壁	20	001	青色	001	実線	床2※	210	166	薄水色	001	実線
間仕切り壁	25	010	濃赤色	001	実線	床3	215	155	橙色	001	実線
建具	30	003	紫色	001	実線	地面※	220	033	茶色	001	実線
敷居線	35	013	濃水色	001	実線	背景	225	165	空色	001	実線
階段線	40	012	濃緑色	001	実線	画像・オブジェクト	230	008	灰色	001	実線
部品	50	045	深緑色	001	実線	参照図面	235	008	灰色	001	実線
手すり	60	002	赤色	001	実線	タイトル名	240	006	黄色	001	実線
玄関タイル	70	176	薄紫色	001	実線	タイトル※	245	050	紺色	001	実線

1 通り心・補助線を作成する

図面を描くための基準となる通り心・寸法線と補助線を描きます。

1-1 通り心を描く

通り心・寸法線などを【通り心】コマンドで描きます。

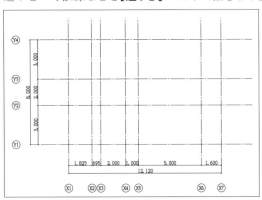

1-1-1 通り心を描く

1. 【通り心】コマンドを実行します。

[作図]メニューから[⊟ 寸法線]の▼ボタンをクリックし、[茾 通り心]をクリックします。

2. ダイアログボックスが表示されます。

(1) 〔サイズ〕タブで以下のように設定します。

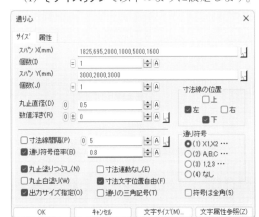

スパン X	1825,695,2000,1000,5000,1600
個数	1
スパン Y	3000,2000,3000
個数	1
丸止直径	0.5
数値浮き	0
寸法線の位置	「左」「下」
通り符号	(1) X1,X2…
☑ 通り符号倍率	0.8

・その他は初期設定のまま

POINT スパンの数値はカンマ(,)で区切って入力し、通り符号はX方向の通り符号を指定します(Y方向は自動的に決まります)。[寸法線の位置]は✔した位置に描かれます。

Memo ・初期設定で[出力サイズ指定]に✔がついています。[出力サイズ指定]は、プリンターなどで出力された時のサイズ(現在作業中の図面縮尺にしたがいます)で指定します([丸止直径] [数値浮き] [寸法線間隔]に出力サイズを入力します)。✔しない場合は、出力された時のサイズに図面縮尺の逆数を掛けた値(例:出力サイズ3㎜、図面縮尺1/100　3×100=300)で指定します。

(2) [属性]タブをクリックして表示します。
　　以下のように設定し、[文字サイズ]ボタンをクリックします。

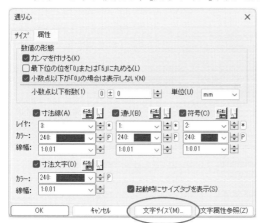

数値の形態	
☑ カンマを付ける	
☑ 小数点以下が「0」の場合は表示しない	
小数点以下桁数	0
単位	mm
属性リスト 🔳ボタンから	
☑ 寸法線	3番「寸法線・寸法文字」
☑ 通り	1番「通り心」
☑ 符号	2番「通り心符号」
☑ 寸法文字	3番「寸法線・寸法文字」

・その他は初期設定のまま

POINT → 属性は個別に指定する場合に✔します。✔しない場合は現在設定している属性(アクティブ属性)で作図されます。
また、通り心は一点鎖線、寸法線・心符号などは実線で描かれます。

(3) 文字サイズ設定ダイアログボックスが表示されます。
　　以下のように設定し、[OK]ボタンをクリックします。

スタイル名	個別設定
フォント名	ＭＳゴシック
高さ	3
幅	3
間隔	0
オプション	
☑ 出力サイズ指定	

・その他は初期設定のまま

POINT → 初期設定で[出力サイズ指定]に✔がついています。ついていない場合は、✔してから、高さ・幅を設定してください。
DRA-CADフォントの場合は「間隔」を幅の1割程度をマイナスで設定すると、文字と文字の間隔が狭くなり見映え
が良くなります。

(4) 通り心ダイアログボックスに戻ります。
　　ダイアログボックスの設定がすべて終わりましたら、[OK]ボタンをクリックします。

アドバイス

以下の方法で、【属性リスト設定】🔳コマンドから属性を設定します。
[操作手順]
(1) [属性]タブの[属性リスト]🔳ボタンをクリックし、
　　属性リストダイアログボックスを表示します。
(2) 設定されているリストの番号をクリックします。
(3) [OK]ボタンをクリックすると、ダイアログボッ
　　クスに設定されます。
☆リストNo.をダブルクリックしても設定できます。

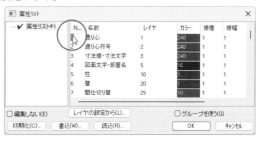

3. 配置する場所を指定します。

カーソルの交差部に通り心がついています。

【任意点】♥スナップで、用紙枠の中央より下の任意な場所をクリックすると、通り心が描かれます。

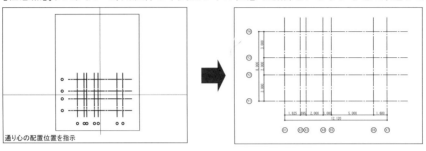

4.【通り心】コマンドを解除します。

右クリックして、ダイアログボックスを表示します。

[キャンセル]ボタンをクリックすると、コマンドは解除されます。

これ以降はコマンドの解除方法は省略します。

☆コマンドの解除方法は、「Part1 基本操作 **2-1-2 解除する**」(P25)を参照してください。

【通り心】コマンドについて

[スパン]	作図距離を設定します。スパンの数値をカンマ(,)で区切って入力することにより、異なる距離の線を個数分だけ繰り返して作図します。

☆スパンの数値は図面縮尺の影響を受けませんので、スパンは実際の建物の寸法で入力してください。

[個数]	繰り返す個数を設定します。
[丸止直径]	寸法線止めの円の直径を設定します。
[数値浮き]	寸法線から数値を離す距離を設定します。
[寸法線間隔]	第1寸法線と第2寸法線の距離を設定します。✔しない場合は、自動的に決まります。

例:スパンX:1000,2000,3000/個数1　スパンY:1000/個数3　　　[丸止直径]/[数値浮き]/[寸法線間隔]

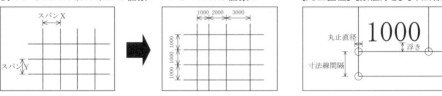

[通り符号倍率]	数字のサイズに対する通り符号の文字サイズの比率を設定します。
[丸止塗りつぶし]	寸法線止めの円を塗りつぶします。
[丸止白塗り]	寸法線止めの円を白で塗りつぶします。
[寸法連動なし]	【ストレッチ】や【ピンセット】コマンドなどで寸法線図形を変形しても寸法値が変更されません。
[寸法文字位置自由]	【ストレッチ】コマンドの「寸法文字位置を考慮」や【ピンセット】コマンドの「寸法線に合わせて移動」に✔しない場合に、寸法線図形を変形しても寸法文字の位置が移動されません。
[通りの三角記号]	通り符号を記入する場合に、三角記号を作図します。
[符号は全角]	通り符号を記入する場合に、符号を全角文字で作図します。✔しない場合は、半角文字になります。

☆【環境設定】コマンドの[その他]タブで、「旧通り心コマンドを使う」を✔すると、通り心ダイアログに[旧通り心]ボタンが表示されます。[旧通り心]ボタンをクリックすると、旧通り心ダイアログが表示され、普通の線分や文字データで寸法線を作図することができます。

1-1-2 ファイルに保存する

作図した通り心のデータを保存します。
☆データの保存方法は、「Part1 基本操作 **3-2-1 データを保存する**」(P36)を参照してください。

1.【名前をつけて保存】コマンドを実行します。
[ファイル]メニューから[🖫 名前をつけて保存]を
クリックします。

POINT：「こんなに簡単! DRA-CAD22 2次元編 練習用データ」フォルダは、ホームページからダウンロードしたデータフォルダです(「本書の使い方 練習用データのダウンロード」を参照)。

2. ダイアログボックスが表示されます。
(1)「こんなに簡単! DRA-CAD22 2次元編 練習用データ」フォルダを指定します。
(2) ファイル名に「KADAI-01」と入力し、[保存]ボタンをクリックします。

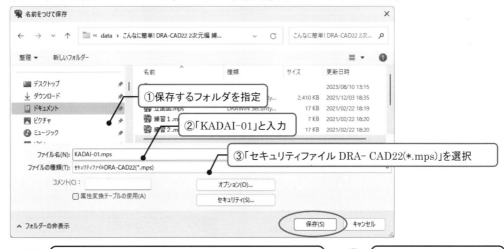

① 保存するフォルダを指定
②「KADAI-01」と入力
③「セキュリティファイル DRA-CAD22(*.mps)」を選択

POINT：今回は、セキュリティは設定しませんが、MPZ 形式で保存するよりも MPS 形式で保存する方が、データサイズが小さくなります。

POINT：[保存する場所]は練習用データと同じフォルダになります。

保存と同時に【名前をつけて保存】コマンドは解除され、作図画面に戻ります。

これ以降は作業の終わりごとに、【上書き保存】🖫コマンドをクリックし、ファイルを上書き保存してください。

【通り心】、【寸法線】コマンドで作図される寸法線は、寸法線図形で作図します。
寸法線図形は、寸法線を構成する線分、矢印などの止め記号、寸法値を表す文字を1つの固まりとして扱います。寸法線のそれぞれの要素が定義できる CAD とのデータ交換に便利な要素です。
DRA-CAD で表現が可能な寸法形態としては、直線寸法線、水平・垂直寸法線、角度寸法線、円弧長寸法線、半径寸法線、直径寸法線の6種類になります。

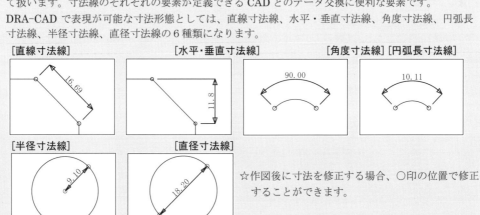

☆作図後に寸法を修正する場合、〇印の位置で修正することができます。

1-2 補助線を描く

通り心を基準にして、【平行複写】コマンドで補助線を描きます。

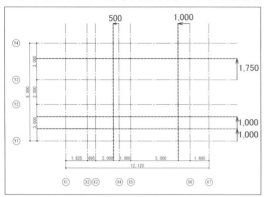

1-2-1 属性を設定する

1.【属性リストパレット】を表示します。

(1) 作業ウィンドウ右端にある[ 属性リスト]をクリックし、属性リストパレットを表示します。

(2) パレットから15番「補助線」をクリックします。

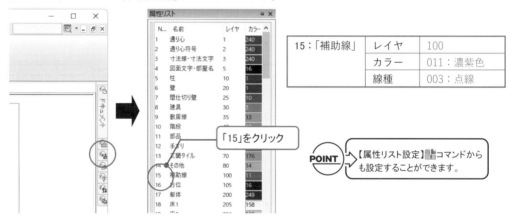

15：「補助線」	レイヤ	100
	カラー	011：濃紫色
	線種	003：点線

「15」をクリック

POINT【属性リスト設定】コマンドからも設定することができます。

2. パレットを閉じます。

作業ウィンドウ上をクリックします。

属性が設定され、〔属性〕パネルまたはステータスバーにレイヤ番号(100)とカラー(濃紫色)と線種(点線)が表示されます。

POINT 属性を変更するまでは、この属性で書き込まれます。

これ以降は属性の設定方法を省略します。

1-2-2 補助線を描く

1.【平行複写】コマンドを実行します。

[ホーム]メニューから[|→| 平行複写]をクリックします。

2. ダイアログボックスが表示されます。

(1) [詳細設定]ボタンをクリックし、ダイアログボックスを追加表示します。

(2) 以下のように設定し、[OK]ボタンをクリックします。

切替えボタン
[標準設定]→[詳細設定]、[詳細設定]→[標準設定]

編集方法	コピー
距離	1000
コピー回数	2
☑ アクティブ属性で作成	

・その他は初期設定のまま

POINT　[アクティブ属性]を✔した場合は現在の属性で複写し、✔しない場合は、指定した線と同じ属性で複写します。

3. 通り心を複写します。

(1) Y1の通り心にカーソルを合わせ、クリックします。

(2) カーソルを上方向に移動して、クリックします。

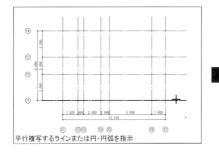

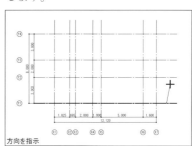

Y1の通り心より1000mm上方向に線分が2本複写されます。

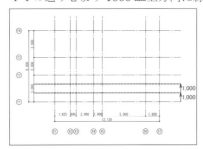

4. X6の通り心を複写します。

(1) 右クリックして、ダイアログボックスを表示します。

以下のように設定を変更し、[OK]ボタンをクリックします。

コピー回数	1

(2) **3.**と同様に、X6の通り心を左方向に複写します。

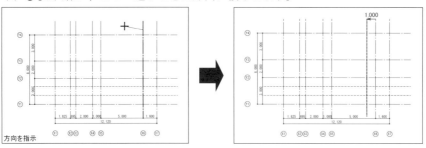

5. 同様に、その他の補助線を描きます。
　　右クリックして、ダイアログボックスを表示します。
　　設定を変更し、**3.**と同様に通り心を複写します。

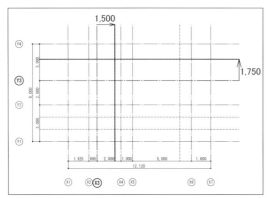

通り心	複写距離	本数	複写方向
X3	1500 mm	1 本	右方向
Y3	1750 mm	1 本	上方向

6.【平行複写】コマンドを解除します。

【平行複写】コマンドについて

編集方法:
[コピー]/ [移動]　平行に複写/移動します。
[2点指示]　図面上で2点を指示し、その点を結んだ線分を平行に複写します。

[コピー]:単数　　　:複数　　　　　[移動]　　　　[2点指示]

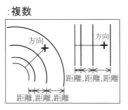
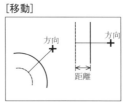

●:指示点

② 柱を作成する

2-1 柱を描く

【ボックス】コマンドで、通り心の交差部に柱(880㎜×700㎜)を作図します。

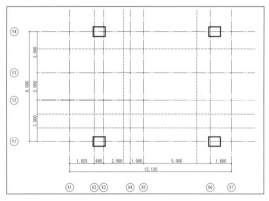

2-1-1 柱を描く

◤ 柱を描く

1.【属性リストパレット】を表示します。

5番「柱」をクリックします。

5：「柱」	レイヤ	10
	カラー	001：青
	線種	001：実線

2. パレットを閉じます。

属性が設定され、〔属性〕パネルまたはステータスバーにレイヤ番号(10)とカラー(青)と線種(実線)が表示されます。

◤ 柱を描く

1.【ボックス】コマンドを実行します。

[ホーム]メニューから[□ ボックス]をクリックします。

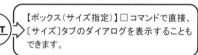

POINT　【ボックス(サイズ指定)】□コマンドで直接、〔サイズ〕タブのダイアログを表示することもできます。

2. ダイアログボックスが表示されます。

〔サイズ〕タブで以下のように設定し、[OK]ボタンをクリックします。

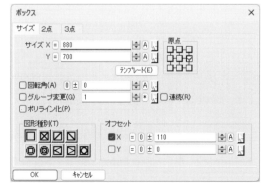

サイズ	X	880
	Y	700
原点		右中
□ ポリライン化		
図形種別		□
☑ オフセットX		110

・その他は初期設定のまま

3. X3通りに柱を配置します。

(1) カーソルの交差部にボックスがついています。

【交点】↙スナップで、X3とY1の通り心の交差部をクリックすると、柱が描かれます。

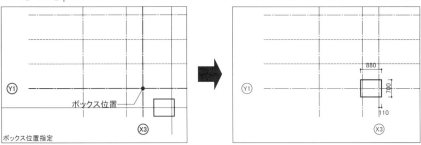

(2) 同様に、X3とY4の通り心の交差部に配置します。

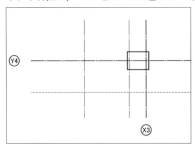

4. X6通りに柱を配置します。

(1) 右クリックして、ダイアログボックスを表示します。

〔サイズ〕タブで以下のように設定を変更し、[OK]ボタンをクリックします。

原点	左中
☑ オフセットX	−110

(2) **3.**と同様に、X6とY1、Y4の通り心の交差部に配置します。

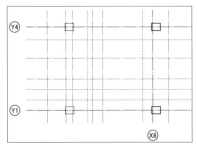

5. 【ボックス】コマンドを解除します。

【ボックス】コマンドについて

[回転角]　　　回転して作図する場合に✔し、その角度を設定します。

[オフセット]　原点からボックスを離して作図する場合は✔し、原点からボックスを移動する距離を設定します。

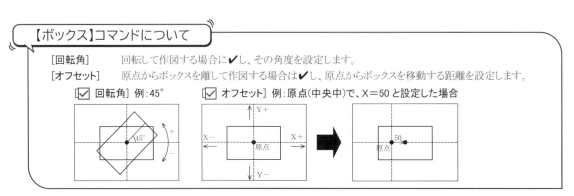

3 壁を作成する

3-1 構造壁を描く

【ダブル線】コマンドで、厚さ 220 mmの壁を描きます。

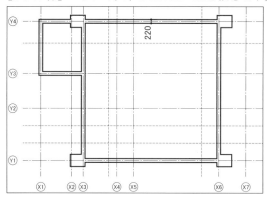

3-1-1 壁を描く（1）

◢ 属性を設定する

1.【属性リストパレット】を表示します。

6番「壁」をクリックします。

6：「壁」	レイヤ	20
	カラー	001：青
	線種	001：実線

2. パレットを閉じます。

属性が設定され、〔**属性**〕**パネル**またはステータスバーにレイヤ番号(20)とカラー(青)と線種(実線)が表示されます。

◢ 壁を描く

1.【ダブル線】コマンドを実行します。

[**ホーム**]**メニュー**から[― **単線**]の**▼ボタン**をクリックし、[═ **ダブル線**]をクリックします。

2. ダイアログボックスが表示されます。

以下のように設定し、[**OK**]**ボタン**をクリックします。

作図方法	単発
作図図形	線分
厚さ	220
☑ 包絡処理	

・その他は初期設定のまま

【ダブル線】コマンドについて

作図方法:

[単発] 始点・終点の指示でダブル線を作図します。

[連続] 連続した指示点で、ダブル線を作図します。

[プリミティブ指示] 指定した線分や円弧をダブル線にします。

作図図形:

[線分] 例:厚さ200　　　　　[円弧] 例:厚さ200

[オフセット] 基準線から設定した距離だけ離して指示した方向に作図します。

☆ / ボタンをクリックすると、設定した厚さの半分になります。

[包絡処理] 指示点が他の線分と重なる場合に中抜きをします。

[アクティブ属性] [プリミティブ指示]の場合に、現在の書き込み属性でダブル線を描きます。✔しない場合は、指示したプリミティブと同じ属性でダブル線を描きます。

[ポリライン化] ダブル線をポリラインとして作図します。

[オフセット]　　　　　[☐ 包絡処理]　　　　　[☑ 包絡処理]

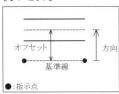

[詳細設定]では、さらに詳細な設定を行うことができます。

[間隔] ダブル線の内側、または外側に平行線を描きます。

[端空き] ダブル線の始点、終点から内側、または外側にずらします。

[包絡時の検索限度値] 包絡処理をする時の対象プリミティブまでの最大距離を設定します。

[端部に蓋] ダブル線の両端点同士を結びます。

[元データ残す] [プリミティブ指示]の場合に、指定したプリミティブを残します。

[間隔]　　　　　　[端空き]　　　　　　[端部に蓋]

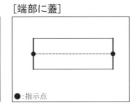

[連続線の自動検索] [プリミティブ指示]の場合に、連続した線分を検索してダブル線を描く場合に✔します。連続した線分を検索する時の端点の誤差範囲および、比較する属性を指定することで、検索条件を絞り込むことができます(例:「誤差 1」と設定した場合、1ドットより外側にある端点の線分は対象外となり、「カラー」を✔した場合、指示したカラーと同じカラーが対象外となります)。

[☑ プリミティブ指示/ ☑ 連続線自動検索]

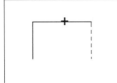

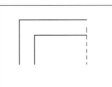

3. 壁を描きます。

(1)【交点】✍スナップで、X3の通り心とY4の柱の交差部をクリックします。

(2) 同じスナップのまま、X3の通り心とY1の柱の交差部をクリックします。

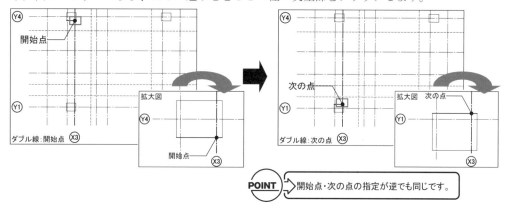

POINT ▶ 開始点・次の点の指定が逆でも同じです。

X3の通り心を基準として、左右に厚さの半分を振り分けた壁が描かれます。

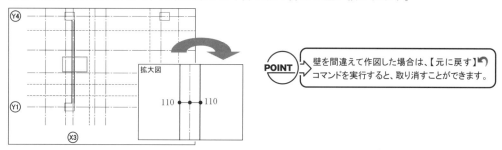

POINT ▶ 壁を間違えて作図した場合は、【元に戻す】↩ コマンドを実行すると、取り消すことができます。

アドバイス

【サブウィンドウパレット】🔲は、作業ウィンドウを拡大表示すると拡大部分の表示枠が表示されます。

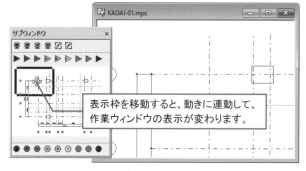

また、拡大などしてある現在の表示状態を登録、または登録した表示状態を呼び出すことができます。

[登録]の場合

拡大やパンニングなどで登録したい図面範囲を表示し、
登録する色のカラーボタンをクリックすると、現在表示
されている画面が登録されます。

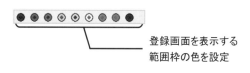

登録画面を表示する範囲枠の色を設定

[呼び出し]の場合

表示したい画面のカラーボタンをクリックすると、
画面に登録された図面範囲が表示されます。

▶▶▶▶▶▷▶▷▶▶

☆複数のユーザーが1つのDRA-CADを使用する場合、または一人のユーザーが複数の設定で使用する場合に、
それぞれの設定を登録し、必要に応じてその登録してある設定を呼び出してDRA-CADを使用することがで
きます。

4. **3.**と同様に、 a－b間、c－d間、e－f間に壁を描きます。

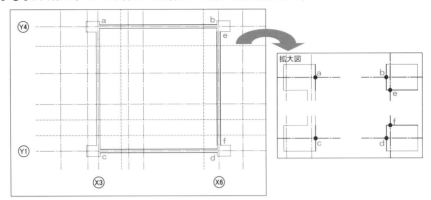

3-1-2 壁を描く（2）

1. 作図方法を変更します。

右クリックして、ダイアログボックスを表示します。

以下のように設定を変更し、[OK]ボタンをクリックします。

作図方法	連続

2. 連続した壁を描きます。

(1) 【交点】スナップで、 X 3 の柱と Y 4 の通り心の交差部をクリックします。

(2) 同じスナップのまま、第 2 点～第 4 点の交差部をクリックします。

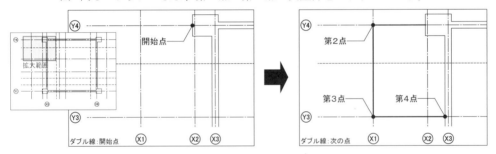

(3) 第 4 点まで取り終えたら、右クリックし、編集メニューを表示します。

　　 [作図終了]を指定すると、連続した壁が描かれます。

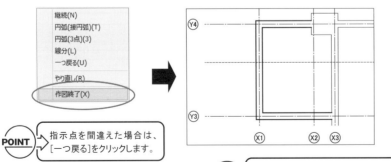

POINT 指示点を間違えた場合は、[一つ戻る]をクリックします。

POINT 連続して点を指定していくと、ダブル線の描画後に通り心が消えたように見えますが、【再表示】(青)コマンドを実行すると、表示されます。

3-2 雑壁を描く

【ダブル線】コマンドで、厚さ 150 ㎜ と 180 ㎜ の雑壁を描きます。

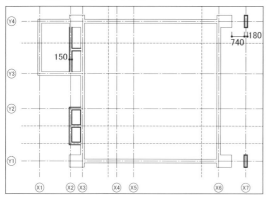

3-2-1 雑壁を描く（1）

1. 厚さを変更します。

右クリックして、ダイアログボックスを表示します。

以下のように設定を変更し、[OK]ボタンをクリックします。

厚さ	150

2. 雑壁を描きます。

(1)【交点】スナップで、Y 2 の通り心と X 3 の壁の交差部をクリックします。

(2) 同じスナップのまま、第 2 点～第 4 点の交差部をクリックします。

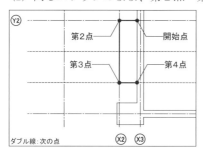

(3) 第 4 点まで取り終えたら、右クリックし、編集メニューを表示します。

[作図終了]を指定すると、連続した雑壁が描かれます。

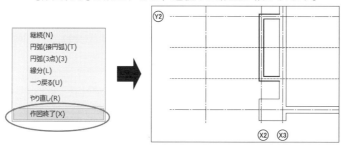

3-2-2 雑壁を描く（2）

1. 作図方法を変更します。

右クリックして、ダイアログボックスを表示します。

以下のように設定を変更し、[OK]ボタンをクリックします。

作図方法	単発

2. 雑壁を描きます。

【交点】スナップで、壁と補助線の交差部をクリックして雑壁を描きます。

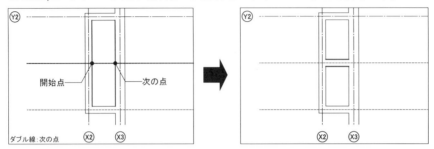

3. **2.**と同様に、a‐b間を【交点】スナップ、c‐d間を【中点】スナップで雑壁を描きます。

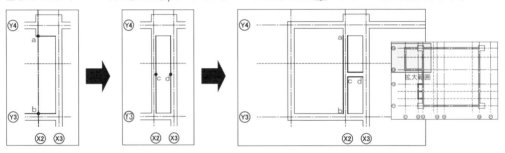

3-2-2 雑壁を描く（3）

1. オフセットなどを設定します。

(1) 右クリックして、ダイアログボックスを表示します。

[詳細設定]ボタンをクリックし、ダイアログボックスを追加表示します。

(2) 以下のように設定し、[OK]ボタンをクリックします。

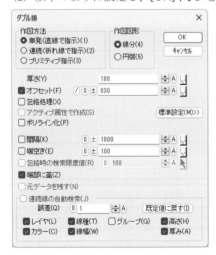

厚さ	180
☑ オフセット	830
☐ 包絡処理	
☑ 端部に蓋	

2. 壁を描きます。

（1）【端点】 スナップで、Ｘ６の上側の柱の端部をクリックします。

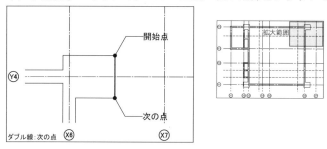

（2）カーソルを右方向に移動し、クリックすると、設定した距離だけ離れたところに壁が描かれます。

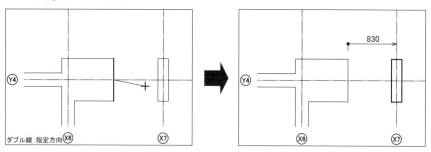

3. **2.** と同様に、Ｘ６の下側の柱に壁を描きます。

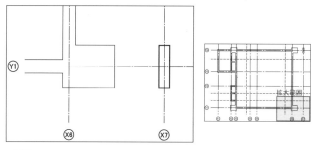

POINT ▷ 指示した壁の線が消えたように見えますが、【再表示】🖥（青）コマンドを実行すると、表示されます。

3-3 壁を編集する

壁を【ダブル線】、【線分連結】コマンドで開口し、【ストレッチ】コマンドで、壁と柱を面合わせにします。

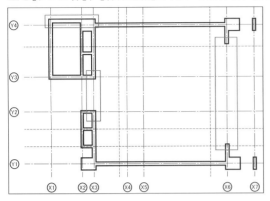

3-3-1 壁を開口する（1）

1. 厚さなどを変更します。

右クリックして、ダイアログボックスを表示します。

以下のように設定を変更し、[OK]ボタンをクリックします。

厚さ	5780
☐ オフセット	―
☑ 包絡処理	
☐ 端部に蓋	

2. 壁を開口します。

【中点】↓スナップで、壁線をクリックすると、壁が開口されます。

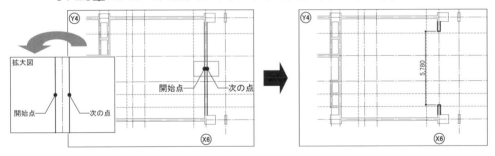

3. 【ダブル線】コマンドを解除します。

3-3-2 壁を開口する（2）

1. 【線分連結】コマンドを実行します。

[ホーム]メニューから[｜→｜ 平行複写]の▼ボタンをクリックし、[¯¯｜ 線分連結]をクリックします。

2. ダイアログボックスが表示されます。

以下のように設定し、[OK]ボタンをクリックします。

☑ 線分の分断

・その他は初期設定のまま

3. 壁を分断します。

(1) X3通りの右側の壁線をクリックします。

POINT 線分の分断はスナップモードに関係なく任意の線分上で中抜きされます。

(2) ラバーバンドを伸ばして任意の位置で同じ壁線をクリックすると、壁線が分断されます。

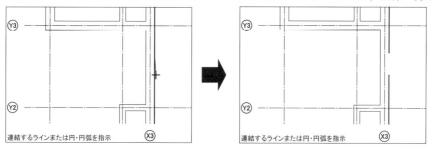

4. 壁を連結します。

(1) 縦の壁線をクリックします。ただし、横の壁線よりも上側をクリックします。

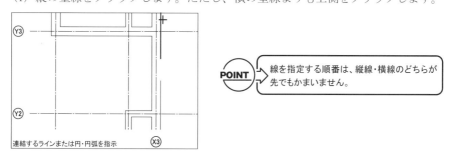

POINT 線を指定する順番は、縦線・横線のどちらが先でもかまいません。

(2) 横の壁線をクリックすると、線分が連結され、不要な壁線がカットされます。

5. **4.**と同様に、連結します。

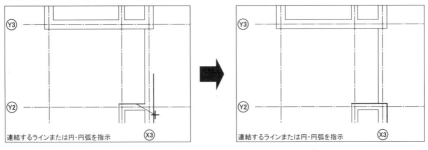

6. 【線分連結】コマンドを解除します。

3-3-3 不要な線分を削除する

1. 【削除】コマンドを実行します。

[編集]メニューから[◇ 削除]をクリックします。

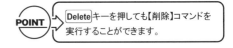

Deleteキーを押しても【削除】コマンドを実行することができます。

2. 不要な壁線を削除します。

線分をクリックすると、線分が削除されます。

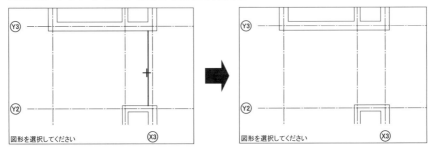

3. 【削除】コマンドを解除します。

3-3-4 柱と面合わせにする

1. 【ストレッチ】コマンドを実行します。

[編集]メニューから[ストレッチ]をクリックします。

2. ダイアログボックスが表示されます。

以下のように設定し、[OK]ボタンをクリックします。

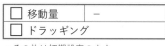

☐ 移動量	－
☐ ドラッギング	

・その他は初期設定のまま

POINT → [ドラッギング]を✔すると、第2点を指示する時に
わかりづらいので、✔をはずして操作します。

3. 壁をストレッチします。

(1) 　始点をクリックします。

(2) 壁の両端部が選択されるように対角にカーソルを移動し、枠を広げ終点をクリックします。

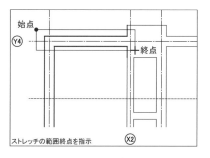

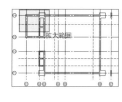

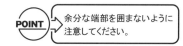

POINT → 余分な端部を囲まないように
注意してください。

(3) 【端点】 スナップで、上側の壁の右端部をクリックします。

(4) 同じスナップのまま、柱の左上端部をクリックします。

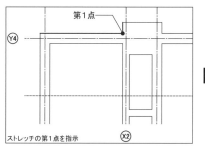

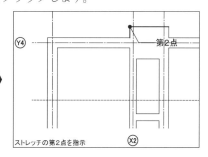

壁が柱と面合わせになります。

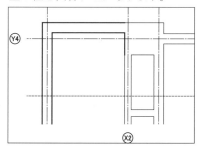

4. 【ストレッチ】コマンドを解除します。

④ 間仕切り壁を作成する

4-1 間仕切り壁を描く

【ダブル線】コマンドで、厚さ 120 ㎜の間仕切り壁を描きます。

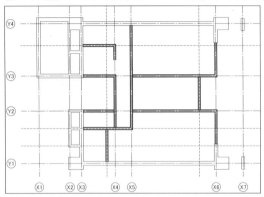

4-1-1 間仕切り壁を描く（1）

◤ 属性を設定する

1.【属性リストパレット】を表示します。

7番「間仕切り壁」をクリックします。

7：「間仕切り壁」	レイヤ	100
	カラー	010：濃赤
	線種	001：実線

2. パレットを閉じます。

属性が設定され、〔**属性**〕**パネル**またはステータスバーにレイヤ番号(25)とカラー(濃赤)と線種(実線)が表示されます。

◤ 間仕切り壁を描く

1.【ダブル線】コマンドを実行します。

[ホーム]メニューから[═ ダブル線]をクリックします。

2. ダイアログボックスが表示されます。

(1) [標準設定]ボタンをクリックし、標準ダイアログボックスにします。

(2) 以下のように設定し、[OK]ボタンをクリックします。

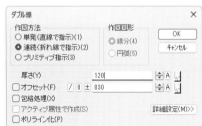

作図方法	連続
厚さ	120
☐ 包絡処理	

3. 間仕切り壁を描きます。

(1) 【交点】⌐スナップで、X5の通り心とY4の壁の交差部をクリックします。

(2) 同じスナップのまま、第2点～第3点の交差部をクリックします。

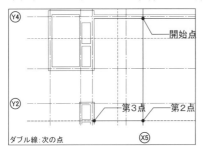
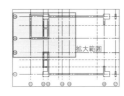

(3) 第3点まで取り終えたら、右クリックし、編集メニューを表示します。
[作図終了]を指定すると、連続した間仕切り壁が描かれます。

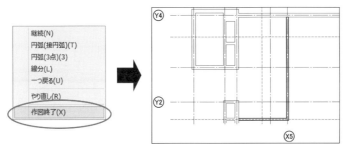

アドバイス

【ルーペパレット】コマンドは、作業ウィンドウの指定した位置をルーペパレットに拡大して表示します。

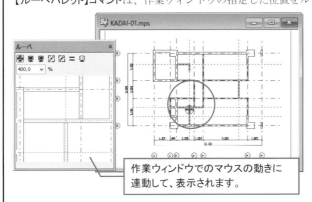

作業ウィンドウでのマウスの動きに
連動して、表示されます。

[操作手順]

(1) 作業ウィンドウ左端にある[🔍 ルーペパレット]をクリックし、ルーペパレットを表示します。

(2) 📌ボタンをクリックし、パレットを常に表示とします。

(3) パレットからルーペ画面に表示する拡大率を設定し、⊕ボタンをクリックします。

(4) 作業ウィンドウで表示したい位置でクリックすると、ルーペパレットに表示されます。

(5) ドラッグするとマウスと連動してルーペ画面に表示します。

(6) 作業ウィンドウで右クリックすると、終了します。

☆コマンド実行中は操作できません。コマンドを解除してから操作してください。

4. **3.**と同様に、a－b－c間、d－e－f間、g－h－i間に連続した壁を描きます。

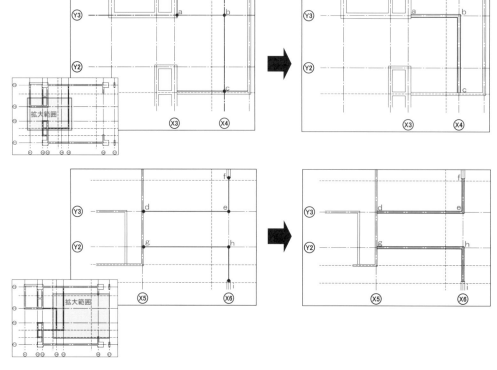

5. 長さを指定した壁を描きます。

(1) 【交点】💈スナップで、X3の壁と補助線の交差部をクリックします。

(2) 同じスナップのまま、第2点の交差部をクリックします。

(3) 第3点として、キーボードより「810 ↓」と入力します。

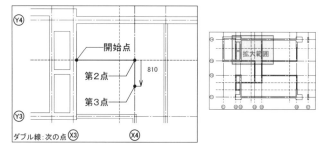

・DRA-CAD は、最終クリックポイントを覚えていますので、そこからの距離を座標値で入力することができます。
・X軸・Y軸のどちらかの座標値が「0」の場合は、"距離＋矢印キー（←→↓↑）"で入力できます。

(4) 第3点まで取り終えたら、右クリックし、編集メニューを表示します。
[作図終了]を指定すると、長さを指定した連続した壁が描かれます。

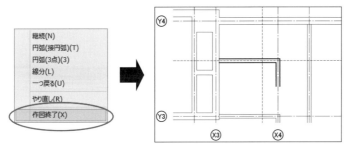

4-1-2 間仕切り壁を描く（2）

1. 作図方法を変更します。

右クリックして、ダイアログボックスを表示します。

以下のように設定を変更し、[OK]ボタンをクリックします。

作図方法	単発

2. 間仕切り壁を描きます。

【交点】🗲スナップで、間仕切り壁と補助線の交差部をクリックして間仕切り壁を描きます。

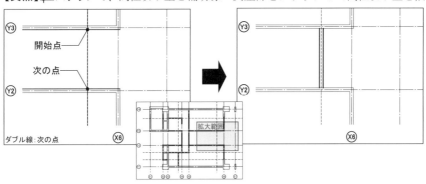

3. **2.**と同様に、a−b間、c−d間に間仕切り壁を描きます。

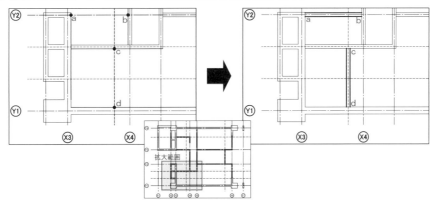

4. 【ダブル線】コマンドを解除します。

4-2 間仕切り壁を編集する

通り心・寸法線などのレイヤを非表示にして、編集します。

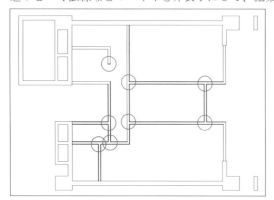

4-2-1 不要なレイヤを非表示にする

1.【非表示レイヤキー入力】コマンドを実行します。

[レイヤ]メニューから[<img> 非表示レイヤ指定]の▼ボタンをクリックし、[<img> 非表示レイヤキー入力]をクリックします。

2. ダイアログボックスが表示されます。

キーボードから "1,2,3,100 [↵]" と入力します。

通り心・寸法線などのレイヤが非表示になりました。

POINT 画面から非表示にしたレイヤは裏画面にあります。
裏画面に切り替えるには、【表示レイヤ反転】 <img> コマンド
またはキーボードの [Ctrl] キーを押しながら [Q] キーを
押します。

3.【非表示レイヤキー入力】コマンドを解除します。

ダイアログボックスの[×]ボタンをクリックすると、コマンドは解除されます。

4-2-2 壁を編集する

1.【包絡】コマンドを実行します。

[編集]メニューから[⇅ 包絡]をクリックします。

2. ダイアログボックスが表示されます。

「高度」を選択し、[OK]ボタンをクリックします。

編集方法	高度

3. 壁を編集します。

(1) 1点目をクリックします。

(2) 壁の両端部が選択されるように対角にカーソルを移動し、枠を広げ2点目をクリックすると、破線で囲んだ範囲の線分が自動包絡されます。

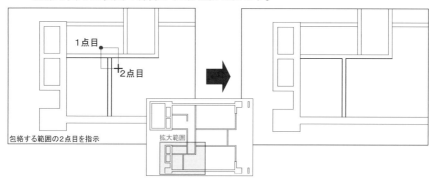

包絡する範囲の2点目を指示　　　　拡大範囲

4. **3.**と同様に、他の壁も編集します。

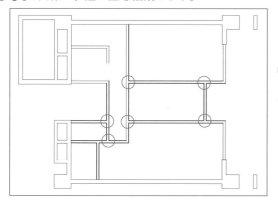

POINT ▶ 選択モードは関係ありませんので、範囲を囲む時、上から下、下から上のどちらから囲んでも編集結果は同じです。

4-2-3 壁を描く

1. 【単線】コマンドを実行します。

[ホーム]メニューから[═ ダブル線]の▼ボタンをクリックし、[— 単線]をクリックします。

2. 線分を描きます。

【端点】 スナップで、壁の両端部をクリックすると、壁線が描けます。

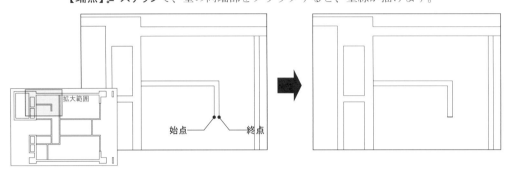

3. 【単線】コマンドを解除します。

アドバイス

【レイヤパレット】で、現在のレイヤの表示/非表示、ロック/アンロック、退避/退避解除や印刷する/しないを確認、設定、変更することができます。

[レイヤの非表示 操作手順]

(1) 作業ウィンドウ右端にある[レイヤ]をクリックします。

(2) 右クリックし、編集メニューを表示します。

[使用されているレイヤのみ表示]をクリックします。

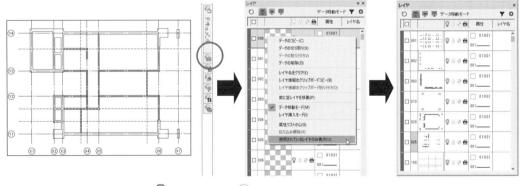

(3) [001] [002] [003] [100]の をクリックし、 にすると、通り心・寸法線などのレイヤが非表示になります。

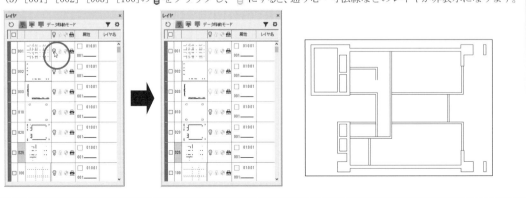

5 建具を作成する

5-1 ドアを描く

5-1-1 片開きドアを描く

【ドア】コマンドで、片開き、両開きタイプのドアと両折り戸を描きます。

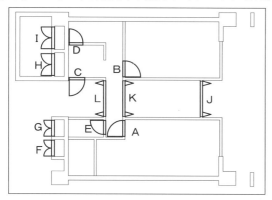

1. 【ドア】コマンドを実行します。

   [ホーム]メニューから[□ ボックス]の▼ボタンをクリックし、[🚪 ドア]をクリックします。

2. ダイアログボックスが表示されます。

   (1)〔サイズ〕タブで以下のように設定します。

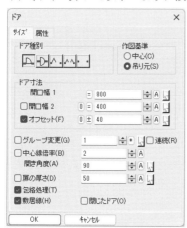

ドア種別	🚪
作図基準	吊り元
ドア寸法	
開口幅1	800
☑ オフセット	40
☐ 中心線倍率	−
☐ 扉の厚さ	−
☑ 包絡処理	
☑ 敷居線	

・その他は初期設定のまま

(2) 〔属性〕タブをクリックして表示します。
以下のように設定し、[OK]ボタンをクリックします。

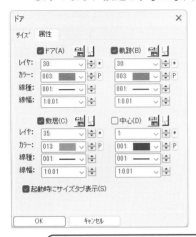

属性リスト 🖿 ボタンから	
☑ ドア	8番「建具」
☑ 軌跡	8番「建具」
☑ 敷居	9番「敷居線」
☑ 起動時にサイズタブ表示	

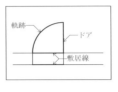

POINT 属性は個別に指定する場合に✔します。
✔しない場合は現在設定している属性(アクティブ属性)で作図されます。

3. 片開きドアAを描きます。

(1) 【端点】 スナップで、間仕切り壁の端部をクリックします。

(2) 【垂直点】 スナップにして、向かい側の壁線をクリックします。

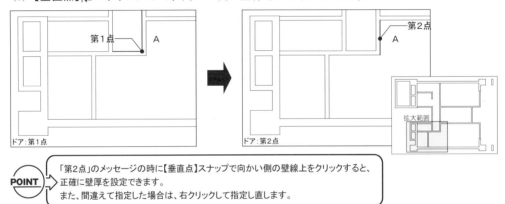

POINT 「第2点」のメッセージの時に【垂直点】スナップで向かい側の壁線上をクリックすると、
正確に壁厚を設定できます。
また、間違えて指定した場合は、右クリックして指定し直します。

(3) カーソルを左上方向に移動し、クリックすると、片開きドアが描かれます。

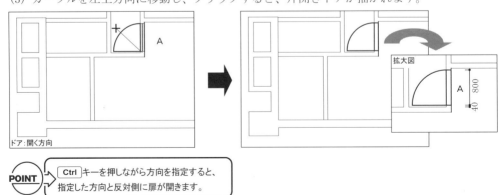

POINT Ctrl キーを押しながら方向を指定すると、
指定した方向と反対側に扉が開きます。

【ドア】コマンドについて

〔サイズ〕タブ

作図基準位置：

[中心]　開口幅の中心位置を基準として作図します。

[吊り元]　開口幅の吊り元位置を基準として作図します。

[中心]

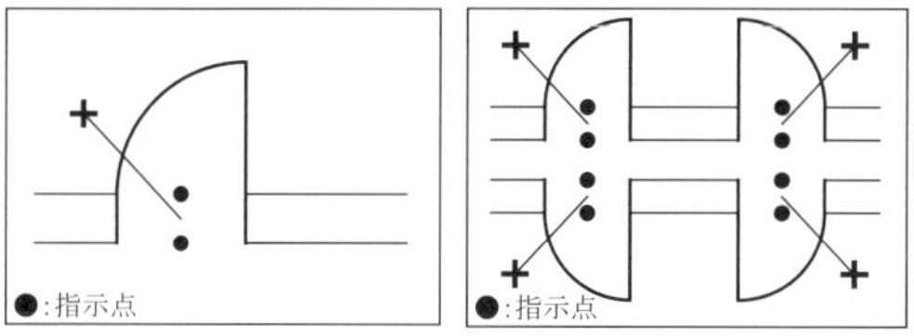
●：指示点
●：指示点

[吊り元]

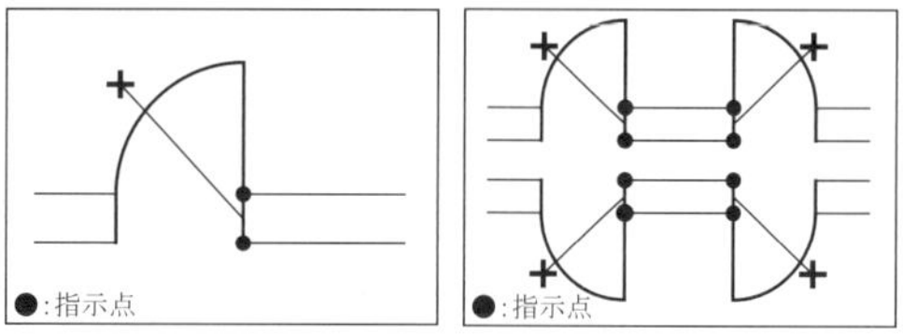
●：指示点
●：指示点

ドア寸法：

[開口幅 1]　開口幅を設定します。

[開口幅 2]　両開き、親子扉にしたい時に✔し、第2扉の幅を設定します。

[オフセット]　基準線から設定した距離だけ離して指示した方向に作図します。

[ ] 片開き

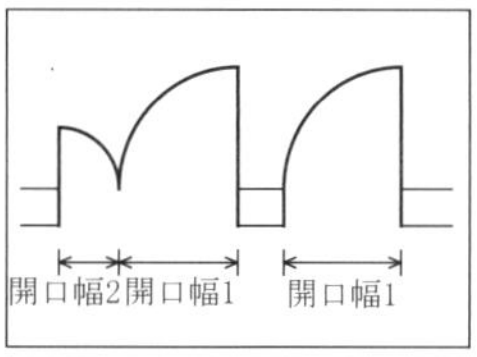
開口幅2
開口幅1
開口幅1

[ ] スウィング

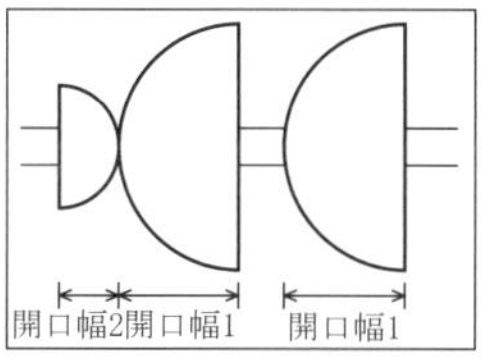
開口幅2
開口幅1
開口幅1

[ ] 折り戸

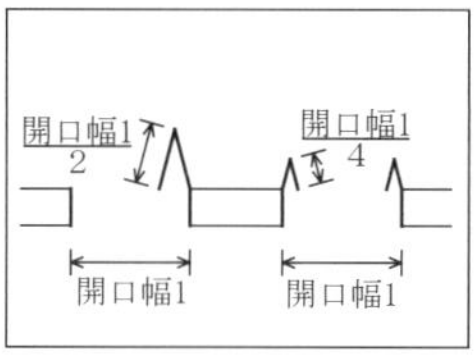
開口幅1/2
開口幅1/4
開口幅1
開口幅1

[オフセット]

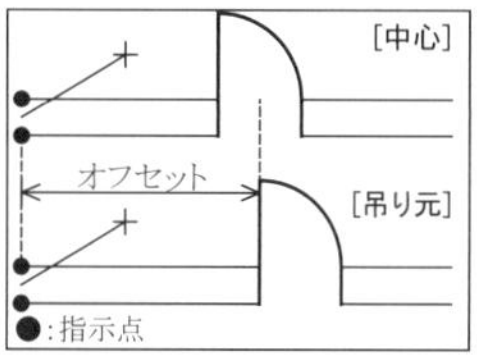
[中心]
オフセット
[吊り元]
●：指示点

[中心線倍率]　中心線を描く場合に✔し、中心線の長さは壁厚に対する倍率を設定します。

[開き角度]　片開き扉を作図する際に、戸の開き角度を設定します。

[扉の厚さ]　建具の厚さを設定します。

[☑ 中心線倍率]

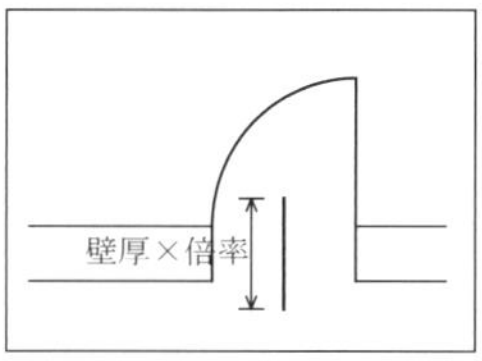
壁厚×倍率

[開き角度]　例：60°

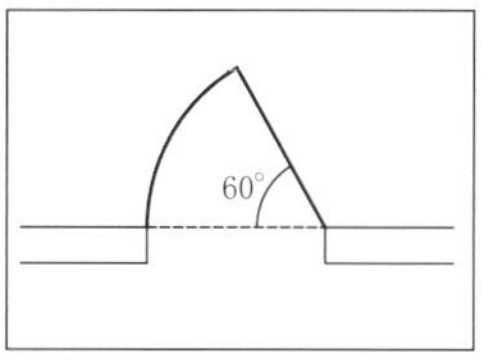
60°

[☑ 扉の厚さ]　例：片開き

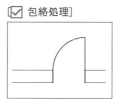

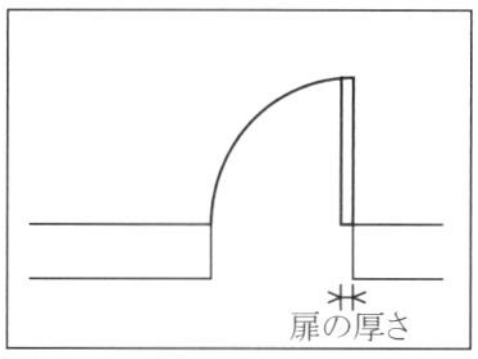
扉の厚さ

[包絡処理]　壁となる線分を包絡し、開口を開けます。

[敷居線]　敷居の線を作図します。

[閉じたドア]　閉じたドアの線を描きます。

[☐ 包絡処理]

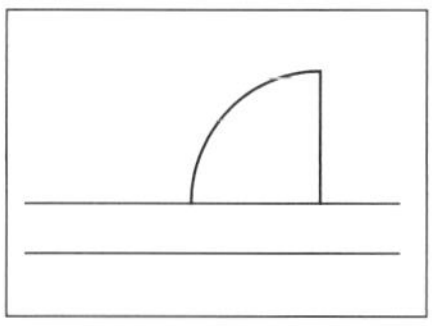

[☑ 包絡処理]

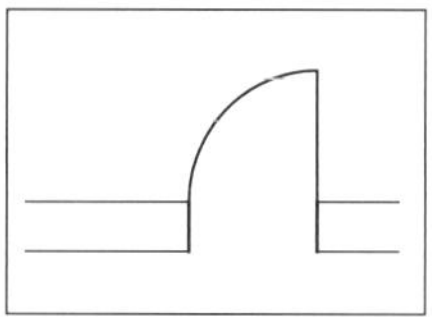

[☑ 敷居線]

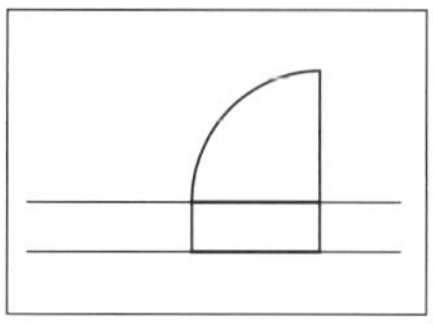

[☑ 閉じたドア]

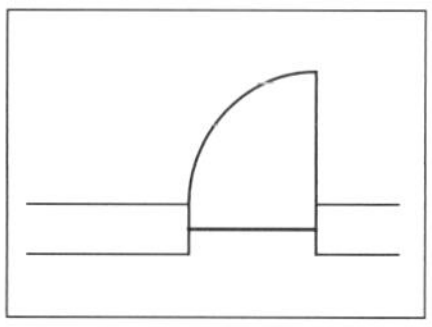

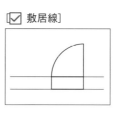

4. **3.** と同様に、片開きドアB、Cを描きます。

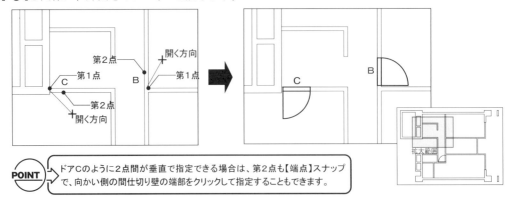

> **POINT**　ドアCのように2点間が垂直で指定できる場合は、第2点も【端点】スナップで、向かい側の間仕切り壁の端部をクリックして指定することもできます。

5. 片開きドアD、Eを描きます。

(1) 右クリックして、ダイアログボックスを表示します。

　[サイズ]タブで以下のように設定を変更し、[OK]ボタンをクリックします。

ドア寸法	
開口幅1	700

(2) **3.** と同様に、片開きドアD、Eを描きます。

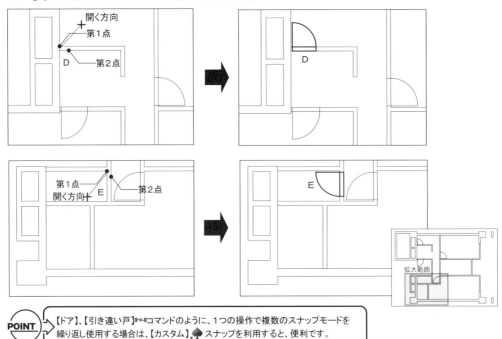

> **POINT**　【ドア】、【引き違い戸】⊫コマンドのように、1つの操作で複数のスナップモードを繰り返し使用する場合は、【カスタム】♠スナップを利用すると、便利です。

5-1-2 両開きドアを描く

1. 作図基準などを変更します。

右クリックして、ダイアログボックスを表示します。

〔**サイズ**〕**タブ**で以下のように設定を変更し、[**OK**]**ボタン**をクリックします。

作図基準	吊り元
ドア寸法	
開口幅1	400
☑ 開口幅2	400
☐ オフセット	−

2. 両開きドアFを描きます。

(1) 壁の中央に描きますので、【**中点**】 ↓ **スナップ**で、右の壁線をクリックします。

(2) 【**垂直点**】 ↢ **スナップ**にして、向かい側の壁線をクリックします。

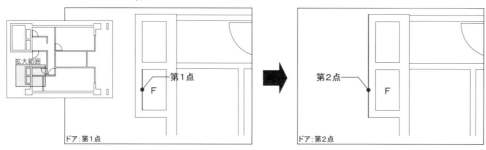

POINT → 壁線の長さが違うため、【中点】スナップで指定する場合は、第1点で指定する線分でドアの位置が違ってきます。
ここでは、短い方の壁線(右側)の中点を第1点とします。

(3) カーソルを左方向に移動し、クリックすると、両開きドアが描かれます。

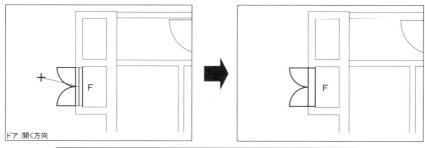

POINT → 「開く方向」の指定は、[開口幅1]で設定したドア軌跡を描く方向になりますが、
同じサイズなので、2方向の指定になります。

3. **2.**と同様に、両開きドアGを描きます。

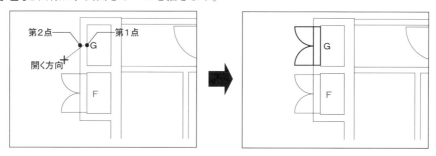

4. 両開きドアH、Iを描きます。

(1) 右クリックして、ダイアログボックスを表示します。

〔**サイズ**〕**タブ**で以下のように設定を変更し、[**OK**]**ボタン**をクリックします。

ドア寸法	
開口幅1	550
☑ 開口幅2	550

(2) **2.**と同様に、両開きドアH、Iを描きます。

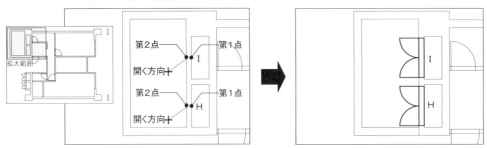

5-1-3 両折り戸を描く

1. ドア種別などを変更します。

右クリックして、ダイアログボックスを表示します。

〔**サイズ**〕**タブ**で以下のように設定を変更し、[OK]ボタンをクリックします。

ドア種別	∧∧
ドア寸法	
開口幅1	1800

2. 両折り戸Jを描きます。

(1) 壁の中央に描きますので、【**中点**】↓**スナップ**で、左の間仕切り壁の線をクリックします。

(2) 【**垂直点**】**スナップ**にして、向かい側の間仕切り壁の線をクリックします。

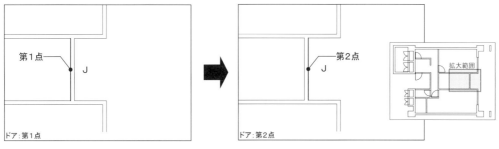

POINT 壁の長さが同じ場合は、第2点も【中点】スナップで、向かい側の間仕切り壁の線を
クリックして指定することもできます。

(3) カーソルを右方向に移動し、クリックすると、両折り戸が描かれます。

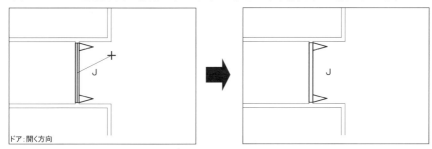

3. 2. と同様に、両折り戸K、Lを描きます。

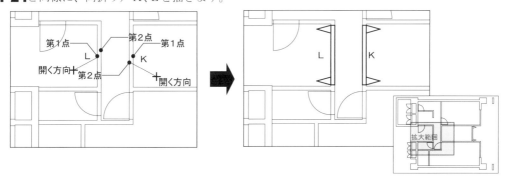

5-2 FIX窓を描く

【ドア】コマンドで、ＦＩＸ窓を描きます。

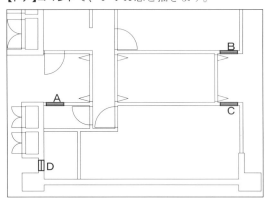

1. ドア種別などを変更します。

右クリックして、ダイアログボックスを表示します。

〔**サイズ**〕**タブ**で以下のように設定を変更し、[**OK**]**ボタン**をクリックします。

ドア種別	
作図基準	吊り元
ドア寸法	
開口幅1	700
☑ オフセット	90
☑ 閉じたドア	

2. ＦＩＸ窓Ａを描きます。

(1)【**端点**】✐ **スナップ**で、間仕切り壁の端部をクリックします。

(2)【**垂直点**】⊩ **スナップ**にして、向かい側の間仕切り壁の線をクリックします。

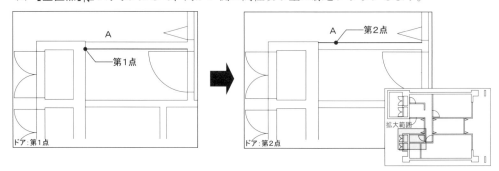

(3) カーソルを右方向に移動し、クリックすると、ＦＩＸ窓が描かれます。

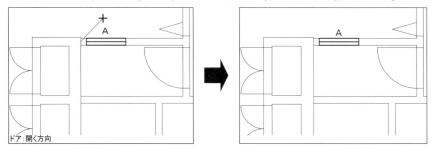

3. **2.**と同様に、ＦＩＸ窓Ｂ、Ｃを描きます。

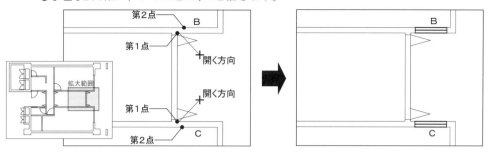

4. 作図基準などを変更します。

右クリックして、ダイアログボックスを表示します。

[**サイズ**]**タブ** で以下のように設定を変更し、[OK]**ボタン**をクリックします。

作図基準	中心
ドア寸法	
開口幅１	400
□ オフセット	−

5. ＦＩＸ窓Ｄを描きます。

(1) 壁の中央に描きますので、【**中点**】スナップで、左の壁線をクリックします。

(2) 【**垂直点**】スナップにして、向かい側の壁線をクリックします。

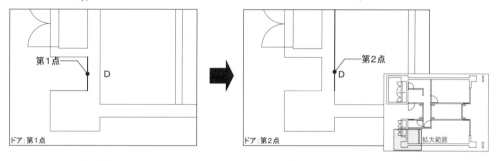

(3) カーソルを移動し、クリックすると、ＦＩＸ窓が描かれます。

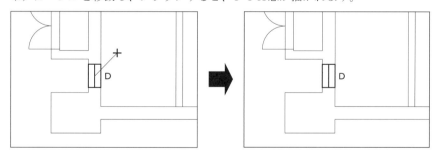

6. 【**ドア**】**コマンド**を解除します。

5-3 引き違い窓を描く

【引き違い戸】コマンドで、引き違いタイプの窓を描きます。

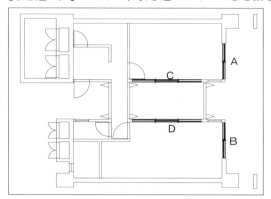

5-3-1 引き違い窓を描く

1.【引き違い戸】コマンドを実行します。

[ホーム]メニューから[🚪 ドア]の▼ボタンをクリックし、[🚪 引違戸]をクリックします。

2. ダイアログボックスが表示されます。

(1)〔**サイズ**〕**タブ**で以下のように設定します。

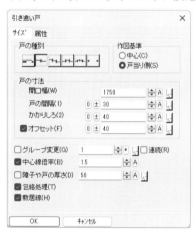

戸の種別	➡
作図基準	戸当り側
戸の寸法	
開口幅	1750
戸の間隔	30
かかりしろ	40
☑ オフセット	40
☑ 中心線倍率	1.5
☐ 障子や戸の厚さ	−
☑ 包絡処理	
☑ 敷居線	

・その他は初期設定のまま

(2)〔**属性**〕**タブ**をクリックして表示します。

以下のように設定し、[**OK**]**ボタン**をクリックします。

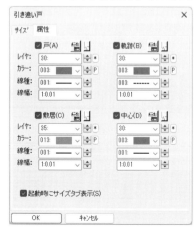

属性リスト 🔲 ボタンから	
☑ 戸	8番「建具」
☑ 軌跡	8番「建具」
☑ 敷居	9番「敷居線」／「003：点線」
☑ 中心	8番「建具」
☑ 起動時にサイズタブ表示	

POINT 📈をクリックすると、すでに作図されている建具の線分を参照して設定することができます。s

【引き違い戸】コマンドについて

〔サイズ〕タブ

作図基準位置:

[中心]　　　開口幅の中心位置を基準として作図します。

[戸当り側]　開口幅の戸当り位置を基準として作図します。

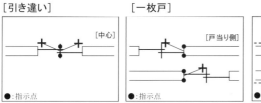 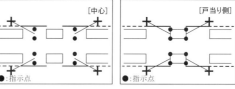

戸の寸法:

[開口幅]　　　開口幅を設定します。

[戸の間隔]　　[引き違い戸]の場合に、戸と戸の間隔を設定します。

[戸と壁の間隔][一枚戸]の場合に、戸と壁の距離を設定します。

[かかりしろ]　[引き違い戸]の場合に、戸と戸が重なり合った部分の距離を設定します。

[オフセット]　基準線から設定した距離だけ離して指示した方向に作図します。

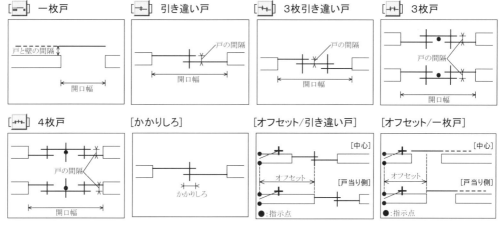

 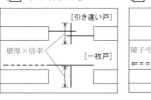 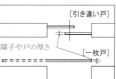

[中心線倍率]　　中心線を描く場合に✔し、中心線の長さは壁厚に対する倍率を設定します。

[障子や戸の厚さ]　建具の厚さを設定します。

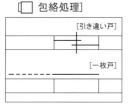 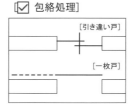 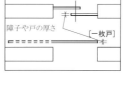

[包絡処理]　壁となる線分を包絡し、開口を開けます。

[敷居線]　　敷居の線を作図します。

3. 引き違い戸Aを描きます。

   (1)【端点】スナップで、間仕切り壁の端部をクリックします。

   (2)【垂直点】スナップにして、向かい側の間仕切り壁の線をクリックします。

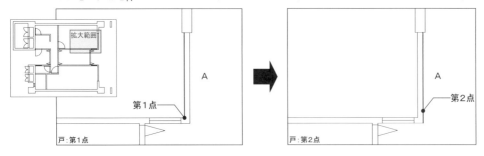

   (3) カーソルを上方向に移動し、クリックすると、引き違い窓が描かれます。

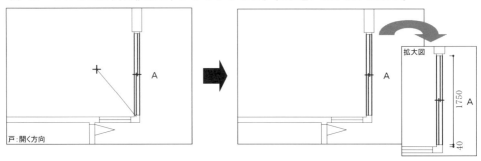

4.3. と同様に、引き違い窓Bを描きます。

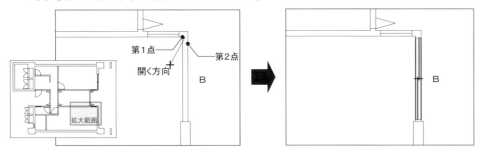

5-3-2 3枚引き違い窓を描く

1. 戸の種別などを変更します。

右クリックして、ダイアログボックスを表示します。

[**サイズ**]**タブ**で以下のように設定を変更し、[**OK**]**ボタン**をクリックします。

戸の種別	⊞
作図基準	中心
戸の寸法	
開口幅	3600
☐ 敷居線	

2. 3枚引き違い窓Cを描きます。

(1) 壁の中央に描きますので、【**中点**】↓**スナップ**で、下の間仕切り壁の線をクリックします。

(2)【**垂直点**】⊢**スナップ**にして、向かい側の間仕切り壁の線をクリックします。

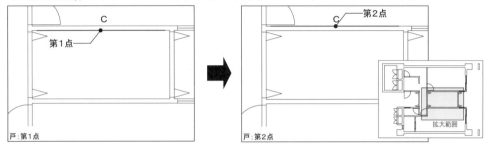

(3) カーソルを移動し、クリックすると、3枚引き違い窓が描かれます。

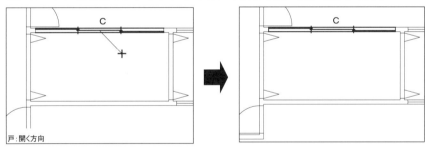

3. 2. と同様に、3枚引き違い窓Dを描きます。

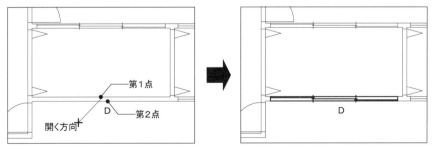

5-4 一枚戸を描く

【引き違い戸】コマンドで、一枚戸を描きます。

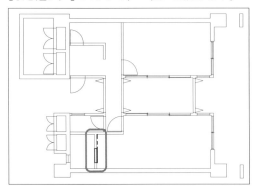

1. 戸の種別などを変更します。

右クリックして、ダイアログボックスを表示します。

〔サイズ〕タブで以下のように設定を変更し、[OK]ボタンをクリックします。

戸の種別	┼─
作図基準	戸当り側
戸の寸法	
開口幅	750
戸の間隔	30
☑ オフセット	320
☐ 中心線倍率	－

2. 一枚戸を描きます。

(1) 【端点】 スナップで、間仕切り壁の端部をクリックします。

(2) 【垂直点】 スナップにして、向かい側の間仕切り壁の線をクリックします。

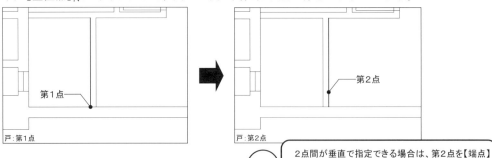

POINT → 2点間が垂直で指定できる場合は、第2点を【端点】スナップで、向かい側の間仕切り壁の端部をクリックして指定することもできます。

(3) カーソルを右上方向に移動し、クリックすると、一枚戸が描かれます。

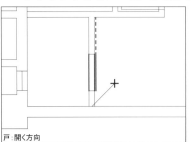

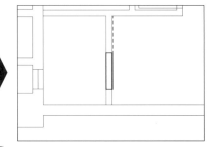

3. 【引き違い戸】コマンドを解除します。

POINT → 「開く方向」の指定は、戸の軌跡を描く方向になります。

⑥ 階段を作成する

下図の位置に階段を作図します。

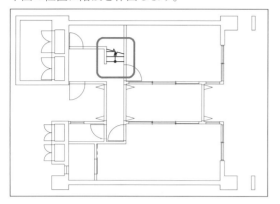

6-1 踏み面を描く

踏み面の線を【平行複写】コマンドで描きます。

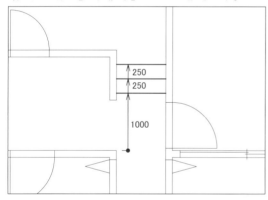

6-1-1 踏み面を描く

◢ 属性を設定する

1.【属性リストパレット】を表示します。

10番「階段」をクリックします。

10：「階段」	レイヤ	40
	カラー	012：濃緑
	線種	001：実線

2. パレットを閉じます。

属性が設定され、〔**属性**〕**パネル**またはステータスバーにレイヤ番号(40)とカラー(濃緑)と線種(実線)が表示されます。

◤ 踏み面を描く

1. 【平行複写】コマンドを実行します。

[ホーム]メニューから[¯¡ 線分連結]の▼ボタンをクリックし、[|→| 平行複写]をクリックします。

2. ダイアログボックスが表示されます。

(1) [標準設定]ボタンをクリックし、標準ダイアログボックスにします。

(2) 以下のように設定し、[OK]ボタンをクリックします。

編集方法	2点指示
距離	1000,250,250
コピー回数	1

3. 基準とする踏み面の線を描きます。

(1) 【端点】↙スナップで、間仕切り壁の端部をクリックします。

(2) 【垂直点】↰スナップにして、向かい側の間仕切り壁の線をクリックします。

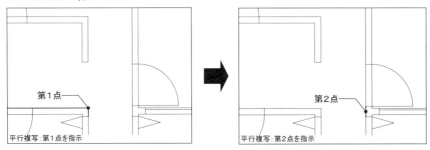

(3) カーソルを上方向に移動し、クリックすると、設定した距離だけ離れたところに線分が複写されます。

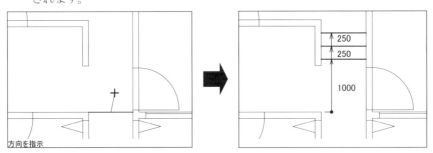

4. 【平行複写】コマンドを解除します。

6-2 方向線・破断線を描く

方向線を【矢印】コマンドで描き、破断線を【破断線】コマンドで描きます。踏み面の不要な線分を【延長・カット】コマンドで編集します。

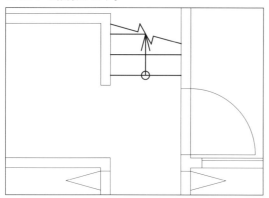

6-2-1 方向線を描く

1. 【矢印】コマンドを実行します。

[作図]メニューから[╱ 引出線]の▼ボタンをクリックし、[← 矢印]をクリックします。

2. ダイアログボックスが表示されます。

以下のように設定し、[OK]ボタンをクリックします。

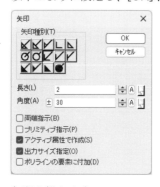

矢印種別	↙
長さ	20
角度	30
□ プリミティブ指示	
☑ アクティブ属性で作成	
☑ 出力サイズ指定	

・その他は初期設定のまま

POINT 初期設定で[出力サイズ指定]に✔がついています。

3. 矢印を描きます。

(1) 【中点】↓スナップで、上側の踏み面の線を第1点としてクリックします。

(2) 同じスナップのまま、下側の踏み面の線を第2点としてクリックすると、矢印が描かれます。

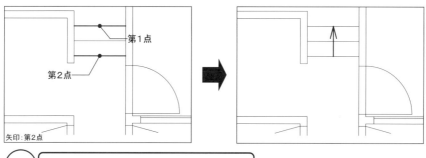

矢印:第2点

POINT 第1点は、矢印を作図する位置を指示します。

4. 矢印種別などを変更します。

右クリックして、ダイアログボックスを表示します。

以下のように設定を変更し、[OK]ボタンをクリックします。

矢印種別	◎
長さ	1
距離	220
☑ プリミティブ指示	

5. 円を描きます。

方向線の中心より下寄りの線分上にカーソルを合わせ、クリックすると、円が描かれます。

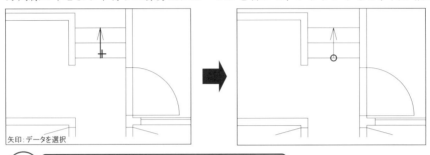

矢印:データを選択

POINT > 線を指示する時、線の中央より円をつけたい側を指示します。

6. 【矢印】コマンドを解除します。

【矢印】コマンドについて

矢印種別:

[長さ] 矢印線(<)の奥行き、または円(○)の直径を設定します。

[角度] 矢印線(<)の角度を設定します。

ただし、[◎◎]タイプは無効です。

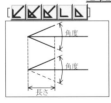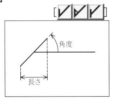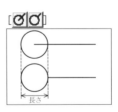

[両端指示] 線分の両端点に矢印を描きます。

[プリミティブ指示] 指定した線分、円、円弧の指示した位置に近い端点に矢印を描きます。

✔しない場合は、2点を指示し1点目を指定した位置の端に矢印を描きます。

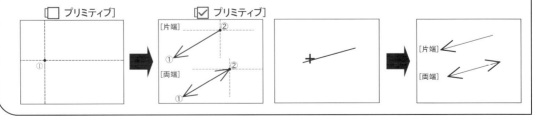

6-2-2 破断線を描く

1.【破断線】コマンドを実行します。

[作図]メニューから[〜 破断線]をクリックします。

2. ダイアログボックスが表示されます。

以下のように設定し、[OK]ボタンをクリックします。

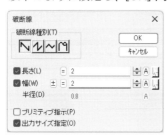

破断線種別	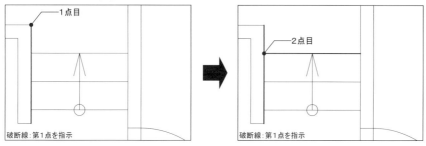
長さ	2
幅	2
✓ 出力サイズ指定	

・その他は初期設定のまま

3. 破断線を描きます。

(1)【二点間中央】スナップで、間仕切り壁の端部と踏み面の線の端部をクリックします。

【破断線】コマンドについて

破断線種別：

[長さ]　破断線の長さを固定する時に✔し、その長さを設定します。✔しない場合は、指定した2点間を長さとします。

[幅]　破断線の幅を固定する時に✔し、その幅を設定します。✔しない場合は、長さとの組み合わせで幅を設定します。また、[長さ]を✔した場合は、幅は強制的に有効になり、✔しない場合は、指定した2点間の長さから標準図形を基に幅を自動的に求めます。

[半径]　[円断面]の場合に、円筒の断面半径を「1」として破断線の円弧の半径の倍率を設定します。「0.5」〜「1.0」未満の数値を設定します。[長さ]、[幅]の設定は無視されます。

[N]　　　　　　　　　[N]　　　　　　　　　[N]　　　　　　　　　[N]

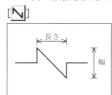
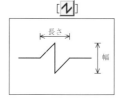
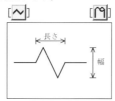
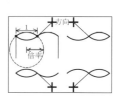

[プリミティブ指示]　指定した線分の上に描きます。✔しない場合は、2点を指示し、その点を結んだ中点に描きます。

[□ プリミティブ/✓ 長さ]　　[□ プリミティブ/□ 長さ]　　[✓ プリミティブ/✓ 長さ]　[✓ プリミティブ/□ 長さ]

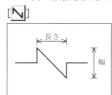
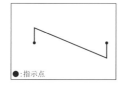
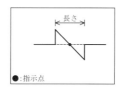
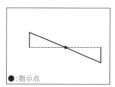

●:指示点　　　　　●:指示点　　　　　●:指示点　　　　　●:指示点

(2) 同様に、第2点をクリックすると、破断線が描かれます。

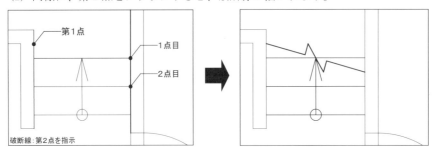

4. 【破断線】コマンドを解除します。

6-2-3 不要な線分をカットする

1. 【延長・カット】コマンドを実行します。

[ホーム]メニューから[平行複写]の▼ボタンをクリックし、[延長カット]をクリックします。

2. 踏み面の線をカットします。

(1) 踏み面の線をクリックします。

(2) 【交点】スナップで、破断線と踏み面の線の交差部をクリックします。

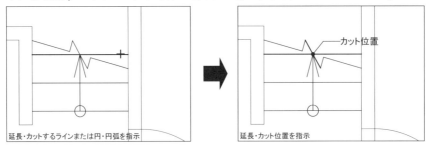

POINT ▷ ラインを指示する時は、他の線分と交差していない位置を必ず指示します。

(3) カーソルを右方向に移動し、クリックすると、線分がカットされます。

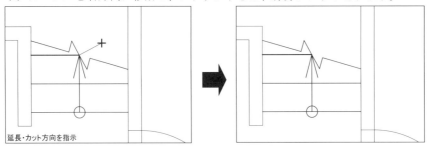

3. 【延長・カット】コマンドを解除します。

⑦ 廊下・バルコニーなどを作成する

廊下・バルコニー・玄関などを作図します。

7-1 共用廊下を描く

【引き違い戸】コマンドで壁の開口や腰高窓を作成し、【複写】コマンドで壁と腰高窓を複写します。
【平行複写】コマンドで手すりなどを描きます。

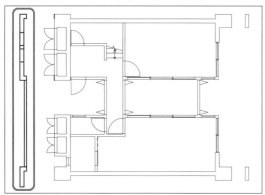

7-1-1 壁を開口する

1.【引き違い戸】コマンドを実行します。

[ホーム]メニューから[引違戸]をクリックします。

2. ダイアログボックスが表示されます。

[サイズ]タブで以下のように設定し、[OK]ボタンをクリックします。

☆[属性]タブは『⑤ 建具を作成する』の引き違い戸の設定と同じ設定です。

戸の種別	
作図基準	戸当り側
戸の寸法	
開口幅	1500
☑ オフセット	140
☐ 中心線倍率	−
☑ 包絡処理	
☐ 敷居線	

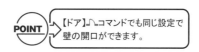

POINT 【ドア】コマンドでも同じ設定で壁の開口ができます。

3. 壁を開口します。

(1)【端点】スナップで、壁の左上端部をクリックします。

(2)【垂直点】スナップにして、向かい側の壁線をクリックします。

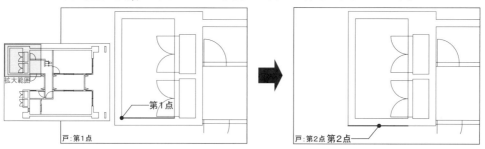

(3) カーソルを右方向に移動し、クリックすると、壁が開口されます。

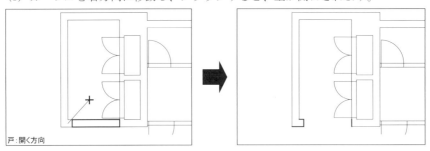

4. **3.**と同様に、壁を開口します。

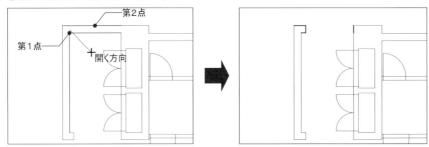

7-1-2 腰高窓を描く

1. 戸の寸法などを変更します。

右クリックして、ダイアログボックスを表示します。

〔**サイズ**〕**タブ**で以下のように設定を変更し、[**OK**]**ボタン**をクリックします。

戸の寸法	
開口幅	680
☑ オフセット	740
☑ 敷居線	

2. 腰高窓を描きます。

(1) 【**端点**】 スナップで、壁の右下端部をクリックします。

(2) 【**垂直点**】 スナップにして、向かい側の壁線をクリックします。

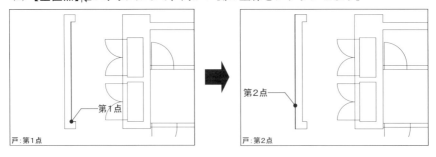

(3) カーソルを上方向に移動し、クリックすると、腰高窓が描かれます。

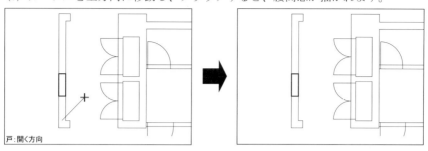

戸：開く方向

3. 2.と同様に、腰高窓を描きます。

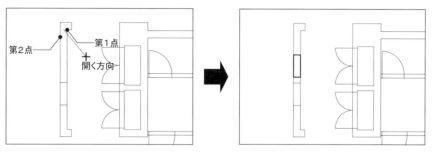

第2点　　第1点
開く方向

4.【引き違い戸】コマンドを解除します。

7-1-3 壁を複写する

1.【複写】コマンドを実行します。

[ホーム]メニューから[⬚ ストレッチ]の▼ボタンをクリックし、[➤ 複写]をクリックします。

2. ダイアログボックスが表示されます。

[マウス]タブで「ドラッギング」を✔し、[OK]ボタンをクリックします。

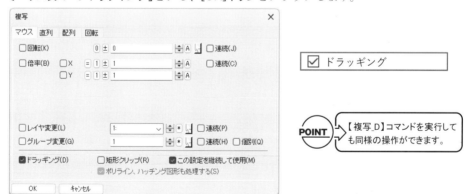

☑ ドラッギング

POINT　【複写_D】コマンドを実行しても同様の操作ができます。

3. 壁を複写します。

(1)【標準選択】で、壁を上から下へと対角にドラッグして選択します。

(2)【端点】スナップで、柱の左上端部をクリックします。

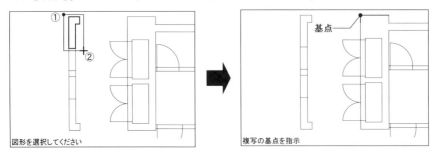

(3) カーソルに壁がついています。

同じスナップのまま、下の柱の左上端部をクリックすると、壁が配置されます。

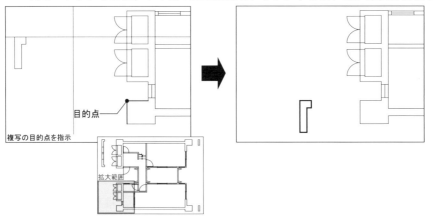

4.【複写】コマンドを解除します。

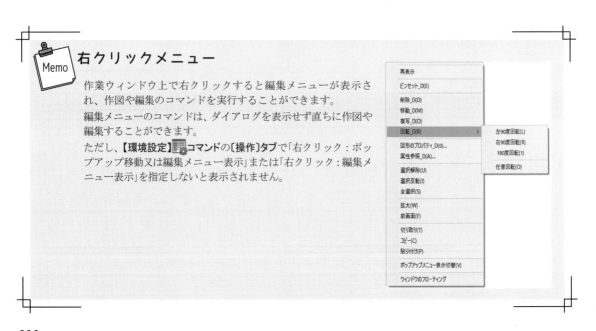

Memo 右クリックメニュー

作業ウィンドウ上で右クリックすると編集メニューが表示され、作図や編集のコマンドを実行することができます。

編集メニューのコマンドは、ダイアログを表示せず直ちに作図や編集することができます。

ただし、【環境設定】コマンドの〔操作〕タブで「右クリック：ポップアップ移動又は編集メニュー表示」または「右クリック：編集メニュー表示」を指定しないと表示されません。

7-1-4 手すりを描く

◢ 属性を設定する

1.【属性リストパレット】を表示します。

12 番「手すり」をクリックします。

12：「手すり」	レイヤ	60
	カラー	002：赤
	線種	001：実線

2. パレットを閉じます。

属性が設定され、〔属性〕パネルまたはステータスバーにレイヤ番号(60)とカラー(赤)と線種(実線)が表示されます。

◢ 手すりを描く

1.【平行複写】コマンドを実行します。

[ホーム]メニューから[→← 延長カット]の▼ボタンをクリックし、[|→| 平行複写]をクリックします。

2. ダイアログボックスが表示されます。

以下のように設定し、[OK]ボタンをクリックします。

編集方法	2 点指示
距離	0,120
コピー回数	1

3. 手すりを描きます。

(1)【端点】✖ スナップで、壁の端部をクリックします。

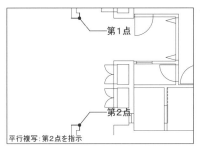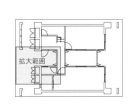

(2) カーソルを左方向に移動し、クリックすると、設定した距離だけ離れたところに線分が複写されます。

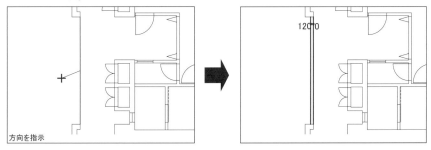

4.【平行複写】コマンドを解除します。

POINT [距離]を「0」にすると、指定した位置に線分が描かれます。

7-2 バルコニーを描く

【ボックス】コマンドで仕切板、【内外法線】コマンドで手すりを描き、【面取り】コマンドで編集します。

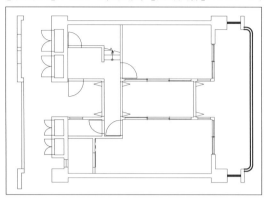

7-2-1 手すりの内側の線を描く

1.【折れ線】コマンドを実行します。

[ホーム]メニューから[― 単線]の▼ボタンをクリックし、[〳〵 折れ線]をクリックします。

2. 線分を描きます。

(1)【端点】✐スナップで、壁線の端部を始点としてクリックします。

(2) 2点目は、キーボードより「320 →」と入力し、続けて「7300 ↓」と入力します。

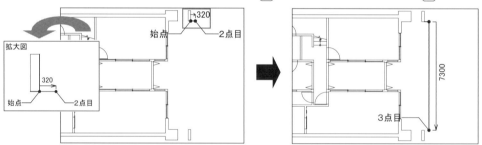

アドバイス✐

【拡張線分】〳〵EXコマンドを実行すると、拡張線分ダイアログが表示され、角度や長さを指定して線分を描くことができます。

☑ 長さ 320]/[☑ 角度 0]

(1)【端点】✐スナップで、壁線の端部を始点としてクリックすると、指定した長さの線分が表示されます。

(2) 2点目をクリックすると、線分が描けます。

(3) 同じスナップのまま、壁線の端部をクリックすると、内側の線が描けます。

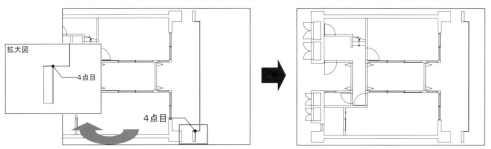

(4) 右クリックまたは Esc キーを押して、ラバーバンドを切ります。

3.【折れ線】コマンドを解除します。

POINT ▷ Esc キーを押した方は、コマンドが解除されていますので、この操作は必要ありません。

7-2-2 手すりの外側の線を描く

1.【内外法線】コマンドを実行します。

[編集]メニューから[🔲 内外法線]をクリックします。

2. ダイアログボックスが表示されます。

(1) [詳細設定]ボタンをクリックし、ダイアログボックスを追加表示します。

(2) 以下のように設定し、[OK]ボタンをクリックします。

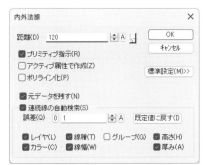

距離	120
☑ プリミティブ指示	
☑ 元データを残す	
☑ 連続線の自動検索	

・その他は初期設定のまま

3. 手すりの外側の線を描きます。

(1) 手すりの線分上にカーソルを合わせ、クリックします。

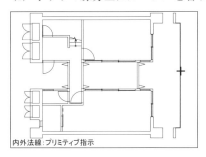

内外法線:プリミティブ指示

(2) カーソルを右方向に移動し、クリックすると、内側の線分より 120 mm 右方向に線分が複写されます。

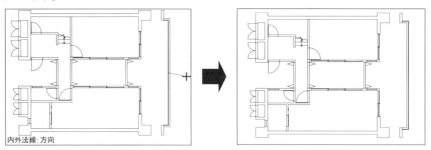

内外法線：方向

4.【内外法線】コマンドを解除します。

7-2-3 手すりの角を丸くする

1.【面取り】コマンドを実行します。

[編集]メニューから[¯¦ 線分連結]の▼ボタンをクリックし、[⌐ヽ 面取り]をクリックします。

2. ダイアログボックスが表示されます。

以下のように設定し、[OK]ボタンをクリックします。

面取り種別	⌐ヽ
指示方法	連続線指示
距離又は半径	220

・その他は初期設定のまま

【内外法線】コマンドについて

[プリミティブ指示]　　内外法線を描きたい線分や円弧を指定します。✔しない場合は、基準の点を画面上で指示して内外法線を描きます。

[□ プリミティブ指示]

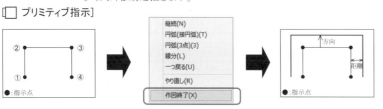

[元データを残す]　　[プリミティブ指示]の場合に、指定したプリミティブを残す場合に✔します。

[連続線の自動検索]　　[プリミティブ指示]の場合に、連続した線分を検索して内外法線を描く場合に✔します。連続した線分を検索する時の端点の誤差範囲および、比較する属性を指定することで、検索条件を絞り込むことができます。

3. 手すりの角を面取りします。

内側の線分上にカーソルを合わせ、クリックすると、面取りされます。

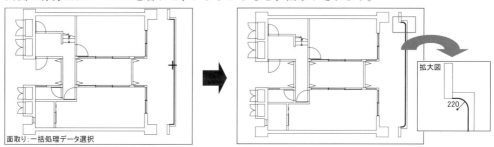

4. 外側の線分を面取りします。

(1) 右クリックして、ダイアログボックスを表示します。

以下のように設定を変更し、[OK]ボタンをクリックします。

距離	340

(2) **3.**と同様に、外側の線分を面取りします。

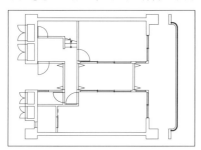

5.【面取り】コマンドを解除します。

【面取り】コマンドについて

面取り種別:

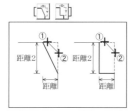 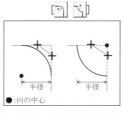 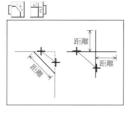

☆[距離2]を設定した場合、先に指定した線が[距離]、次に指定した線が[距離2]になります。

指示方法:

[2点指定] 　　　　2本の線分を指定して面取りします。

[連続線指示] 　　　線分を指定すると、連続した線分を検索して一括して面取りします。

[範囲指示] 　　　　指定した範囲内に含まれる角を面取りします。

[2点指定] 　　　　　　　　　[連続線指示] 　　　　　　　　　[範囲指示]

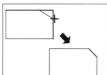 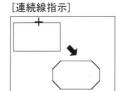 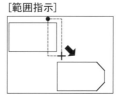

7-2-4 仕切板を描く

■ 属性を設定する

1. 【属性リストパレット】を表示します。
14番「その他」をクリックします。

14:「その他」	レイヤ	80
	カラー	014:濃黄色
	線種	001:実線

2. パレットを閉じます。
属性が設定され、〔属性〕パネルまたはステータスバーにレイヤ番号(80)とカラー(濃黄色)と線種(実線)が表示されます。

■ 仕切板を描く

1. 【ボックス】コマンドを実行します。
[ホーム]メニューから[⊨⊨⊨ 引違戸]の▼ボタンをクリックし、[□ ボックス]をクリックします。

2. ダイアログボックスが表示されます。
〔サイズ〕タブで以下のように設定し、[OK]ボタンをクリックします。

サイズ	X	700
	Y	60
原点		右中
□ ポリライン化		
図形種別	□	
☑ オフセットX		20

3. 仕切板を描きます。
(1) カーソルの交差部にボックスがついています。
【中点】↓スナップで柱の線をクリックすると、仕切板が描かれます。

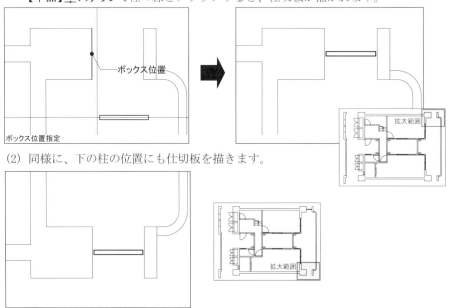

(2) 同様に、下の柱の位置にも仕切板を描きます。

4. 【ボックス】コマンドを解除します。

7-3 玄関・吹き抜けの線を描く

線種を変更して吹き抜けの線を描きます。また、玄関の上がり框を【平行複写】コマンドで描き、タイル目地を
【等分割】コマンドで描きます。

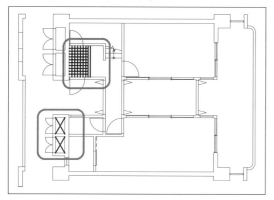

7-3-1 上がり框を描く

1.【平行複写】コマンドを実行します。

[ホーム]メニューから[|→| 平行複写]をクリックします。

2. ダイアログボックスが表示されます。

以下のように設定し、[OK]ボタンをクリックします。

編集方法	2 点指示
距離	690,120
コピー回数	1

3. 上がり框を描きます。

(1)【端点】スナップで、間仕切り壁の端部をクリックします。

(2)【垂直点】スナップにして、向かい側の間仕切り壁の線をクリックします。

(3) カーソルを左方向に移動し、クリックすると、設定した距離だけ離れたところに線分が複写
されます。

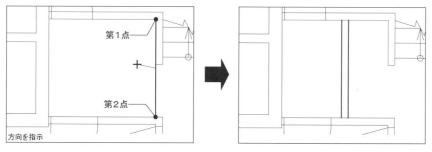

4.【平行複写】コマンドを解除します。

 吹き抜けの線を描く

◤ 線種を変更する

1. 線種を変更します。

(1) [ホーム]メニューの〔属性〕パネルから線種が表示されている場所をクリックします。

(2) 線種リストから「004：一点鎖線」をクリックします。

☆▼をクリックすると、リストが表示されます。リストからクリックして線種を指定します。

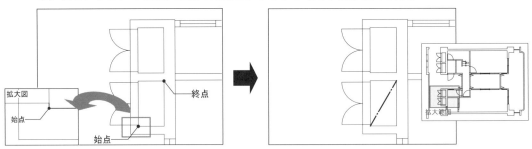

ステータスバーの線種が一点鎖線になります。

◤ 吹き抜けの線を描く

1. 【単線】コマンドを実行します。

[ホーム]メニューから[／＼ 折れ線]の▼ボタンをクリックし、[― 単線]をクリックします。

2. 線分を描きます。

(1) 【端点】⊿ スナップで、壁線の端部をクリックします。

(2) 同じスナップのまま、壁線の端部をクリックすると、線が描けます。

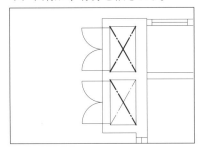

(3) 同様に、線分を描きます。

3. 【単線】コマンドを解除します。

7-3-3 タイル目地を描く

◢ 属性を設定する

1.【属性リストパレット】を表示します。

13番「玄関タイル」をクリックします。

13:「玄関タイル」	レイヤ	100
	カラー	176:薄紫色
	線種	001:実線

2. パレットを閉じます。

属性が設定され、〔属性〕パネルまたはステータスバーにレイヤ番号(70)とカラー(薄紫色)と線種(実線)が表示されます。

◢ タイル目地を描く

1.【等分割】コマンドを実行します。

[ホーム]メニューから[|→| 平行複写]の▼ボタンをクリックし、[|||₁ 等分割]をクリックします。

2. ダイアログボックスが表示されます。

(1) [詳細設定]ボタンをクリックし、ダイアログボックスを追加表示します。

(2) 以下のように設定し、[OK]ボタンをクリックします。

編集方法	2点間
分割数	6
補助線	
固定長線分	1630
☑ 偏心	

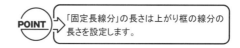

POINT 「固定長線分」の長さは上がり框の線分の長さを設定します。

3. タイル目地の縦線を描きます。

(1)【端点】✦スナップで、上がり框の左上端部をクリックします。

(2) 同じスナップのまま、壁線の左下端部をクリックします。

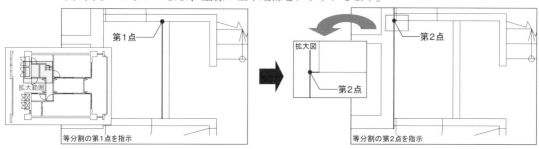

(3) カーソルを下方向に移動し、クリックすると、玄関を6等分する縦線が描かれます。

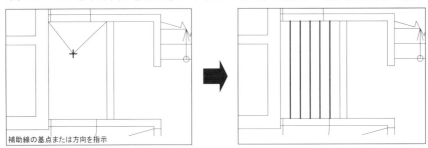

補助線の基点または方向を指示

4. 編集方法などを変更します。

右クリックして、ダイアログボックスを表示します。

以下のように設定を変更し、[OK]ボタンをクリックします。

編集方法	線分・円弧
分割数	11
補助線	
固定長線分	1020

5. タイル目地の横線を描きます。

(1) 上がり框の線をクリックします。

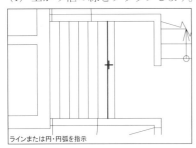

ラインまたは円・円弧を指示

アドバイス！

【矩形割付】コマンドで、床タイル、外装材など矩形パターンの割り付けを残材の切り回しや使用枚数の確認を行いながら作図し、集計することができます。

[割付] 幅170/高さ148 基点:右中央

割付実行:

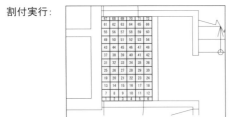

集計表配置:

割付範囲	面積	1.66	m2
	周長	5,300	mm
基本形状	幅	170	mm
	高さ	148	mm
割付結果	標準品	60	枚
	切り欠き品	12	枚
	残材使い回し品	0	枚
	総枚数	72	枚
	総目地長さ（約）	24.67	m
除外条件	幅方向	0	mm
	高さ方向	0	mm
備考	残材使い回し	しない	

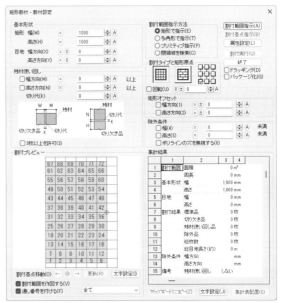

(2) カーソルを左方向に移動し、クリックすると、玄関を 11 等分する横線が描かれます。

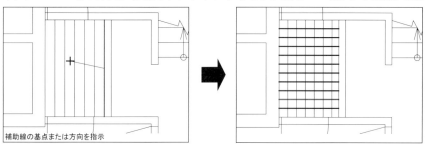

補助線の基点または方向を指示

6.【等分割】コマンドを解除します。

【等分割】コマンドについて

編集方法：

［距離］	指定したプリミティブ（線分・円など）の間の距離を等分割します。
［角度］	2つの線分の間または円・円弧の角度を等分割します。
［2点間］	任意2点を指定してその間の距離を等分割します。
［線分・円弧］	1つの線分(円・円弧)を指示してその線分(円・円弧)上の距離を等分割します。
［ポリライン］	1つのポリラインを指示してそのポリライン上の距離を等分割します。
［分割数］	分割数で設定します。
［分割長さ］	分割長さで設定します。
［分割の基点指示］	［線分・円弧］［ポリライン］を指定した場合に、指示した点を基準として等分割します。
	✔しない場合は、始点を基準として等分割します。
［分割長さ以下で等分割］	指定した長さ以下で等分割するように分割長さを自動計算して等分割します。

［距離］　　　　　　［角度］　　　　　　　［2点間］　　　　　　［線分・円弧］

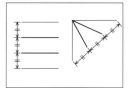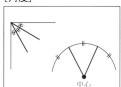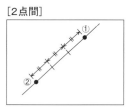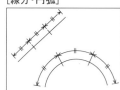

［ポリライン］　　　［分割数］［分割長さ］例：3　［☐ 基点指示］　　　［☑ 基点指示］

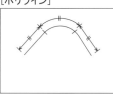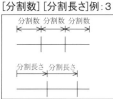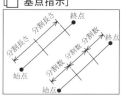

［補助線］	［2点間］［線分・円弧］［ポリライン］を指定した場合に、分割位置に補助線を作図します。
［点を作図］	分割位置に点を作図します。
［指示点からの線分］	分割位置に補助線の基点位置から線分を作図します。
［固定長線分］	分割位置に垂直な線分を作図します。
［偏心］	分割点を基準にしてどちらか一方だけに分割線を作図することができます。

［指示点からの線分］　　［固定長線分］　　　［固定長線分/ ☑ 偏心］

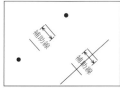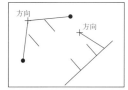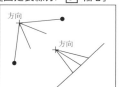

⑧ 家具を作成する

キッチンなどの部品データを配置または描きます。

8-1 部品ファイルを開く

キッチンなどの部品データが作図されたファイルを開きます。

☆ファイルを開く方法は、「Part1 基本操作　**3-2-2** データを呼び出す」(P38)を参照してください。

1.【開く】コマンドを実行します。

[ファイル]メニューから[📂 開く]をクリックします。

2. ダイアログボックスが表示されます。

(1)「こんなに簡単! DRA-CAD22 2次元編 練習用データ」フォルダを指定します。

(2)「**部品.mpz**」ファイルを指定し、[開く]ボタンをクリックします。

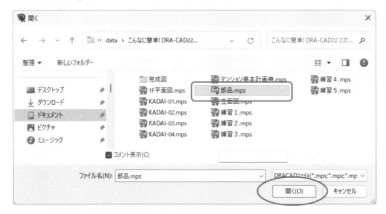

> **POINT** 「こんなに簡単! DRA-CAD22 2次元編 練習用データ」フォルダは、ホームページからダウンロードした データフォルダです(「本書の使い方 練習用データのダウンロード」を参照)。

「部品.mpz」ファイルが表示され、【開く】コマンドは解除されます。

3.【全図形表示】コマンドを実行します。

[表示]メニューから[🖥 全図形表示]をクリックします。

部品が画面一杯に表示され、【全図形表示】コマンドは解除されます。

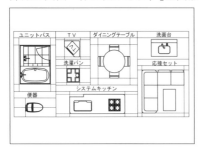

8-2 部品を配置する

【複写】コマンドで部品を複写し、【属性変更】コマンドで部品の色を変更します。

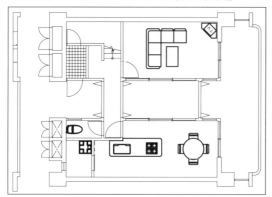

8-2-1 部品を配置する

「部品.mpz」ファイルのデータは図形ごとにグループ番号を設定して作られていますので、ここでは、【グループ選択】で部品を指定します。

◤ 部品を配置する

1.【複写】コマンドを実行します。

[ホーム]メニューから[🕎 複写]をクリックします。

2. ダイアログボックスが表示されます。

〔マウス〕タブで以下のように設定し、[OK]ボタンをクリックします。

☑ レイヤ変更	50
☑ グループ変更	500
☑ 連続	
☑ ドラッギング	

3. システムキッチンを複写します。

(1)【グループ選択】🐜で、システムキッチンの線をクリックして選択します。

(2)【端点】↙スナップで、システムキッチンの端部をクリックします。

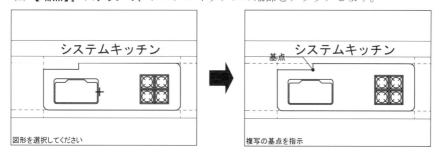

(3)「KADAI-01.mps」ファイルのタブをクリックして表示します。

(4) カーソルの交差部にシステムキッチンがついています。

同じスナップのまま、間仕切り壁の左上端部をクリックすると、システムキッチンが配置されます。

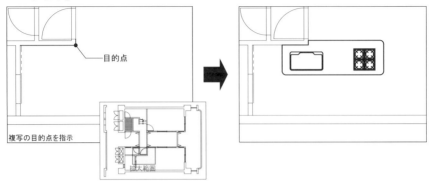

4. 便器を配置します。

(1) 「**部品**.mpz」ファイルのタブをクリックして表示します。

(2) 2回右クリックし、便器を選択します。

(3) 【交点】スナップで、便器の補助線の交差部をクリックします。

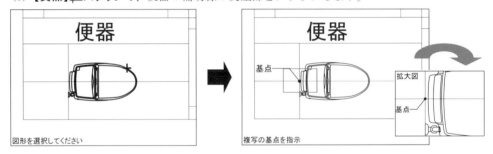

(4) 「KADAI-01.mps」ファイルのタブをクリックして表示します。

(5) カーソルの交差部に便器がついています。

【二点間中央】スナップで、間仕切り壁の端部を2カ所クリックします。

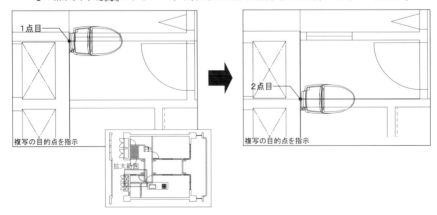

トイレの中央に便器が配置されます。

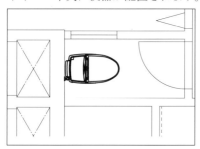

5. 同様に、その他の部品も配置します。

その他の部品も基点・目的点(スナップモードなど)に注意して、配置します。

☆ダイニングテーブル・応接セットは任意な場所に配置します。

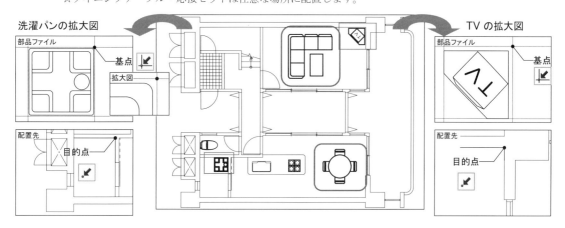

洗濯パンの拡大図

TV の拡大図

6. 【複写】コマンドを解除します。

 部品ファイルを閉じる

1. 部品ファイルを閉じます。

(1)「**部品.mpz**」ファイルのタブをクリックして表示します。

(2) 作業ウィンドウの ✕ **ボタン**をクリックすると、ウィンドウが閉じます。

POINT ▶ 【閉じる】✕ コマンドでもウィンドウを閉じることができます。

Memo ## グループについて

【複写】コマンドで[グループ変更]を ✔ して、✱ をクリックすると、設定した番号以降で、現在の画面で使用されていない最も小さいグループ番号が自動的につけられます(コピー元の図形とグループ番号が変わります)。

「連続」に ✔ すると、コピーするごとに図形に画面で使用されていないグループ番号がつけられます。

また、[グループ変更]で 500 番/連続に設定すると、500 番以降の使用されていないグループ番号が複写するごとに連続した番号で設定されます。

アドバイス！

タブを右クリックし、メニューから「ウィンドウのフローティング」を実行すると、作業ウィンドウが切り離されます。切り離された作業ウィンドウのタイトルバーをドラッグすると、自由な位置に配置することができます(タブについては「Part1 基本操作 **1-5-3 ウィンドウタブ」(P12)** を参照)。

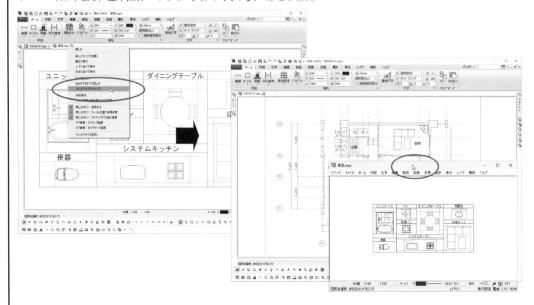

[フローティング・ウィンドウを利用した複写の操作手順]
(1) フローティング・ウィンドウのプルダウンメニューの[編集]→[複写]をクリックし、【複写】コマンドを実行します。
(2) ダイアログボックスを設定し、システムキッチンを選択します。
(3) メインウィンドウタイトルバーをクリックし、アクティブにします。
(4) カーソルの交差部にシステムキッチンがついています。
　　間仕切り壁の左上端部をクリックすると、システムキッチンが配置されます。

フローティング・ウィンドウのタイトルバーを右クリックし、メニューから「**ウィンドウのドッキング**」、または「**すべてのウィンドウのドッキング**」を実行すると、元の位置に結合されます。

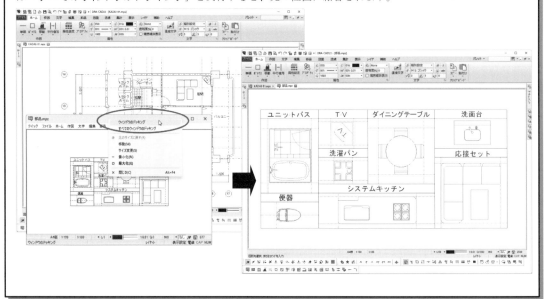

8-2-2 部品の色を変更する

配置した部品は図面で使用していない同じカラーで作られていますので、ここでは、【カラー選択】で部品を指定します。

1. 【属性変更】コマンドを実行します。

[ホーム]メニューから[属性リスト]の▼ボタンをクリックし、[属性変更]をクリックします。

2. ダイアログボックスが表示されます。

以下のように設定し、[OK]ボタンをクリックします。

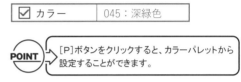

☑ カラー	045：深緑色

POINT [P]ボタンをクリックすると、カラーパレットから設定することができます。

3. 部品の色を変更します。

【カラー選択】で、部品の線をクリックして選択し、同じカラーで描かれたすべての部品の色を[045：深緑色]に変更します。

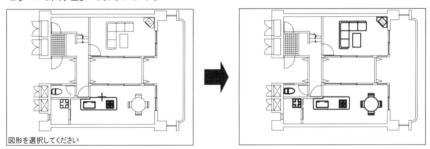

4. 【標準選択】に戻します。

5. 【属性変更】コマンドを解除します。

8-3 家具を描く

【ボックス】コマンドで家具を描きます。

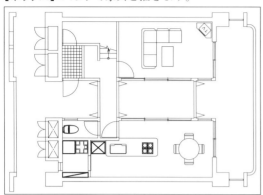

8-3-1 属性を設定する

配置されている部品を参照して、家具の属性を設定します。

1.【属性参照】コマンドを実行します。

[ホーム]メニューから[⬚ 属性変更]の▼ボタンをクリックし、[≣ 属性参照]をクリックします。

2. 参照する線分を指定します。

部品にカーソルを合わせ、クリックします。

参照するプリミティブ

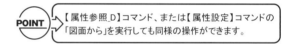
POINT → 【属性参照_D】コマンド、または【属性設定】コマンドの「図面から」を実行しても同様の操作ができます。

3. ダイアログボックスに部品の属性が設定されます。

属性を確認し、[OK]ボタンをクリックします。

レイヤ	50
カラー	045：深緑色
線種	001：実線

属性が設定され、【属性参照】コマンドは解除されます。
〔属性〕パネルまたはステータスバーにレイヤ番号(50)とカラー(深緑色)と線種(実線)が表示されます。

これ以降は属性参照の設定方法を省略します。

8-3-2 家具を描く

1. 【ボックス】コマンドを実行します。

[ホーム]メニューから[□ ボックス]をクリックします。

2. ダイアログボックスが表示されます。

[サイズ]タブで以下のように設定し、[OK]ボタンをクリックします。

サイズ	X	700
	Y	600
原点		右上
☑ グループ変更		510
☑ 連続		
☑ ポリライン化		
図形種別	☒	
☑ オフセット X		-50

3. 部品を配置します。

カーソルの交差部にボックスがついています。

【端点】 ☒ スナップで、システムキッチンの端部をクリックすると、部品が配置されます。

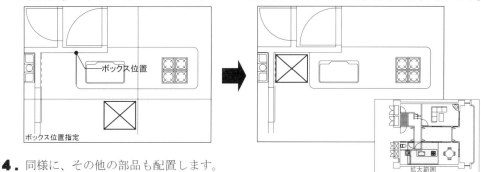

4. 同様に、その他の部品も配置します。

右クリックして、ダイアログボックスを表示します。

[サイズ]タブで以下のように設定を変更し、**3.**と同様に配置します。

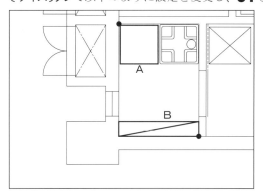

	サイズX	サイズY	原点	タイプ	オフセットX	オフセットY
A	640 mm	640 mm	左上	□	10 mm	−10 mm
B	1330 mm	240 mm	右下	☒	□	□

5. 【ボックス】コマンドを解除します。

⑨ 部屋名を入力する

9-1 部屋名を描く

【文字記入】コマンドで、キーボードから漢字変換して、部屋名を入力します。

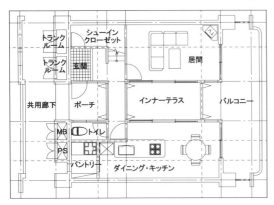

9-1-1 すべてのレイヤを表示する

1.【全レイヤ表示】コマンドを実行します。

[レイヤ]メニューから[全レイヤ表示]をクリックします。

すべてのレイヤが表示され、【全レイヤ表示】コマンドは解除されます。

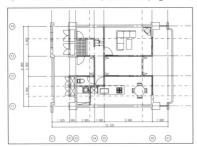

9-1-2 部屋名を描く

◤ 属性を設定する

1.【属性リストパレット】を表示します。

4番「図面文字・部屋名」をクリックします。

4：「図面文字・部屋名」	レイヤ	5
	カラー	016：黒
	線種	001：実線

2. パレットを閉じます。

属性が設定され、〔属性〕パネルまたはステータスバーにレイヤ番号（5）とカラー（黒）と線種（実線）が表示されます。

■ グループ番号を変更する

グループ番号が【属性参照】コマンドで参照した部品と同じ番号になっていますので、グループ番号を変更します。

(1) [ホーム]メニューの[属性]パネルからグループ番号が表示されている場所をダブルクリックします。

(2) キーボードより「1」と入力します。

作業ウィンドウをクリックすると、ステータスバーのグループ番号(1)が表示されます。

■ 部屋名を描く

1. 【文字記入】コマンドを実行します。

[文字]メニューから[A✎ 文字記入]をクリックします。

2. ダイアログボックスが表示されます。

(1) 以下のように設定し、「**文字列記入ボックス**」をクリックします。

文字列記入ボックス

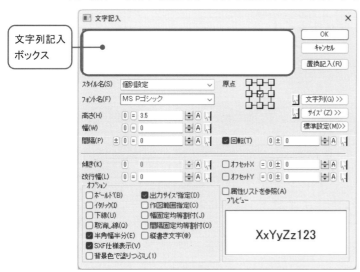

スタイル名	個別設定
フォント名	ＭＳＰゴシック
高さ	3.5
幅	0
間隔	0
原点	中央中
オプション	
☑ 出力サイズ指定	

・その他は初期設定のまま

POINT 初期設定で[出力サイズ指定]に✔がついています。
ついていない場合は、✔してから、高さ・幅などを設定してください。

Memo

・「**文字列記入ボックス**」内で右クリックすると、編集メニューが表示されます。

・[テンプレート]では、過去に入力した文字列が最大 15 個まで表示され、それを超えた場合は古いものから削除され、新しい文字列が表示されます。

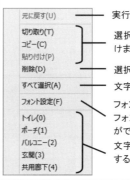

実行した操作を、1操作前の状態に戻します。

選択した文字を切り取り、コピー、貼り付けます。

選択した文字を削除します。

文字をすべて選択します。

フォント設定ダイアログが表示され、文字のフォントサイズやフォント名を変更することができます。

文字をテンプレートリストから選択し、設定することができます。

(2) 「いま」と入力し、スペースキーを押して、漢字(居間)に変換します。⏎キーを押して、確定します。

居間

(3) ダイアログボックスの設定がすべて終わりましたら、[OK]ボタンをクリックします。

3. 文字を配置します。

カーソルの交差部に文字がついています。

【任意点】 ♥スナップで、居間の任意な場所をクリックすると、部屋名が描かれます。

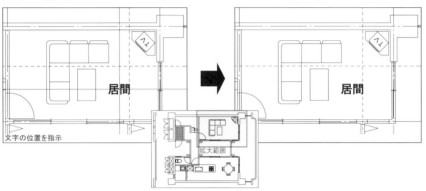

文字の位置を指示　　拡大範囲

Memo

・文字記入のドラッグ中に Ctrl キーを押しながらテンキーの数字を押すと、原点位置を変更することができます。

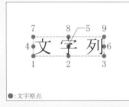 

・ドラッグ中に Ctrl + Shift キーを押しながら線分を指定すると、線分と同じ角度で文字を配置することができます。

[クリック]　　　　　[右クリック]

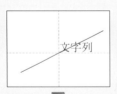 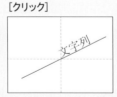 

・**【環境設定】** コマンドの〔表示〕タブまたは**【表示設定】** コマンドで、「DirectX」を設定した場合、文字は内部的に線分化(拡張ポリライン)に変換して描画されるため、滑らかな表示にはなりません。
「文字の原点を表示」を✔すると、文字原点を○で表示します。
また、文字原点の色や「文字原点マーカー」で文字原点の表示サイズを設定することができます。

[文字原点:左下/3ドット]　[文字原点:左下/5ドット]

文字列　　文字列

4. その他の部屋名を配置します。

右クリックして、ダイアログボックスを表示します。

以下のように部屋名を変更し、**3.**と同様に配置します。

5.【文字記入】コマンドを解除します。

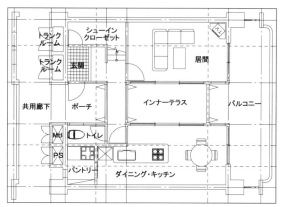

アドバイス！

記入する文字を文字テンプレート、または【テキストパレット】 から指定することができます。

[文字テンプレート操作手順]

(1)【文字記入】コマンドの［文字列］ボタンをクリックし、［テンプレートから］を選択します。

(2) フォルダ・ファイル名を選択すると、「**文字列**」欄に文字列が表示されます。

(3) 記入したい文字を選択し、[OK]ボタンをクリックすると、「**文字列記入ボックス**」に表示されます。

[テキストパレット操作手順]

(1) フォルダ・ファイル名を選択すると、「**文字列**」欄に文字列が表示されます。

(2) 記入したい文字を選択し、[転送]ボタンをクリック、または文字をダブルクリックすると、「**文字列記入ボックス**」に表示されます。

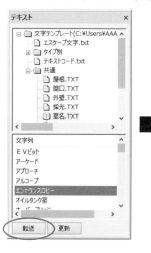

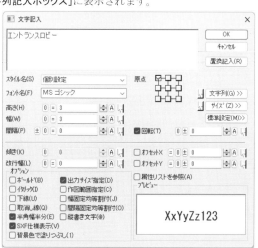

9-1-3 ファイルを上書き保存する

1. 【上書き保存】コマンドを実行します。

[ファイル]メニューから[💾 上書き保存]をクリックします。

図面が上書き保存されて、作図画面に戻ります。

これで下階平面図の完成です。

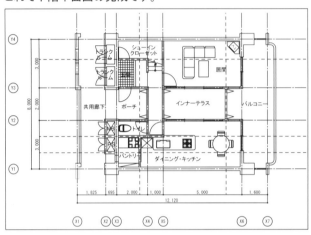

アドバイス

【展開図(2D)】🔲コマンドで作成した2次元図面から通り芯・建具・壁などのレイヤ名や線種情報と組み合わせて解析し、展開図のベースラインを作成し、展開図を作成することができます。

＜作成方法＞
① 展開図で作図したい位置の通り芯を指定します。
② 作図範囲を指定します。
③ 作図位置の1点目を指定します。
④ 2点目は天井高をキーボードから入力して、配置します。

☆ドアや窓と判断できるレイヤ名の図形がある場合は、建具の外径線も作成します。
レイヤ名の判断は、マイドキュメントフォルダ内の archi pivot¥DRA-CAD22¥ANALYSIS にある「door.txt」「window.txt」に記載された名前と同じレイヤ名かどうかで判断しています。

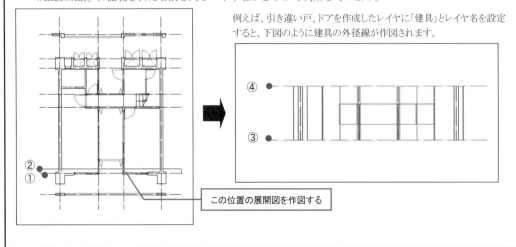

例えば、引き違い戸、ドアを作成したレイヤに「建具」とレイヤ名を設定すると、下図のように建具の外径線が作図されます。

この位置の展開図を作図する

Part 3

図面の編集

⓪ 図面を編集する前に

Part3ではPart2で作成した下階平面図に上階平面図を描き足します。下階平面図を編集して、上階平面図を作成する手順を説明します。

☆作図の前にPart2の「▨ 作図上の注意」を必ずお読みください。

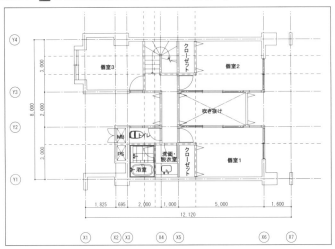

完成図

⓪-1 平面図を複写する

【複写】コマンドで、下階平面図を用紙の上方向に複写します。

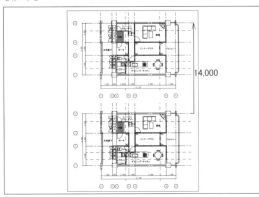

14,000

⓪-1-1 図面ファイルを開く

Part2で作成した下階平面図のファイルを開きます。

1.【開く】コマンドを実行します。

[ファイル]メニューから[開く]をクリックします。

2. ダイアログボックスが表示されます。

以下のように設定し、[開く]ボタンをクリックします。

ファイルの場所	こんなに簡単! DRA-CAD22 2次元編 練習用データ
ファイル名	KADAI-01.mps
ファイルの種類	DRACAD ファイル

「KADAI-01」ファイルが表示され、【開く】コマンドは解除されます。

> **POINT**
> 【環境設定】コマンドの〔図面〕タブにある「起動時に前回終了時の図面を開く」を ✔ すると、DRA-CAD 起動時に、前回終了時に開いていた保存ファイルが自動的に開きます。

> **POINT**
> Part2の操作をしていない方は、完成図フォルダにある「完成図1」ファイルを開いてください。

3. 【図面範囲表示】コマンドを実行します。

[表示]メニューから[🖥 図面範囲表示]をクリックします。

用紙枠が画面一杯に表示され、コマンドは解除されます。

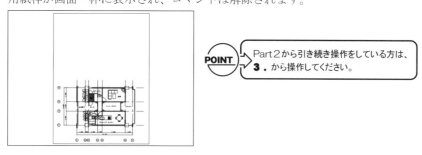

POINT Part2から引き続き操作をしている方は、**3.** から操作してください。

0-1-2 平面図を複写する

1. 【複写】コマンドを実行します。

[ホーム]メニューから[🔻 複写]をクリックします。

2. ダイアログボックスが表示されます。

〔直列〕タブで以下のように設定し、[OK]ボタンをクリックします。

☑ 間隔	☐ X	−
	☑ Y	14000
個数		1
☑ グループ変更		1000
☑ 個別		

POINT [個別]を ✔ すると、下階平面図では、部品がグループごとに配置されていますので、複写した上階平面図も同様に部品ごとに新しいグループ番号が設定されます。

3. 平面図を複写します。

【標準選択】▯で、平面図を上から下へと対角にドラッグして選択すると、14000㎜上方向に複写されます。

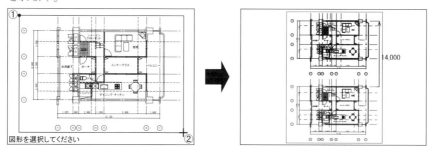

4. 【複写】コマンドを解除します。

☆コマンドの解除方法は「Part1 基本操作 **2-1-2 解除する**」(P25)を参照してください。

これ以降、複写した上の平面図を編集して上階平面図を作成します。

0-2 部品を登録する

上階平面図で配置するユニットバスと洗面台を【ブロック登録】コマンドで個々に登録します。

0-2-1 部品ファイルを開く

ユニットバスと洗面台の部品データが作図されたファイルを開きます。

1.【開く】コマンドを実行します。

[ファイル]メニューから[開く]をクリックします。

2. ダイアログボックスが表示されます。

以下のように設定し、[開く]ボタンをクリックします。

ファイルの場所	こんなに簡単! DRA-CAD22 2次元編 練習用データ
ファイル名	部品.mpz
ファイルの種類	DRACAD ファイル

「KADAI-01」ファイルの上に、「部品」ファイルが表示され、【開く】コマンドは解除されます。

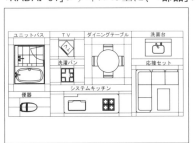

アドバイス

> ブロックは、複数の図形を1つの固まりとしてグループ化し、部品として名前をつけて登録できます。登録したブロックと、図面に配置したブロックは関連性を持っていますので、登録したブロックを変更すると、図面に配置した同じブロックも変更されます。
>
> また、ブロックは複数の図形が1つの要素となりますので、ファイルに保存されるデータ量が増えるのを防ぎ、ブロック(部品)を名前で参照し、同じ図形を複数個配置する時に有効です。
>
> 【ブロック登録】コマンドでブロックとして登録すると、【ブロック挿入】コマンドで図面に配置できます。
>
> [ブロックの登録]　　　　　　　[ブロックの配置]
>
>
>
> また、図面に配置したブロックは【ブロック分解】または【分解】コマンドで、線分データに戻したり、【ブロック編集】コマンドで、新しい図面として開いて編集することができます(「**5-1** 部品を配置する　アドバイス」(P275)を参照)。
>
> さらに、登録してあるブロックを【ブロックリスト】コマンドで、一覧表示して配置、削除、ファイルへの読み書き、他図面からのブロックのインポートが行えます。

0-2-2 部品を登録する

1.【ブロック登録】コマンドを実行します。
[部品]メニューから[ ブロック登録]をクリックします。

2. ダイアログボックスが表示されます。
以下のように設定し、[OK]ボタンをクリックします。

ブロック名	ユニットバス
☑ 登録した図形を残す	
☑ 記入縮尺のサイズ	

☆漢字変換については、「Part1 基本操作 **9-2-2 文字の編集**」(P137)を参照してください。

3. ユニットバスを登録します。
(1)【グループ選択】 で、ユニットバスの線をクリックして選択します。
(2)【交点】 スナップで、補助線の交差部をクリックします。

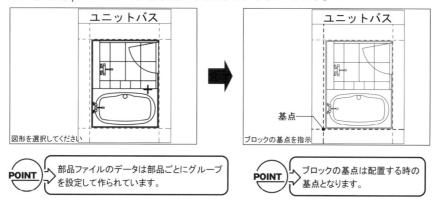

POINT → 部品ファイルのデータは部品ごとにグループを設定して作られています。

POINT → ブロックの基点は配置する時の基点となります。

ユニットバスが登録され、ダイアログボックスが表示されます。

4. 洗面台を登録します。
(1) 以下のように設定を変更し、[OK]ボタンをクリックします。

ブロック名	洗面台

(2) **3.** と同様に、洗面台を選択し、【端点】 スナップで洗面台の左上端部をクリックします。

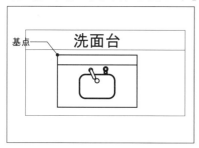

洗面台が登録され、ダイアログボックスが表示されます。

5.【ブロック登録】コマンドを解除します。

0-2-3 部品をインポートする

ブロックデータは、部品ファイルに登録されていますので、「KADAI-01」ファイルにインポートします。

1.「KADAI-01」ファイルを表示します。

「KADAI-01.mps」ファイルのタブをクリックします。

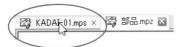

2.【ブロックリスト】コマンドを実行します。

[部品]メニューから[ブロック登録]の▼ボタンをクリックし、[ブロックリスト]をクリックします。

3. ダイアログボックスが表示されます。

(1) [インポート]ボタンをクリックします。

(2) ブロックのインポートダイアログボックスが表示されます。

[ファイルを開く]ボタンをクリックします。

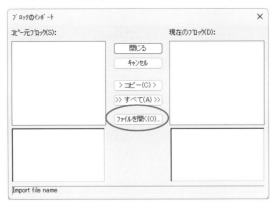

(3) 開くダイアログボックスが表示されます。

以下のように設定し、[開く]ボタンをクリックします。

ファイルの場所	こんなに簡単! DRA-CAD22 2次元編 練習用データ
ファイル名	部品.mpz
ファイルの種類	DraWin ファイル

(4) ブロックのインポートダイアログボックスが表示されます。

コピー元ブロック欄に登録したブロックが表示されます。

[**すべて**]**ボタン**をクリックすると、すべてのブロックがインポートされ、現在のブロック欄に表示されます。

(5) [**閉じる**]**ボタン**をクリックします。

(6) ブロックリストダイアログボックスに戻ります。

登録したブロックを確認し、[**OK**]**ボタン**をクリックします。

【**ブロックリスト**】**コマンド**は解除されます。

0-2-4 部品ファイルを閉じる

(1) 「**部品.mpz**」ファイルのタブをクリックして表示します。

(2) 作業ウィンドウの ✕ **ボタン**をクリックすると、メッセージダイアログが表示されます。

[**いいえ**]**ボタン**をクリックすると、「**部品**」ファイルを保存しないで閉じます。

0-2-5 ファイルに保存する

1.【名前をつけて保存】コマンドを実行します。

[ファイル]メニューから[🖫 名前をつけて保存]をクリックします。

2. ダイアログボックスが表示されます。

以下のように設定し、[保存]ボタンをクリックします。

ファイルの場所	こんなに簡単! DRA-CAD22　2次元編　練習用データ
ファイル名	KADAI-02
ファイルの種類	セキュリティファイル DRA-CAD22(*.mps)

保存と同時に【名前をつけて保存】コマンドは解除され、作図画面に戻ります。

これ以降は作業の終わりごとに、【上書き保存】🖫コマンドをクリックし、ファイルを上書き保存してください。

アドバイス！

複数の図形を1つの固まりとして扱うコマンドは他に「パッケージ」と「シンボル」があります。

☆「シンボル」については、「Part4　図面の活用　**4-4** 図面を配置する　**アドバイス**」(P335)を参照してください。

「パッケージ」は、複数の図形をひと固まりとして編集(移動・コピー・削除など)したい時に有効な機能で、作図中の図面内で【パッケージ作成】🖓コマンドで、複数の図形を一時的に1つの固まり(パッケージ)にします。

[パッケージ作成]　　　例:図形の移動

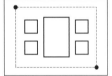
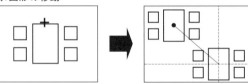

また、パッケージ化した図形は、【パッケージ分解】🖓または【分解】コマンドで、線分データに戻すことができ、図面に配置したパッケージは【部品リスト】🖩コマンドで、確認することができます。

さらに、【パッケージ編集】🖓コマンドで図面に配置したパッケージ化した図形をパッケージのまま一部の色を変更する、回転する、削除するといった編集を行うことができます。

パッケージ化した図形を指定　　　パッケージ編集ウィンドウが表示される　　　[閉じる]ボタンをクリックすると、
　　　　　　　　　　　　　　　　　図形を編集(例:矩形の属性を変更)し、　　　元の画面に戻り図形が更新される
　　　　　　　　　　　　　　　　　[パッケージを保存]ボタンをクリック

① 上階を描く準備をする

不要な壁や建具などを削除して、壁を編集し、上階を描く準備をします。

1-1 不要な壁・建具などを削除する

通り心・寸法線などのレイヤを非表示にして、上階を作成するのに不要な壁や建具などを【削除】コマンドで、削除します。

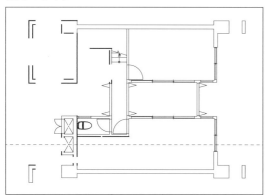

1-1-1 不要なレイヤを非表示にする

1. 【非表示レイヤキー入力】コマンドを実行します。

[レイヤ]メニューから[非表示レイヤキー入力]をクリックします。

2. ダイアログボックスが表示されます。

キーボードから "1,2,3,5 ↵" と入力します。

通り心・寸法線・文字などのレイヤが非表示になります。

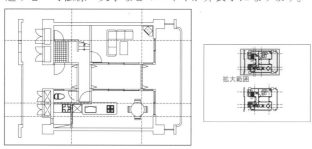

3. 【非表示レイヤキー入力】コマンドを解除します。

1-1-2 不要な線分を削除する

複写した平面図上で上階平面図を作成するのに不要な線分を削除します。

1. 【削除】コマンドを実行します。

[編集]メニューから[◇ 削除]をクリックします。

2. 不要な部品を削除します。

(1)【グループ選択】🏃で、システムキッチンの線をクリックして選択して削除します。

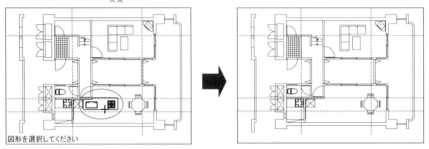

> **POINT** → 下階平面図の部品が間違って削除されていないか、【全図形表示】▇ (赤)コマンドを実行して、
> **図形全体**を表示し確認してください。

(2)(1)と同様に、トイレ以外の部品を削除します。

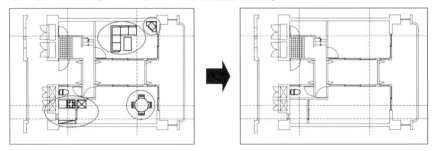

3. 不要補助線を削除します。

(1)【標準選択】⬚を指定し、補助線をクリックして選択して削除します。

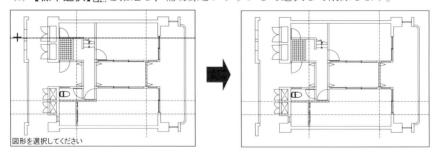

(2)(1)と同様に、補助線 b～d を3本削除し、補助線 a だけを1本残します。

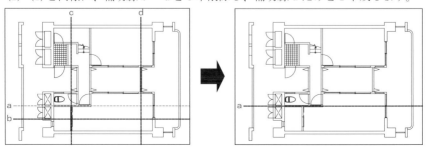

4. 不要な手すりなどを削除します。

(1)【標準選択】🔲で、腰高窓を上から下へと対角にドラッグして選択して削除します。

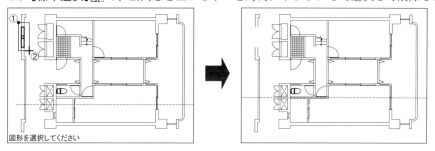

(2)(1)と同様に、手すりや仕切板を削除します。

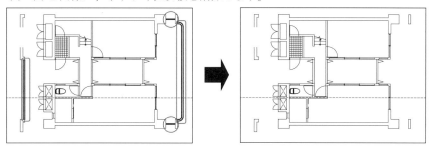

5. 同様に、不要な壁や建具などを削除します。

> POINT
>
> 【拡大】🔍コマンドを割り込ませ、作業部分を拡大表示します。
> また、拡大表示した状態で【パンニング】🖐コマンドを割り込ませて、画面を移動して削除します。

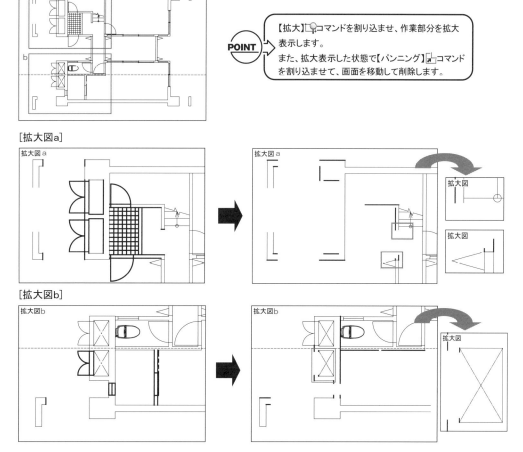

6.【削除】コマンドを解除します。

1-2 壁を編集する

壁を【線分1本化】、【線分連結】コマンドで編集します。

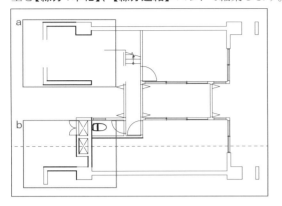

1-2-1 壁を編集する（1）

1.【線分1本化】コマンドを実行します。

[編集]メニューから[⊞ 包絡]の▼ボタンをクリックし、[--- 線分1本化]をクリックします。

2. 壁を1本化します。

（1）壁線をクリックします。

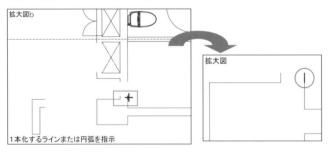

（2）カーソルをもう一方の壁線に合わせ、クリックすると、壁が1本化されます。

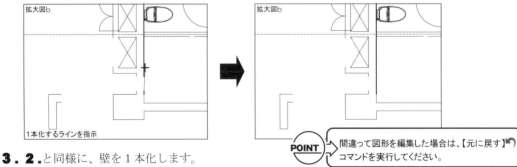

POINT 間違って図形を編集した場合は、【元に戻す】↶ コマンドを実行してください。

3.2. と同様に、壁を1本化します。

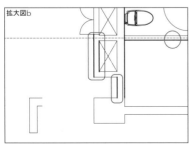

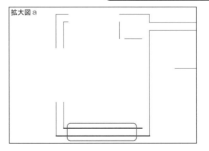

4.【線分1本化】コマンドを解除します。

1-2-2 壁を編集する（2）

1.【線分連結】コマンドを実行します。

[編集]メニューから[🔲 面取り]の▼ボタンをクリックし、[🔲 線分連結]をクリックします。

2. ダイアログボックスが表示されます。

以下のように設定し、[OK]ボタンをクリックします。

> ☐ 線分の分断

3. 柱線と壁線をクリックして柱と壁を連結します。

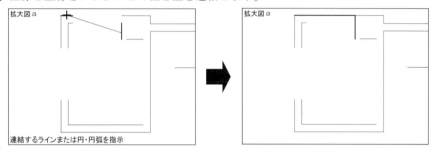

4. 3.と同様に、連結します。

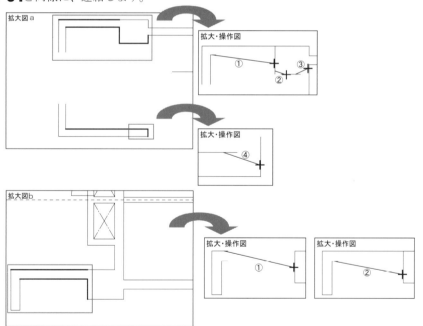

5.【線分連結】コマンドを解除します。

② 間仕切り壁を作成する

補助線を描き、間仕切り壁を描き足します。

2-1 補助線を描く

通り心を基準にして、【平行複写】コマンドで補助線を描きます。

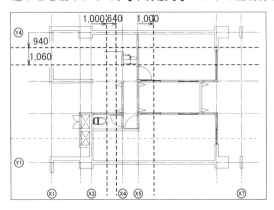

2-1-1 通り心などのレイヤを表示する

1.【表示レイヤキー入力】コマンドを実行します。

[レイヤ]メニューから[表示レイヤ指定]の▼ボタンをクリックし、[表示レイヤキー入力]を
クリックします。

2. ダイアログボックスが表示されます。

キーボードから"1-3 ↵"と入力します。

通り心や寸法線などのレイヤが表示されます。

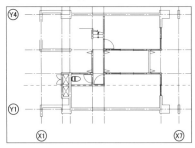

POINT → 「1-3」と入力すると、1番から3番まで
のレイヤを表示することができます。

3.【表示レイヤキー入力】コマンドを解除します。

2-1-2 属性を設定する

すでに作図されている補助線を参照して、補助線の属性を設定します。

1. 【属性参照】コマンドを実行します。

[ホーム]メニューから[🖥 属性参照]をクリックします。

2. 補助線を参照します。

補助線をクリックします。

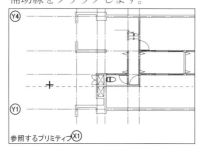

3. ダイアログボックスに補助線の属性が設定されます。

属性を確認し、[OK]ボタンをクリックします。

レイヤ	100
カラー	011：濃紫色
線種	001：実線

属性が設定され、【属性参照】コマンドは解除されます。

〔属性〕パネルまたはステータスバーにレイヤ番号(100)とカラー(濃紫色)と線種(点線)が表示されます。

これ以降は属性参照の設定方法を省略します。

2-1-3 補助線を描く

1. 【平行複写】コマンドを実行します。

[ホーム]メニューから[̄ ̄¦ 線分連結]の▼ボタンをクリックし、[|→| 平行複写]をクリックします。

2. ダイアログボックスが表示されます。

(1) [詳細設定]ボタンをクリックし、ダイアログボックスを追加表示します。

(2) 以下のように設定し、[OK]ボタンをクリックします。

編集方法	コピー
距離	940,1060
コピー回数	1
☑ アクティブ属性で作成	

3. 通り心を複写します。

Y4の通り心をクリックし、下方向に複写します。

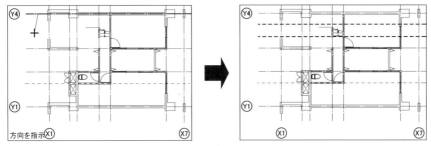

4. 同様に、その他の補助線を描きます。

右クリックして、ダイアログボックスを表示します。

設定を変更し、**3.** と同様に通り心を複写します。

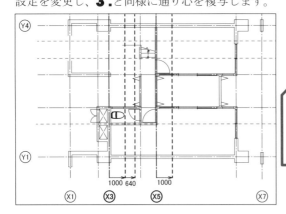

通り心	複写距離	本数	複写方向
X3	1000,640 mm	1本	右方向
X5	1000 mm	1本	右方向

5. 【平行複写】コマンドを解除します。

2-2 間仕切り壁を描く

【複写】コマンドで間仕切り壁とＦＩＸ窓を複写し、【ダブル線】コマンドで厚さ120㎜と80㎜の間仕切り壁を描きます。

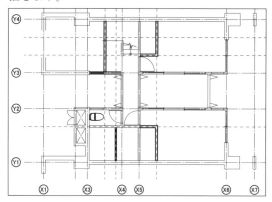

2-2-1 通り心・補助線のレイヤをロックする

複写時に誤って選択しないように、通り心・補助線のレイヤをロックします。

1.【ロックレイヤ指定】コマンドを実行します。

[レイヤ]メニューから[ロックレイヤ]をクリックします。

2. 通り心のレイヤをロックします。

通り心をクリックすると線色が灰色に変わり、通り心のレイヤにロックがかかります。

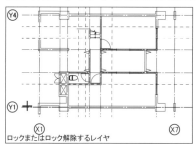

ロックまたはロック解除するレイヤ

> **POINT** ロックされたレイヤは【環境設定】コマンドの〔表示〕タブの「色：ロック」または【カラー設定】コマンドで設定した色で表示されます。

> **POINT** ロックされたレイヤは、スナップの対象となりますが、図形操作・線分操作の編集対象にはなりません。

3. 2. と同様に、補助線をロックします。

ロックまたはロック解除するレイヤ

> **POINT** 誤って違うレイヤにロックをかけてしまった時は、ロックがかかっているレイヤの線分をクリックするとロックが解除されます。

4.【ロックレイヤ指定】コマンドを解除します。

2-2-2 間仕切り壁とFIX窓を複写する

1. 【複写】コマンドを実行します。

[ホーム]メニューから [<img> 複写]をクリックします。

2. ダイアログボックスが表示されます。

[マウス]タブで以下のように設定し、[OK]ボタンをクリックします。

☐ レイヤ変更	–
☐ グループ変更	–
☑ ドラッギング	

3. 間仕切り壁とFIX窓を複写します。

(1) 【標準選択】<img>で、Y2の間仕切り壁とFIX窓を下から上へと対角にドラッグして選択します。

(2) 【端点】<img>スナップで、間仕切り壁の右下端部をクリックします。

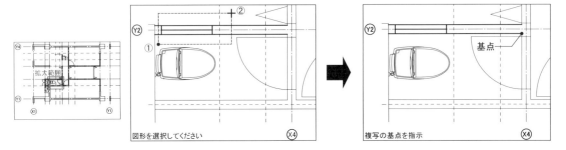

(3) X4の間仕切り壁の左上端部をクリックして間仕切り壁を配置します。

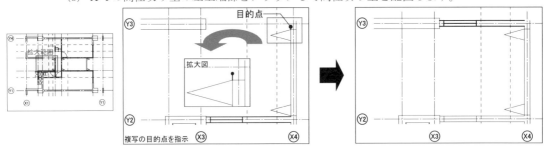

4. 【複写】コマンドを解除します。

2-2-3 間仕切り壁を描く

◢ 属性を設定する

1. 【属性参照】コマンドを実行します。

[ホーム]メニューから[<img> 属性参照]をクリックします。

2. 間仕切り壁を参照し、以下のように設定します。

レイヤ	25
カラー	010：濃赤
線種	001：実線

属性が設定され、【属性参照】コマンドは解除されます。

[属性]パネルまたはステータスバーのレイヤ番号(25)とカラー(濃赤)と線種(実線)を確認します。

◾ 間仕切り壁を描く（1）

1. 【ダブル線】コマンドを実行します。

[ホーム]メニューから[― 単線]の▼ボタンをクリックし、[== ダブル線]をクリックします。

2. ダイアログボックスが表示されます。

以下のように設定し、[OK]ボタンをクリックします。

作図方法	連続
厚さ	120

3. 間仕切り壁を描きます。

(1) 【交点】⊾スナップで、開始点～第3点の交差部をクリックします。

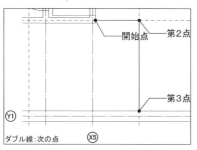 

(2) 右クリックし、編集メニューを表示します。

[作図終了]を指定すると、連続した間仕切り壁が描かれます。

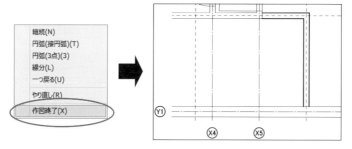

4. **3.**と同様に、a－b－c間に連続した壁を描きます。

 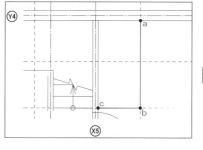 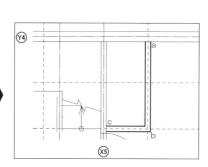

◢ 間仕切り壁を描く（2）

1. 作図方法を変更します。

右クリックして、ダイアログボックスを表示します。

以下のように設定を変更し、[OK]**ボタン**をクリックします。

作図方法	単発

2. 間仕切り壁を描きます。

【交点】⊾スナップで、壁と補助線の交差部をクリックして、間仕切り壁を描きます。

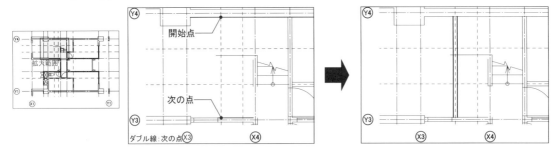

3. **2.** と同様に、 a－b 間に間仕切り壁を描きます。

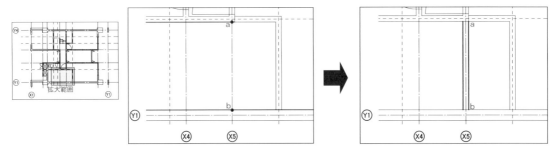

4. c－d 間に間仕切り壁を描きます。

(1) 右クリックして、ダイアログボックスを表示します。

以下のように設定を変更し、 [OK]**ボタン**をクリックします。

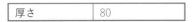

厚さ	80

(2) **2.** と同様に、 c－d 間に間仕切り壁を描きます。

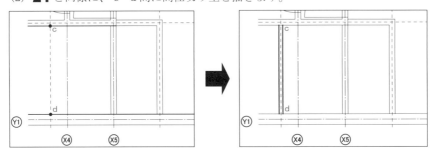

5. 【ダブル線】コマンドを解除します。

2-3 間仕切り壁を編集する

間仕切り壁のA〜Dの箇所を編集します。

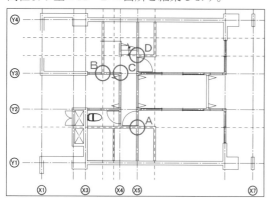

1. 【包絡】コマンドを実行します。

[編集]メニューから[--- 線分1本化]の▼ボタンをクリックし、[⊞ 包絡]をクリックします。

2. ダイアログボックスが表示されます。

以下のように設定し、[OK]ボタンをクリックします。

編集方法	高度

3. Aの箇所の間仕切り壁を編集します。

間仕切り壁の両端部が選択されるように範囲を指定して線分を自動包絡します。

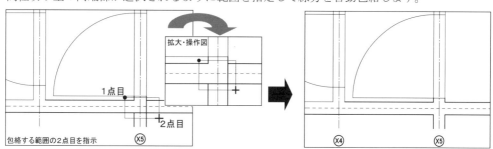

4. 3. と同様に、B〜Dの箇所の壁も編集します。

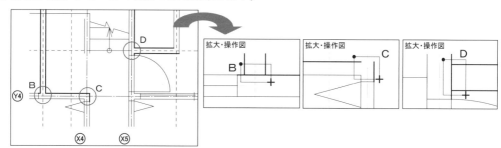

5. 【包絡】コマンドを解除します。

③ 建具を作成する

3-1 ドアを編集する

すでに描いてあるドアの開く方向を【ミラー】コマンドで、変更します。

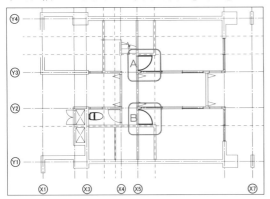

1. 【ミラー】コマンドを実行します。

[ホーム]メニューから[🔽 複写]の▼ボタンをクリックし、[◻ ミラー]をクリックします。

2. ダイアログボックスが表示されます。

以下のように設定し、[OK]ボタンをクリックします。

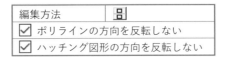

編集方法	🔲
☑ ポリラインの方向を反転しない	
☑ ハッチング図形の方向を反転しない	

3. ドアAを反転します。

(1) 【標準選択】⬜で、ドアを下から上へと対角にドラッグして選択します。

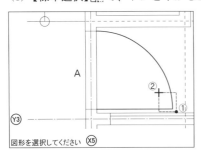

(2)【中点】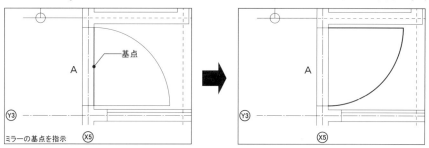スナップで、敷居線をクリックすると、ドアの吊り元が上向きに反転します。

4. ドアBを反転します。

(1) 右クリックして、ダイアログボックスを表示します。
　　以下のように設定を変更し、[OK]ボタンをクリックします。

編集方法	□□

(2)**3.**と同様に、ドアを選択し、【交点】スナップで、間仕切り壁と通り心の交差部を基点にして右側に反転します。

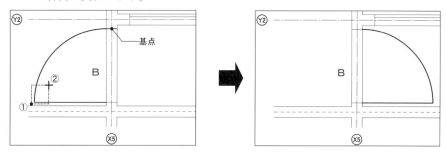

5.【ミラー】コマンドを解除します。

3-2 ドアを描く

【ドア】コマンドで片開きタイプのドアと両折り戸を描き、浴室の壁を開口します。

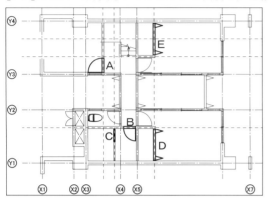

3-2-1 片開きドアを描く

1. 【ドア】コマンドを実行します。

[ホーム]メニューから[□ ボックス]の▼ボタンをクリックし、[⌐ ドア]をクリックします。

2. ダイアログボックスが表示されます。

〔サイズ〕タブ、〔属性〕タブで以下のように設定し、[OK]ボタンをクリックします。

〔サイズ〕タブ

ドア種別	⌐
作図基準	吊り元
ドア寸法	
開口幅1	800
□ 開口幅2	–
☑ オフセット	40
□ 中心線倍率	–
□ 扉の厚さ	–
☑ 包絡処理	
☑ 敷居線	
□ 閉じたドア	–

〔属性〕タブ

属性リスト 🔳ボタンから	
☑ ドア	8番「建具」
☑ 軌跡	8番「建具」
☑ 敷居	9番「敷居線」
☑ 起動時にサイズタブ表示	

POINT 〔属性〕タブは『Part2 図面の作成 ⑤ 建具を作成する』のドアの設定と同じ設定です。

3. 片開きドアAを描きます。

(1) 【端点】 🖈 スナップで、間仕切り壁の端部をクリックします。

(2) 【垂直点】 📐 スナップにして、向かい側の間仕切り壁の線をクリックします。

(3) カーソルを左上方向に移動し、クリックすると、片開きドアが描かれます。

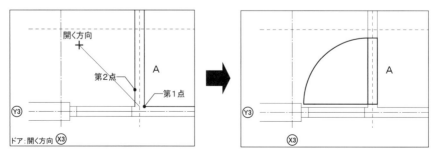

4. 片開きドアBを描きます。

　(1) 右クリックして、ダイアログボックスを表示します。
　　〔**サイズ**〕**タブ**で以下のように設定を変更し、[**OK**]**ボタン**をクリックします。

ドア寸法	
開口幅1	700

　(2) 同様に、片開きドアBを描きます。

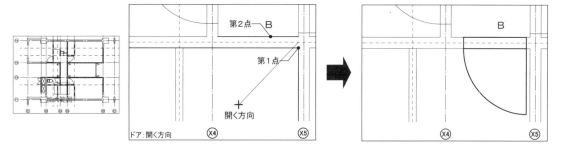

3-2-2　壁を開口し、敷居線を描く

1. ドア種別などを変更します。

　右クリックして、ダイアログボックスを表示します。
　〔**サイズ**〕**タブ**で以下のように設定を変更し、[**OK**]**ボタン**をクリックします。

ドア種別		
ドア寸法		
開口幅1	675	
☑ オフセット	65	

2. 壁を開口し、敷居線Cを描きます。

　(1)【**端点**】スナップで、間仕切り壁の端部をクリックします。

　(2)【**垂直点**】スナップにして、向かい側の間仕切り壁の線をクリックします。

　(3) カーソルを下方向に移動し、クリックすると、壁が開口します。

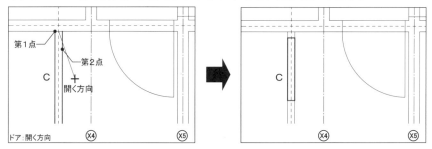

3-2-3 両折り戸を描く

1. ドア種別などを変更します。

右クリックして、ダイアログボックスを表示します。

〔**サイズ**〕**タブ**で以下のように設定を変更し、[**OK**]**ボタン**をクリックします。

ドア種別	∧∧	
作図基準	中心	
ドア寸法		
開口幅1	1750	
□ オフセット	−	

2. 両折り戸Dを描きます。

(1) 壁の中央に描きますので、【**中点**】↓**スナップ**で、左の間仕切り壁の線をクリックします。

(2) 【**垂直点**】↲**スナップ**にして、右の間仕切り壁の線をクリックします。

(3) カーソルを右方向に移動し、クリックすると、両折り戸が描かれます。

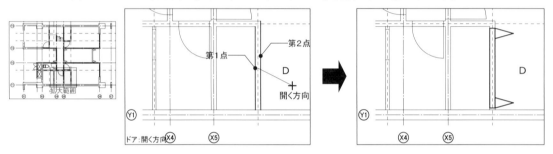

3. **2.** と同様に、両折り戸Eを描きます。

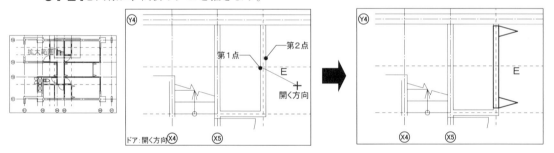

4. 【**ドア**】**コマンド**を解除します。

3-3 出窓を描く

【ダブル線】コマンドで壁を描き、【引き違い戸】コマンドで引き違い戸を描きます。

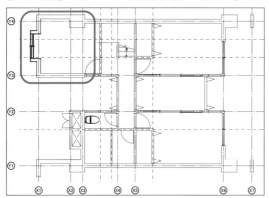

3-3-1 壁を描く

◤ 属性を設定する

1.【属性参照】コマンドを実行します。

[ホーム]メニューから[▚ 属性参照]をクリックします。

2. 壁を参照し、以下のように設定します。

レイヤ	20
カラー	001：青
線種	001：実線

属性が設定され、【属性参照】コマンドは解除されます。

〔属性〕パネルまたはステータスバーのレイヤ番号(20)とカラー(青)と線種(実線)が表示されます。

◤ 壁を描く

1.【ダブル線】コマンドを実行します。

[ホーム]メニューから[═ ダブル線]をクリックします。

2. ダイアログボックスが表示されます。

以下のように設定し、[OK]ボタンをクリックします。

作図方法	単発
作図図形	線分
厚さ	180
☑ オフセット	410
☐ 包絡処理	

3. 壁を描きます。

（1）【端点】スナップで、壁の端部をクリックします。

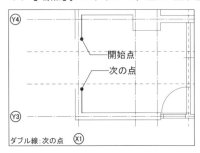

（2）カーソルを左方向に移動し、クリックすると、設定した距離だけ基点から離れた位置に壁が描かれます。

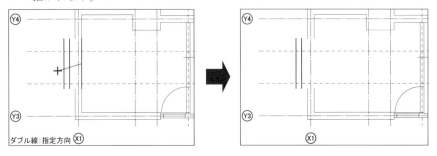

4. オフセットを変更します。

右クリックして、ダイアログボックスを表示します。

以下のように設定を変更し、[OK]ボタンをクリックします。

□ オフセット	−

5. 壁を描きます。

【端点】スナップで、壁の端部をクリックすると、壁が描かれます。

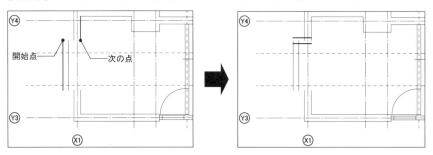

6. 5.と同様に、a−b間に間仕切り壁を描きます。

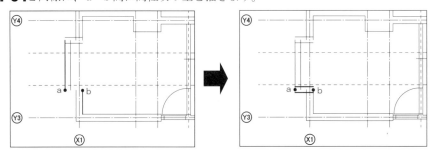

7.【ダブル線】コマンドを解除します。

3-3-2 壁を編集する

1.【線分連結】コマンドを実行します。

[ホーム]メニューから[⊢→| 平行複写]の▼ボタンをクリックし、[¯¯¡ 線分連結]をクリックします。

2. ダイアログボックスが表示されます。

何も✔しないで、[OK]ボタンをクリックします。

3. 壁を連結します。

壁の縦線と横線をクリックすると、線分が連結されます。

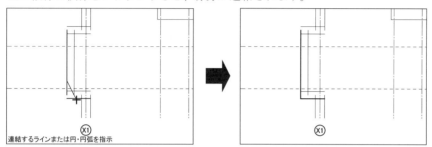

4. **3.**と同様に、連結します。

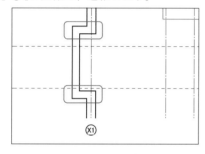

5.【線分連結】コマンドを解除します。

3-3-3 引き違い窓を描く

1.【引き違い戸】コマンドを実行します。

[ホーム]メニューから[ドア]の▼ボタンをクリックし、[引違戸]をクリックします。

2. ダイアログボックスが表示されます。

〔サイズ〕タブ、〔属性〕タブで以下のように設定し、[OK]ボタンをクリックします。

〔サイズ〕タブ

戸の種別	＋
作図基準	中心
戸の寸法	
開口幅	1360
戸の間隔	30
かかりしろ	40
☐ オフセット	－
☑ 中心線倍率	1.5
☐ 障子や戸の厚さ	－
☑ 包絡処理	
☑ 敷居線	

〔属性〕タブ

属性リスト　ボタンから	
☑ 戸	8番「建具」
☑ 軌跡	8番「建具」
☑ 敷居	9番「敷居線」
☑ 中心	8番「建具」
☑ 起動時にサイズタブ表示	

POINT　〔属性〕タブは『Part2 図面の作成 ⑤ 建具を作成する』の引き違い窓の設定と同じ設定です。

3. 引き違い戸を描きます。

(1) 壁の中央に描きますので、【中点】スナップで、右の壁線をクリックします。

(2)【垂直点】スナップにして、左の壁線をクリックします。

(3) カーソルを移動し、クリックすると、引き違い窓が描かれます。

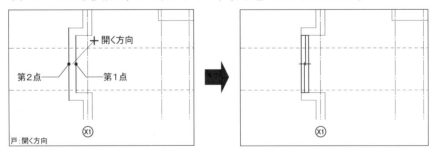

4.【引き違い戸】コマンドを解除します。

❹ 階段などを作成する

下図の位置に吹き抜けの線と階段を作図します。

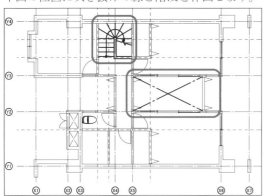

4-1 吹き抜けの線を描く

吹き抜けの線を描きます。

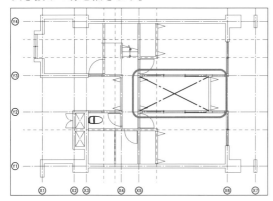

4-1-1 吹き抜けの線を描く

◢ 属性を設定する

1.【属性参照】コマンドを実行します。

[ホーム]メニューから[🔲 属性参照]をクリックします。

2. PSなどの吹き抜けの線を参照し、以下のように設定します。

レイヤ	80
カラー	014：濃黄色
線種	004：一点鎖線

属性が設定され、【属性参照】コマンドは解除されます。

〔属性〕パネルまたはステータスバーのレイヤ番号(80)とカラー(濃黄色)と線種(一点鎖線)が表示されます。

◢ 吹き抜けの線を描く

1.【単線】コマンドを実行します。

　[ホーム]メニューから[— 単線]をクリックします。

2. 線分を描きます。

　(1)【端点】 ⚓ スナップで、間仕切り壁の端部をクリックすると、吹き抜けの線が描けます。

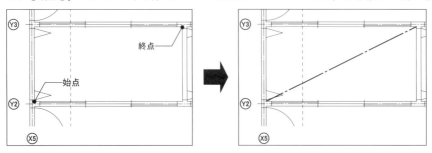

　(2) 同様に、吹き抜けの線を描きます。

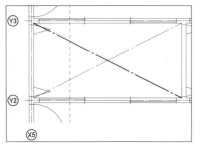

3.【単線】コマンドを解除します。

4-2 踏み面を描く

すでにある踏み面の線を【ミラー】コマンドで反転し、残りの踏み面を【平行複写】、【複写】コマンドで描きます。

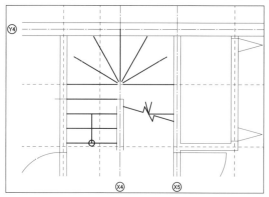

4-2-1 踏み面を反転移動する

1.【ミラー】コマンドを実行します。

[ホーム]メニューから[▨ ミラー]をクリックします。

2. ダイアログボックスが表示されます。

以下のように設定し、[OK]ボタンをクリックします。

編集方法	🔡
☑ ポリラインの方向を反転しない	
☑ ハッチング図形の方向を反転しない	

3. 踏み面の線と方向線を反転します。

(1)【標準選択】で、踏み面の線と方向線を下から上へと対角にドラッグして選択します。

(2)【交点】スナップで、X4の通り心と補助線の交差部をクリックすると、踏み面の線と方向線が左側に反転します。

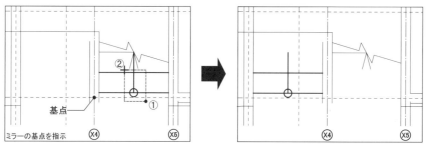

4. **3.** と同様に、残った踏み面の線を反転します。

踏み面の線をクリックして選択し、【端点】スナップで、矢印の端部を基点にして右側に反転します。

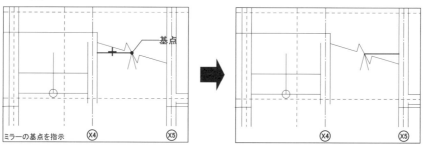

5. 矢印を反転します。

   (1) 右クリックして、ダイアログボックスを表示します。

     以下のように設定を変更し、[OK]ボタンをクリックします。

編集方法	⬛⬛

   (2) 矢印を下から上へと対角にドラッグして選択し、【端点】📐スナップで、矢印の端部を基点にして上側に反転します。

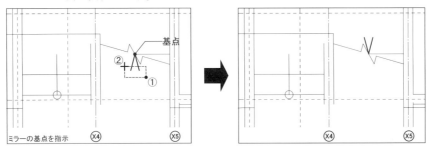

6.【ミラー】コマンドを解除します。

4-2-2 踏み面を描く

1.【平行複写】コマンドを実行します。

   [ホーム]メニューから[̄¡ 線分連結]の▼ボタンをクリックし、[|→| 平行複写]をクリックします。

2. ダイアログボックスが表示されます。

   以下のように設定し、[OK]ボタンをクリックします。

編集方法	コピー
距離	250
コピー回数	3
☐ アクティブ属性で作成	

3. 踏み面の線を複写します。

   踏み面の線をクリックし、上方向に複写します。

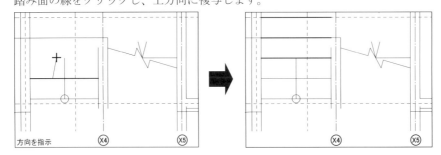

4.【平行複写】コマンドを解除します。

4-2-3 踏み面の線を回転複写する

1. 【複写】コマンドを実行します。

[ホーム]メニューから[ミラー]の▼ボタンをクリックし、[複写]をクリックします。

2. ダイアログボックスが表示されます。

〔回転〕タブで角度・個数を設定し、[OK]ボタンをクリックします。

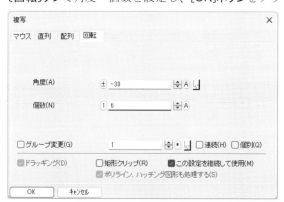

角度	−30
個数	6

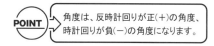

POINT → 角度は、反時計回りが正（＋）の角度、時計回りが負（−）の角度になります。

3. 踏み面の線を複写します。

(1) 【標準選択】 で、踏み面の線をクリックして選択します。

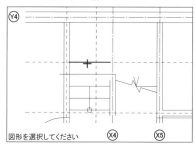

(2) 【交点】 スナップで、Y4の通り心と補助線の交差部をクリックすると、踏み面の線が基点を中心に30°ずつ右回りに回転して複写されます。

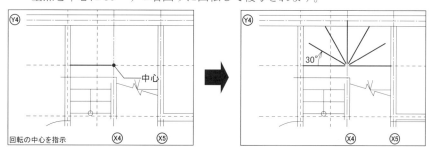

4. 【複写】コマンドを解除します。

4-3 手すり壁を描く

【ダブル線】コマンドで手すり壁を描き、すでに描いてある手すり壁を【線分連結】、【ストレッチ】コマンドで編集します。

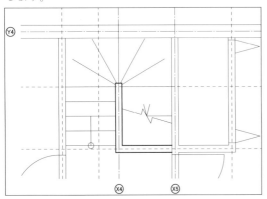

4-3-1 手すり壁を描く

◢ 属性を設定する

1.【属性参照】コマンドを実行します。

[ホーム]メニューから[🔳 属性参照]をクリックします。

2. 間仕切り壁を参照し、以下のように設定します。

レイヤ	25
カラー	010：濃赤
線種	001：実線

属性が設定され、【属性参照】コマンドは解除されます。

〔属性〕パネルまたはステータスバーのレイヤ番号(25)とカラー(濃赤)と線種(実線)が表示されます。

◢ 手すり壁を描く

1.【ダブル線】コマンドを実行します。

[ホーム]メニューから[═ ダブル線]をクリックします。

2. ダイアログボックスが表示されます。

以下のように設定し、[OK]ボタンをクリックします。

作図方法	単発
厚さ	120

3. 手すり壁を描きます。

【交点】◢スナップで、間仕切り壁と補助線の交差部をクリックして手すり壁を描きます。

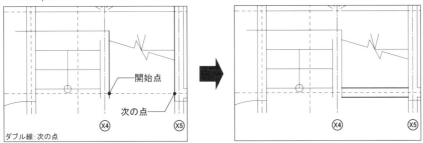

4.【ダブル線】コマンドを解除します。

4-3-2 手すり壁を移動する

1.【移動】コマンドを実行します。
[編集]メニューから[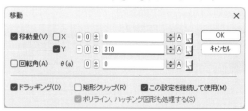 移動]をクリックします。

2. ダイアログボックスが表示されます。
以下のように設定し、[OK]ボタンをクリックします。

☑ 移動量	☐ X	－
	☑ Y	310

3. 破断線などを移動します。
【標準選択】で、手すり壁の横線をクリックして選択すると、310 ㎜上方向へ移動します。

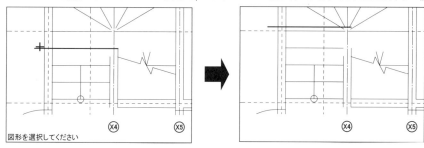

4.【移動】コマンドを解除します。

4-3-3 手すり壁を編集する

1.【線分連結】コマンドを実行します。

[ホーム]メニューから[|→| 平行複写]の▼ボタンをクリックし、[¯¡ 線分連結]をクリックします。

2. ダイアログボックスが表示されます。

何も✔しないで、[OK]ボタンをクリックします。

3. 手すり壁を連結します。

手すり壁の横線と縦線をクリックして、線分を連結します。

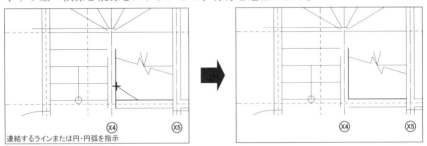

4. **3.**と同様に、連結します。

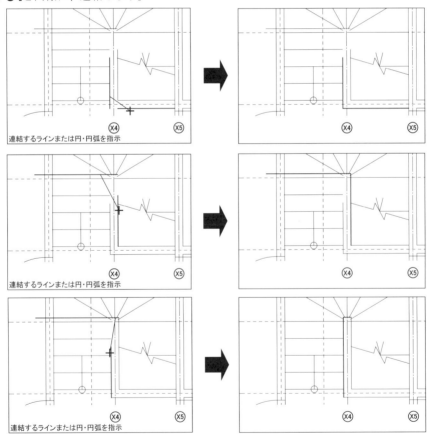

5.【線分連結】コマンドを解除します。

4-4 階段を編集する

【連続延長・カット】コマンドで踏み面の線や方向線を編集し、すでに描いてある破断線などを【移動】コマンドで移動します。

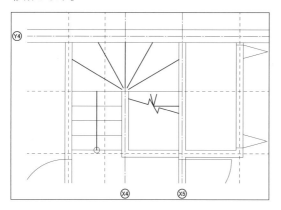

4-4-1 踏み面の線を延長・カットする

1. 【連続延長・カット】コマンドを実行します。

[編集]メニューから[→─ 延長カット]の▼ボタンをクリックし、[⇄ 連続延長カット]をクリックします。

2. ダイアログボックスが表示されます。

以下のように設定し、[OK]ボタンをクリックします。

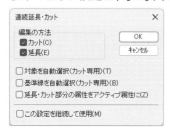

編集の方法		
☑	カット	
☑	延長	

3. 踏み面の線をカットします。

(1) 基準線として手すり壁をクリックします。

(2) カーソルを下側に移動し、クリックします。

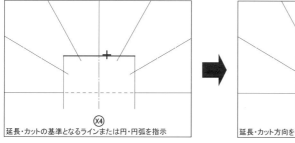

(3)【標準選択】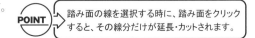で、踏み面の線を下から上へと対角にドラッグして選択すると、踏み面の線がカットされます。

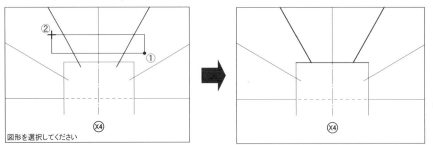

4. 同様に、その他の踏み面の線もカットします。

(1) 右クリックすると、基準線の指定に戻ります。
基準線として手すり壁をクリックします。

POINT 踏み面の線を選択する時に、踏み面をクリックすると、その線分だけが延長・カットされます。

(2) **3.** と同様に、踏み面の線をカットします。

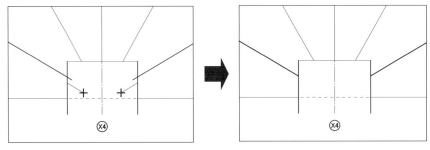

5. 踏み面の線を延長します。

(1) 右クリックすると、基準線の指定に戻ります。
基準線として壁をクリックします。

(2) カーソルを上側に移動し、クリックします。

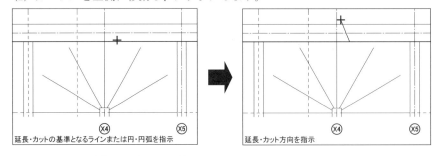

(3)【標準選択】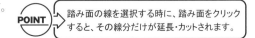で、踏み面の線を下から上へと対角にドラッグして選択すると、踏み面の線が延長されます。

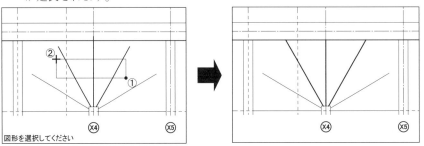

6. **5.**と同様に、手すり壁を基準線としてクリックし、その他の踏み面の線を延長します。

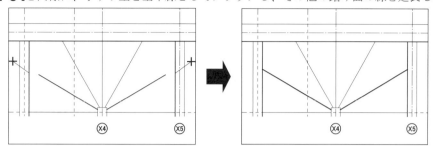

7. **5.**と同様に、踏み面の線を基準線としてクリックし、方向線を延長します。

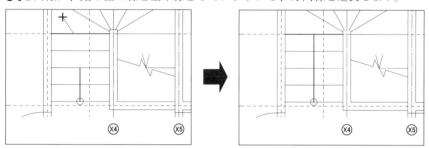

8.【連続延長・カット】コマンドを解除します。

4-4-2 破断線などを移動する

1.【移動】コマンドを実行します。

[編集]メニューから[🔩 移動]をクリックします。

2. ダイアログボックスが表示されます。

以下のように設定し、[OK]ボタンをクリックします。

☑ 移動量	☐ X	–
	☑ Y	250

3. 破断線などを移動します。

【標準選択】▱で、破断線などを上から下へと対角にドラッグして選択すると、250㎜上方向へ移動します。

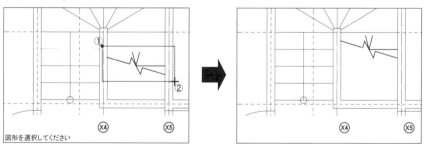

4.【移動】コマンドを解除します。

4-5 方向線を描く

方向線を【円弧】コマンドで描きます。

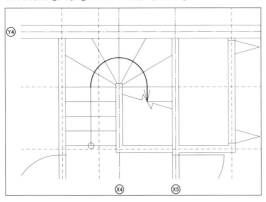

■ 属性を設定する

1.【属性参照】コマンドを実行します。

[ホーム]メニューから[🔲 属性参照]をクリックします。

2. 方向線を参照し、以下のように設定します。

レイヤ	80
カラー	012：濃緑
線種	001：実線

属性が設定され、**【属性参照】**コマンドは解除されます。

〔属性〕パネルまたはステータスバーのレイヤ番号(40)とカラー(濃緑)と線種(実線)が表示されます。

■ 方向線を描く（1）

1.【円弧】コマンドを実行します。

[ホーム]メニューから[══ ダブル線]の▼ボタンをクリックし、[⌒ 円弧]をクリックします。

2. ダイアログボックスが表示されます。

以下のように設定し、[OK]ボタンをクリックします。

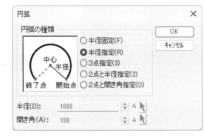

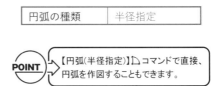

円弧の種類	半径指定

POINT ➡ 【円弧(半径指定)】🖊コマンドで直接、円弧を作図することもできます。

3. 円弧を描きます。

(1) 【交点】 スナップで、Ｘ４の通り心と補助線の交差部をクリックします。

(2) 【端点】 スナップで、方向線の上端部をクリックします。

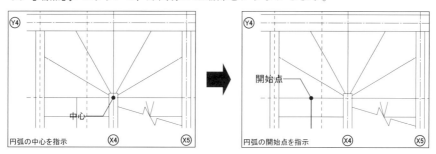

(3) 同じスナップのまま、円弧を描く方向へカーソルを移動して、踏み面の線の右端部をクリックすると、円弧が描けます。

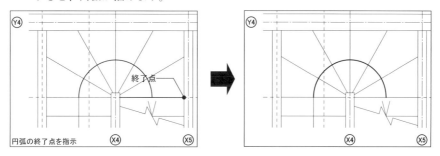

4. 【円弧】コマンドを解除します。

◤ 方向線を描く（２）

1. 【単線】コマンドを実行します。

[ホーム]メニューから[⌒ 円弧]の▼ボタンをクリックし、[― 単線]をクリックします。

2. 線分を描きます。

【端点】 スナップで、円弧の端部と矢印の端部をクリックすると、方向線が描けます。

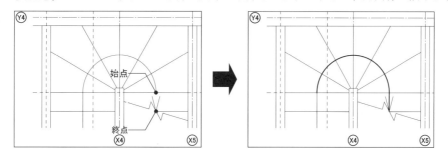

3. 【単線】コマンドを解除します。

⑤ 部品を配置する

5-1 部品を配置する

【ブロック挿入】コマンドで登録したユニットバスと洗面台を図面に配置します。

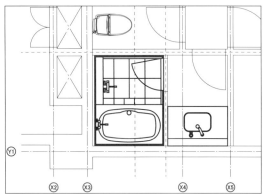

5-1-1 部品を配置する

1.【ブロック挿入】コマンドを実行します。

[部品]メニューから[🖼 ブロック挿入]をクリックします。

2. ダイアログボックスが表示されます。

(1) [線分に分解して配置]を✔し、ダイアログボックスを追加表示します。

(2) 「ユニットバス」を選択して以下のように設定し、[OK]ボタンをクリックします。

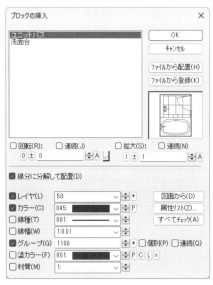

ユニットバス	
☑ 線分に分解して配置	
☑ レイヤ	50
☑ カラー	045：濃緑
☑ グループ	1100

3. ユニットバスを配置します。

カーソルの交差部にユニットバスがついています。

【端点】スナップで、Y1の壁の左上端部をクリックすると、ユニットバスが配置されます。

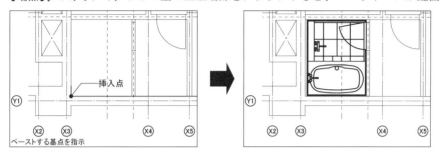

4. 洗面台を配置します。

(1) 右クリックして、ダイアログボックスを表示します。

「洗面台」を選択して以下のように設定を変更し、[OK]ボタンをクリックします。

洗面台	
☑ 回転	180
☑ 線分に分解して配置	
☑ グループ	1101

(2) **3.** と同様に、洗面台を配置します。

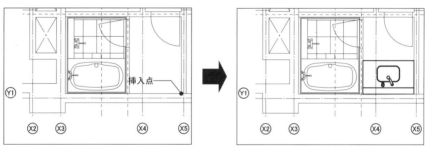

5. 【ブロック挿入】コマンドを解除します。

アドバイス

【ブロック編集】コマンドで登録したブロックを一部の色を変更する、回転する、削除するといった編集を行い、ブロックを更新します。また、配置されているブロックも更新されます。

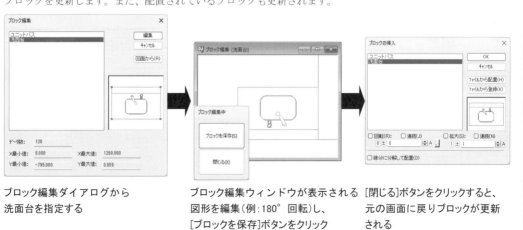

ブロック編集ダイアログから洗面台を指定する

ブロック編集ウィンドウが表示される図形を編集（例：180°回転）し、[ブロックを保存]ボタンをクリック

[閉じる]ボタンをクリックすると、元の画面に戻りブロックが更新される

5-1-2 レイヤのロックを解除する

1. 【全ロックレイヤ解除】コマンドを実行します。

[レイヤ]メニューから[🔳 全ロックレイヤ解除]をクリックします。

線色が元に戻り、通り心と補助線のレイヤのロックが解除され、【全ロックレイヤ解除】コマンドは解除されます。

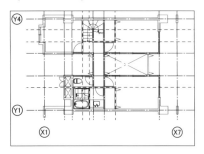

アドバイス！

【クリップパレット】🗐で同様に部品を配置することができます。

☆クリップパレットのデータは、DRA-CAD を終了すると消去されます。

[操作手順]

(1) 【開く】📂コマンドで「部品」ファイルを開き、【コピー】🗐コマンドでユニットバスをコピーします(詳細は「**0-2 部品を登録する**」(P234)を参照)。

(2) ユニットバスがクリップボードにコピーされ、クリップパレットに表示されます。

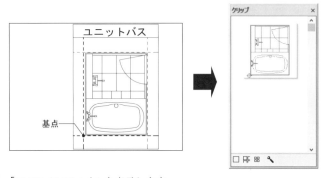

(3) 「KADAI-02」ファイルを表示します。

クリップパレットからユニットバスを選択し、図面にドラッグします。

(4) ボタンを離すと、カーソルの交差部にユニットバスがついています。

【端点】✦ スナップで貼り付ける位置をクリックすると、ユニットバスが配置されます。

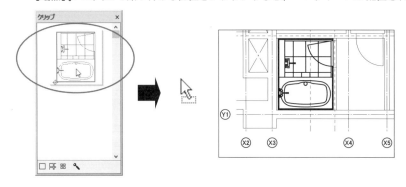

5-1-3 すべてのレイヤを表示する

1.【全レイヤ表示】コマンドを実行します。

[レイヤ]メニューから[🌫 全レイヤ表示]をクリックします。

すべてのレイヤが表示され、【全レイヤ表示】コマンドは解除されます。

アドバイス🖋

【QRコード挿入】🖼 コマンドを実行すると、URL やメールアドレス、テキストなどを格納した「QR コード」を作成し、画像として図面上に貼り付けたり、保存したりすることができます。

☆「QR コード」はデンソー（現デンソーウェーブ）が開発した二次元コードで、株式会社デンソーウェーブの登録商標です。

＜作成方法＞

(1) 「文字・記号・数字」欄に「URL」、「住所」、「電話番号」、
「メールアドレス」など、文字・記号・数字の情報を入力します。
変換された QR コードがプレビューされます。

(2) [画像で貼り付け]ボタンをクリックすると、カーソルに QR コードの外形が表示されます。
配置すると、QR コード(画像)が作図されます。

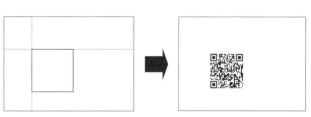

配置した QR コードをモバイル端末のカメラで読み取ると、
関連情報が画面に表示されます。

6 部屋名を入力する

6-1 部屋名を描く

【直接文字入力・編集】コマンドで、すでに描かれている部屋名を変更して描きます。
【文字サイズ変更】コマンドで、文字のフォントを変更し、【移動】コマンドで移動します。

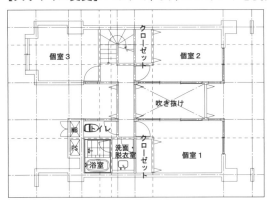

6-1-1 不要な文字を削除する

1.【削除】コマンドを実行します。

[編集]メニューから[🔶 削除]をクリックします。

2. 不要な文字を削除します。

(1)【標準選択】▭を指定し、「シューインクローゼット」をクリックすると、削除されます。

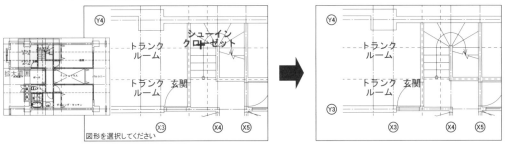

(2) 同様に、「ポーチ」と「バルコニー」を削除します。

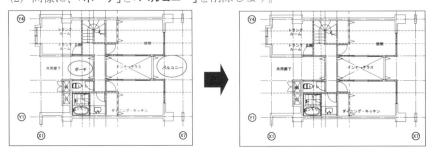

3.【削除】コマンドを解除します。

6-1-2 部屋名を変更する（1）

1.【直接文字入力・編集】コマンドを実行します。

　[ホーム]メニューから[　　 直接文字]をクリックします。

2. 文字を修正します。

　(1)【標準選択】　　で、「パントリー」をクリックして選択します。

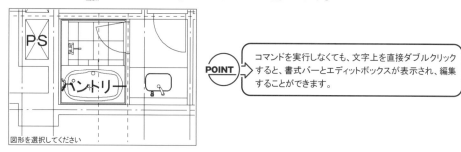

> **POINT** コマンドを実行しなくても、文字上を直接ダブルクリックすると、書式バーとエディットボックスが表示され、編集することができます。

　(2) 書式バーとエディットボックスが表示されます。

　　ドラッグして編集する範囲を指定し、「**浴室**」と修正します。

　　☆文字の編集方法は、「Part1　基本操作　**9-2-2　文字の編集**　　 画面上で直接文字を修正する(マルチテキスト)」(P137) を参照してください。

　(3) エディットボックス外をクリックすると、文字が修正されます。

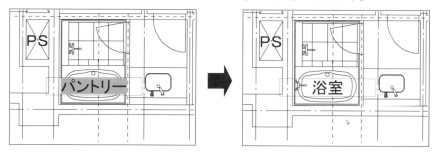

3. 2.と同様に、その他の部屋名を修正します。

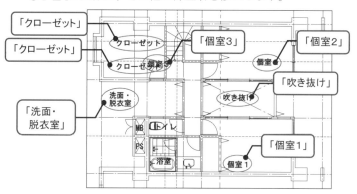

4.【直接文字入力・編集】コマンドを解除します。

6-1-3 部屋名を変更する（2）

1.【文字サイズ変更】コマンドを実行します。

[文字]メニューから[🅰 文字サイズ変更]をクリックします。

2. ダイアログボックスが表示されます。

（1）〔フォント〕タブで「オプション変更」を✔してからフォント名などを設定します。

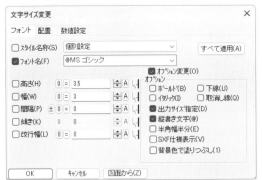

フォント名	＠ＭＳＰゴシック
☑ オプション変更	
☑ 出力サイズ指定	
☑ 縦書き文字	

POINT ▶「@MSPゴシック」は、「縦書き文字」を✔ すると、表示されます。

（2）〔配置〕タブで回転角度を設定し、[OK]ボタンをクリックします。

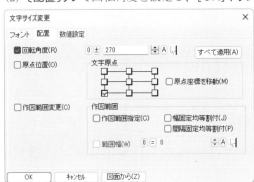

☑ 回転角度	270

Memo 縦書き文字について

縦書き文字は原点を基準に縦書き方向が決まります。

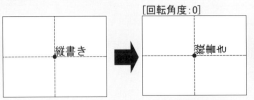

また、"@"が先頭につく縦書きフォントと通常の横書きフォントが選択できます。ただし、縦書きフォントと横書きフォントでは半角文字の表現が違います。

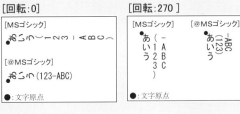

3. 文字サイズを変更します。

【標準選択】![](で、「**クローゼット**」をクリックして選択すると、縦書き文字になります。

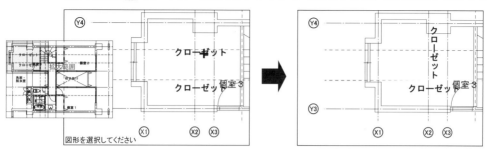

4. **3.** と同様に、縦書き文字に変更します。

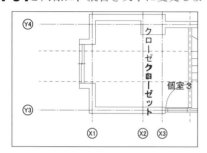

5. 【文字サイズ変更】コマンドを解除します。

 ユニコード文字の配置

ブラウザなどで表示されている文字列をクリップボードからの文字貼り付けで、ユニコード文字列をダイアログにペーストして入力することができます。

　☆ユニコード番号が5桁以上の文字や絵文字、異体字も入力することができます。

[例] 吉

(1) ブラウザなどに表示された「吉」を選択して、コピーします。

(2) 文字記入ダイアログ内で右クリックから貼り付けを選択します（「Part2 図面の作成 **9-1** 部屋名を描く Memo」(P227)を参照）。

　　文字列が置換され、以下のように表示されます。

(3) [OK]ボタンをクリックし、配置します。

☆ユニコード「吉」の後ろに「田」を入力した場合

☆絵文字を配置した場合

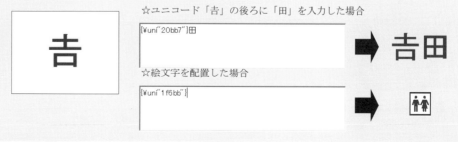

6-1-4 部屋名を移動する

1. 【移動】コマンドを実行します。

[ホーム]メニューから[🏠 移動]をクリックします。

2. ダイアログボックスが表示されます。

以下のように設定し、[OK]ボタンをクリックします。

☐ 移動量	☐ X	–
	☐ Y	–
☑ ドラッギング		

3. 文字を移動します。

(1) 【標準選択】で、「**クローゼット**」をクリックして選択します。

(2) 【任意点】スナップで、「**クローゼット**」の任意な場所をクリックします。

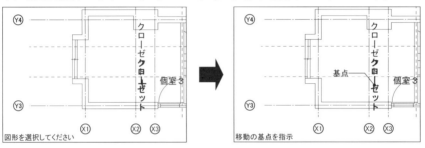

(3) カーソルの交差部に部屋名がついています。

同じスナップのまま、個室1のクローゼットの任意な場所をクリックすると、「**クローゼット**」が移動します。

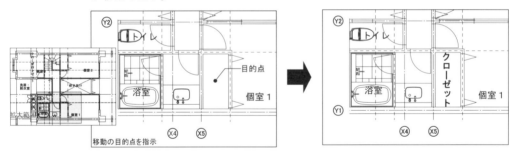

4. **3.**と同様に、部屋名を移動します。

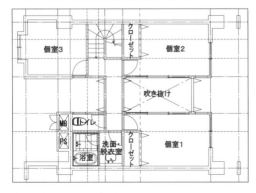

5. 【移動】コマンドを解除します。

6-1-5 ファイルを上書き保存する

1. 【上書き保存】コマンドを実行します。

[ファイル]メニューから[💾 上書き保存]をクリックします。

図面が上書き保存されて、作図画面に戻ります。

これで図面の完成です。

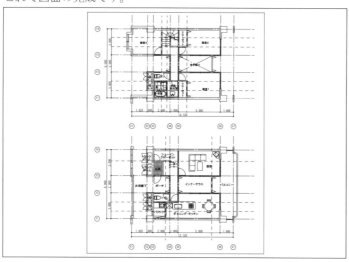

アドバイス！

App Store の専用のアプリ「DRA Viewer」をインストールすると、iPhone や iPad で DRA-CAD 図面（MPZ，MPS）を閲覧することができます。
☆iOS／iPadOS 13 以降に対応しています。

以下の操作を行うことができます。

・レイヤ管理：表示状態の確認と変更、レイヤ名称の確認
・計測機能(距離、面積、角度、クイック計測)
・注釈機能(文字、写真、画像、フリー入力)

☆3次元要素、塗り図形や画像などは表示されません。

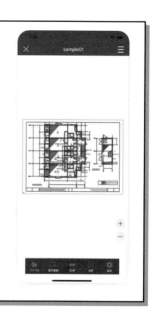

7 図面を印刷する

7-1 図面を印刷する

作図した図面を印刷します。ここでは、【印刷プレビュー】コマンドで印刷時のイメージを確認し、設定、印刷を行います。印刷方法はプリンタによって多少異なりますが、レーザープリンタを例として、説明します。

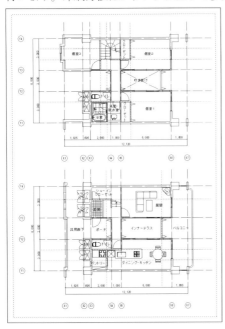

1.【印刷プレビュー】コマンドを実行します。

[ファイル]メニューから[🔍 印刷プレビュー]をクリックします。

印刷時のイメージが表示されます。

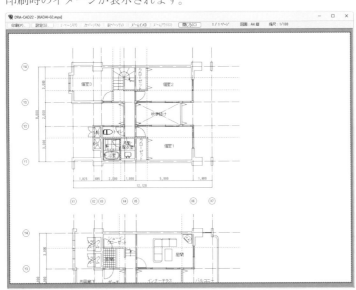

POINT 画面に表示されている線分がすべて出力されます。
また、印刷したくない線分は画面から非表示にしておきます。

2. 印刷の設定をします。

(1) [設定]ボタンをクリックします。

(2) 印刷の設定ダイアログボックスが表示されます。
出力色などを設定します。

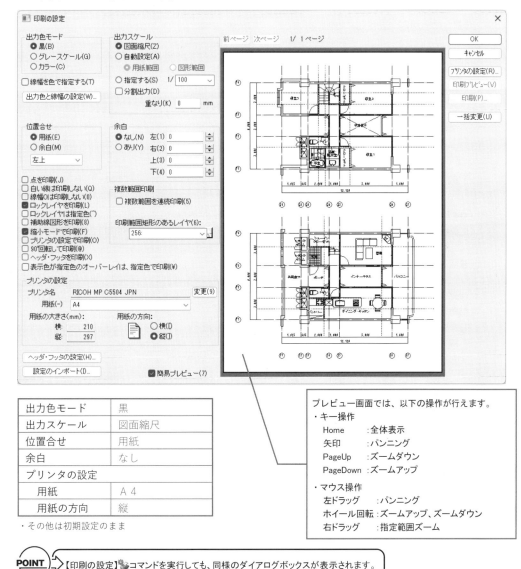

出力色モード	黒
出力スケール	図面縮尺
位置合せ	用紙
余白	なし
プリンタの設定	
用紙	A4
用紙の方向	縦

・その他は初期設定のまま

プレビュー画面では、以下の操作が行えます。
・キー操作
　Home 　　:全体表示
　矢印 　　　:パンニング
　PageUp 　:ズームダウン
　PageDown :ズームアップ
・マウス操作
　左ドラッグ 　:パンニング
　ホイール回転 :ズームアップ、ズームダウン
　右ドラッグ 　:指定範囲ズーム

POINT 【印刷の設定】コマンドを実行しても、同様のダイアログボックスが表示されます。

【印刷の設定】コマンドについて

出力色モード:
[黒]　　　　　　　　すべて黒で出力します。
[グレースケール]　[出力色と線幅の設定]で設定した出力色をグレーの階調に変換して出力します。
[カラー]　　　　　　[出力色と線幅の設定]で設定した出力色で出力します。
[線幅を色で指定する]　線幅を色別に指定する場合に✔し、[出力色と線幅の設定]で設定した色別に線幅を指定して印刷します(P287を参照)。✔しない場合は、作図時に設定した線幅で印刷します。

出力スケール：
  ［図面縮尺］ 設定してある図面縮尺のまま出力します。
  ［自動設定］ 「用紙範囲」または「図形範囲」に合わせてスケールを自動設定します。
  ［指定する］ 縮尺を直接指定します。
  ［分割出力］ 図面 を複数に分けて出力する場合に✔します。
  ［重なり］ ［分割出力］の場合に、隣接するページとの重なりを㎜単位で指定します。

位置合せ ：用紙の基準と図面の基準を指定します(左・中央・右と上・中・下の組み合わせ)。
  ［用紙］ 図面上の用紙とプリンタの用紙の指定位置を一致させます。
  ［余白］ 図面上の用紙とプリンタの用紙の余白の指定位置を一致させます。

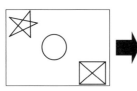 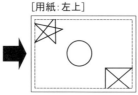 ［用紙:左上］ 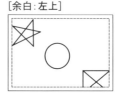 ［余白:左上］ 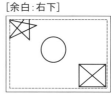 ［余白:右下］

余白 ：図面に余白をもたせるかどうかを指定します(ある/なし)。「なし」を選択した場合は、最小の余白で設定されます。

［点を印刷］ 点を印刷します。✔しない場合は点を印刷しません。
［白い線は印刷しない］ ［出力色と線幅の設定］で出力色が白(RGB で 255,255,255 に設定されているプリミティブを印刷しません。
［線幅0は印刷しない］ 線幅が0になっているプリミティブを印刷しません。
［ロックレイヤを印刷］ ロックレイヤを印刷しない時は✔をはずします。
［ロックレイヤは指定色］ ロックレイヤの図形を画面に表示されている色で印刷する場合に✔します。
［補助線図形を印刷］ 補助線で作図された図形を印刷しない時は✔をはずします。
［縮小モードで印刷］ 図面縮尺と異なる縮尺で印刷する場合に、線種の間隔、線幅の設定値を図面縮尺との比率で縮小・拡大して印刷します。
［プリンタの設定で印刷］ 線種・線幅の設定を、プリンタの設定で出力します。インクジェットやレーザーショットなどのプリンタでは✔をはずします。
［90°回転して印刷］ 90°回転して印刷します。OLEオブジェクトは✔すると、印刷されません。
［ヘッダ・フッタを印刷］ 用紙の上（ヘッダ）と下（フッタ）に印刷したい文字と位置を設定し印刷します。
［表示色が指定色のオーバーレイは、指定色で印刷］
     【オーバーレイ管理】コマンドで、［表示色］を［指定色］にしているオーバーレイの図形を、［指定色］で印刷します(P288 を参照)。
［複数範囲印刷］ 複数の印刷範囲を連続して印刷する場合に✔します（「アドバイス」(P290)を参照)。
［ヘッダ・フッタの設定］ クリックすると、ダイアログボックスが表示され、用紙の上と下に印刷する情報を設定します。

▷≫ボタンをクリックすると、メニューが表示され、選択することができます。

ファイル名 :%f ファイルパス :%l
印刷日 :%d 印刷時刻 :%t
ページ番号 :%p コメント :%c
ファイルの保存日 :%a ファイルの保存時刻:%b

F ファイル名(%f)
L ファイルパス(%l)
D 印刷日(%d)
T 印刷時刻(%t)
P ページ番号(%p)
C コメント(%c)
A ファイルの保存日(%a)
B ファイルの保存時刻(%b)

［設定のインポート］ 印刷設定の情報は図面ごとに保存されます。他図面で登録している印刷設定の情報を読み込みます。ファイルを開くダイアログを表示し、読み込みたい図面ファイルを選択します。
［簡易プレビュー］ ダイアログ内で簡易プレビュー表示する場合に✔します。
［プリンターの設定］ プリンターの設定ダイアログを表示します。Windows のプリンタードライバーを使用して、印刷の基本的な設定を行います。
［印刷プレビュー］ 現在の設定で印刷プレビューを行います。
［印刷］ 現在の設定で印刷を行います。
［一括変更］ 開いているすべての図面を、現在編集中の図面の設定に変更します。

(3) 「線幅を色で指定する」を✔し、[出力色と線幅の設定]ボタンをクリックします。

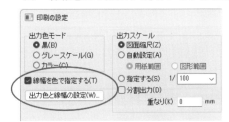

(4) 色と線幅の設定ダイアログボックスが表示されます。
カラー番号に対して線幅を設定し、[OK]ボタンをクリックします。

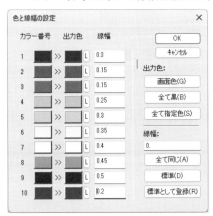

カラー番号	線幅
001 青	0.3
002 赤	0.15
003 紫	0.15
009 濃青	0.5
010 濃赤	0.2
011 濃紫	0.1
012 濃緑	0.15
013 濃水色	0.1
014 濃黄色	0.15
015 濃灰色	0.1
016 黒	0.1

 POINT 図面で使用していないカラー番号は出力されませんので、設定する必要がありません。

(5) 印刷の設定ダイアログボックスに、ダイアログボックスの設定がすべて終わりましたら、
[OK]ボタンをクリックします。

POINT 図面を上書き保存すると、印刷の設定も保存されます。

色と線幅の設定ダイアログボックスについて

Memo

出力色の設定とカラー番号に対応する線幅の設定を行います。
☆【環境設定】コマンドの[その他]タブで[表示色変更で印刷色変更]を✔すると、【カラー設定】コマンドで設定したカラー番号の色が、そのまま【印刷の設定】コマンドの「出力色」に反映されます。

カラー番号 ：現在の画面の表示色が表示されます。[カラー番号]と[出力色]が違う場合、色の部分をクリックすると、[カラー番号]と[出力色]が同じ色になります。

出力色 ：出力色が表示されます。色の部分をクリックすると、色ダイアログが表示され出力色を変更できます。
[画面色] すべての出力色を画面色と同じにします。
[全て黒] すべての出力色を黒にします。
[全て指定色] すべての出力色を指定した色にします。

線幅 ：出力時の線幅をミリ単位で指定します。ここで指定した線幅は印刷の設定ダイアログで「線幅を色で指定する」が✔されている時のみ有効になります。
[全て同じ] すべての線幅を設定した線幅にします。
[標準] 線幅を[標準として登録]で設定した既定値に戻します。
[標準として登録] 現在の線幅の設定を[標準]の既定値として登録します。

3. 印刷します。

(1) [印刷]ボタンをクリックします。

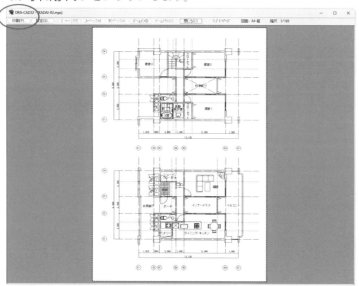

(2) 印刷ダイアログボックスが表示されます。
部数などを設定し、[OK]ボタンをクリックします。

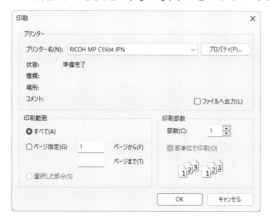

> **POINT** 【印刷】コマンドを実行しても、同様の
> ダイアログボックスが表示されます。

アドバイス

[表示色が指定色のオーバーレイは、指定色で印刷]を✔すると、【オーバーレイ管理】コマンドで、[表示色]を[指定色]に
しているオーバーレイの図形を、[指定色]で印刷します。

☆オーバーレイの表示色は、【環境設定】コマンドの[表示]タブや
【カラー設定】コマンドで設定することができます。

□ 背景　■ 選択　■ 用紙枠　■ 文字原点
□ グリッド　■ ロック　□ オーバレイ

例：円をオーバーレイファイルとして設定/出力色モード：黒で印刷

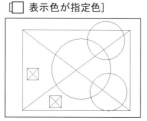

[✓ 表示色が指定色]　　[□ 表示色が指定色]

メッセージダイアログが表示され、プリンタへ出力されます。

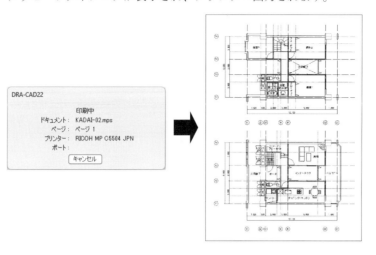

[印刷するファイル]
　　現在開いているファイルの一覧が表示され、リストに表示している順番に印刷されます。
　　印刷する／しないの設定や印刷の状態を変更することができます。
　　[追加]ボタンから「印刷するファイル」を追加することもできます。

[設定リスト]
　　[保存]ボタンで「印刷するファイル」の一覧を保存していた場合は、設定リスト名が表示され、選択すると、[印刷
　　するファイル]に一覧表示されます。
　　[追加]ボタンからリストを選択すると、[印刷するファイル]に一覧表示されます。
　　☆保存場所は、初期設定ではインストールしたドライブのドキュメントフォルダーの「¥archi pivot¥DRA-CAD22¥PRINTFILES」
　　　フォルダー内に設定されており、テキストファイル(拡張子.drapls)で保存されます。

アドバイス！

通常、用紙枠を印刷範囲として出力しますが、印刷範囲を任意に設定し、設定した複数の印刷範囲を連続して印刷することができます。

また、設定した印刷範囲を【印刷範囲で分割保存】コマンドで印刷範囲矩形ごとに、連番に別ファイルで保存することもできます。

[操作手順]

(1) 【印刷範囲の設定】コマンドで印刷範囲を設定します。

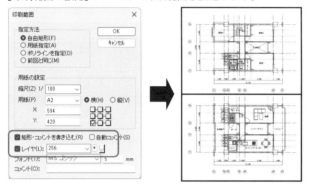

(2) 【印刷の設定】コマンドで、「複数範囲を連続印刷」を✔し、印刷範囲のレイヤを設定します。

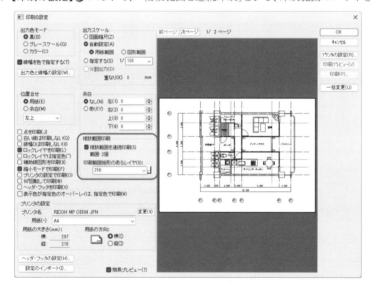

(3) 【印刷範囲で分割保存】コマンドで印刷範囲ごとに、連番に別ファイルで保存します。

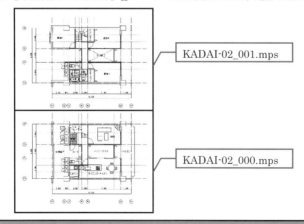

KADAI-02_001.mps

KADAI-02_000.mps

art 4

図面の活用

❶ 図面を活用する前に

Part4では図形を塗りつぶしたり、画像・オブジェクトなどを配置して下図のようなカラープレゼンテーション用図面の作成方法を説明します。

☆作図の前にPart2の「▰ 作図上の注意」を必ずお読みください。

完成図

❶-1 不要な通り心や寸法線などを削除する

平面図を装飾するのに不要な通り心や寸法線などを【応用削除】コマンドで、レイヤごとに削除します。

❶-1-1 図面ファイルを開く

Part3で作成した平面図のファイルを開きます。

1.【開く】コマンドを実行します。
[ファイル]メニューから[開く]をクリックします。

2. ダイアログボックスが表示されます。
以下のように設定し、[開く]ボタンをクリックします。

POINT → Part2から引き続き操作をしている方は、この操作は必要ありません。

POINT → Part3の操作をしていない方は、完成図フォルダにある「完成図2」ファイルを開いてください。

ファイルの場所	こんなに簡単! DRA-CAD22 2次元編 練習用データ
ファイル名	KADAI-02.mps
ファイルの種類	DRACAD ファイル

「KADAI-02」ファイルが表示され、【開く】コマンドは解除されます。

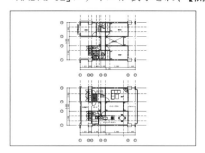

0-1-2 不要な線分を削除する

通り心、寸法線、補助線などの不要な線分を削除します。

1. 【応用削除】コマンドを実行します。

[編集]メニューから[🔶 削除]の▼ボタンをクリックし、[🔶 応用削除]をクリックします。

2. ダイアログボックスが表示されます。

以下のように設定し、[OK]ボタンをクリックします。

種別	指定レイヤ番号を削除
レイヤ番号	1

レイヤ番号1番の通り心が削除されます。

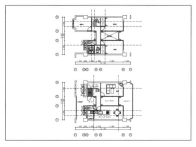

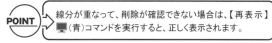

POINT　線分が重なって、削除が確認できない場合は、【再表示】🖥(青)コマンドを実行すると、正しく表示されます。

3. 同様に、その他の線分を削除します。

設定を変更し、**2.**と同様に削除します。

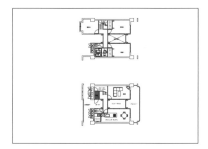

レイヤ番号	名前
2	通り心符号
3	寸法線・寸法文字
100	補助線

4. 【応用削除】コマンドを解除します。

☆コマンドの解除方法は「Part1 基本操作 **2-1-2** 解除する」(P25)を参照してください。

O-2 平面図の色を変更する

平面図の色を「黒」に変更します。

O-2-1 変更しないレイヤを非表示にする

1.【非表示レイヤキー入力】コマンドを実行します。

[レイヤ]メニューから[ 非表示レイヤキー入力]をクリックします。

2. ダイアログボックスが表示されます。

キーボードから"50,70 ↵"と入力します。

非表示にするレイヤ	☒
50,70	

玄関・部品のレイヤが非表示になります。

3.【非表示レイヤキー入力】コマンドを解除します。

O-2-2 平面図の色を変更する

1. 平面図を選択します。

【標準選択】▥で、すべての図形を上から下へと対角にドラッグして選択します。

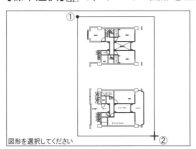

2. 平面図の色を変更します。

[ホーム]メニューの[属性]パネルに、選択した図形の属性が表示されます。

色を設定すると、選択したすべての図形の色が[016:黒]に変わります。

☑ カラー	016:黒

3. 選択を解除します。

線分のないところをクリックします。

POINT 複数選択した場合は、空欄になります。

[0-2-3] すべてのレイヤを表示する

1. 【全レイヤ表示】コマンドを実行します。

[レイヤ]メニューから[≡ 全レイヤ表示]をクリックします。

すべてのレイヤが表示され、【全レイヤ表示】コマンドは解除されます。

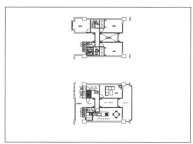

[0-2-4] ファイルに保存する

1. 【名前をつけて保存】コマンドを実行します。

[ファイル]メニューから[🖫 名前をつけて保存]をクリックします。

2. ダイアログボックスが表示されます。

以下のように設定し、[保存]ボタンをクリックします。

ファイルの場所	こんなに簡単! DRA-CAD22　2次元編 練習用データ
ファイル名	KADAI-03
ファイルの種類	セキュリティファイル DRA-CAD22(*.mps)

保存と同時に【名前をつけて保存】コマンドは解除され、作図画面に戻ります。

これ以降は作業の終わりごとに、【上書き保存】🖫コマンドをクリックし、ファイルを上書き保存してください。

❶ 図面に追加する

平面図に寸法や引出線・方位などを追加します。

1-1 寸法線を描く

下階平面図にバルコニーの寸法を【寸法線】コマンドで描きます。描かれる寸法線は寸法線図形データになります。

☆寸法線図形データについては、「Part2 図面の作成 **1-1** 通り心を描く Memo」(P159)を参照してください。

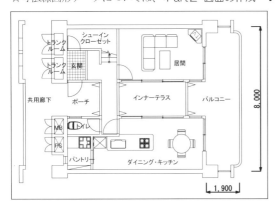

1. 【寸法線】コマンドを実行します。

[ホーム]メニューから[引違戸]の▼ボタンをクリックし、[寸法線]をクリックします。

2. ダイアログボックスが表示されます。

(1) 〔サイズ〕タブで以下のように設定します。

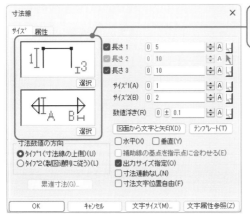

[選択]ボタンをクリックして、
寸法線・丸止のタイプを選択する

☑ 長さ1	5
☑ 長さ3	10
サイズA	1
サイズB	2
数値浮き	0.1
寸法数値の方向	タイプ1

・その他は初期設定のまま

POINT 初期設定で[出力サイズ指定]に✔がついています。

Memo 【環境設定】コマンドの〔その他〕タブで、「旧寸法線コマンドを使う」を✔すると、寸法線ダイアログに[旧寸法線]ボタンが表示されます。[旧寸法線]ボタンをクリックすると、旧寸法線ダイアログが表示され、普通の線分や文字データで寸法線を作図することができます。

(2) 〔**属性**〕**タブ**で以下のように設定し、[**文字サイズ**]**ボタン**をクリックします。

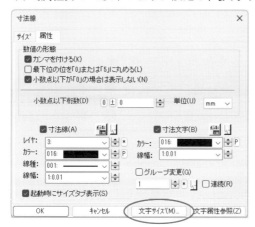

数値の形態		
☑	カンマを付ける	
☑	小数点以下が「0」の場合は表示しない	
小数点以下桁数		0
単位		mm
属性リスト ボタンから		
☑	寸法線	3番「寸法線・寸法文字」
☑	寸法文字	3番「寸法線・寸法文字」

・その他は初期設定のまま

POINT 属性は個別に指定する場合に✔します。
✔しない場合は現在設定している属性（アクティブ属性）で作図されます。

(3) 文字サイズ設定ダイアログボックスが表示されます。
以下のように設定し、[**OK**]**ボタン**をクリックします。

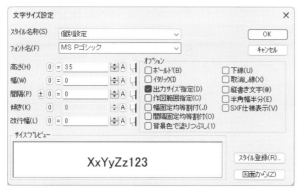

スタイル名	個別設定
フォント名	MSP ゴシック
高さ	3.5
幅	0
間隔	0
オプション	
☑ 出力サイズ指定	

・その他は初期設定のまま

POINT 初期設定で[出力サイズ指定]に✔がついています。
ついていない場合は、✔してから、高さ・幅を設定してください。

(4) 寸法線ダイアログボックスに戻ります。
ダイアログボックスの設定がすべて終わりましたら、
[**OK**]**ボタン**をクリックします。

3. 下階のバルコニーに寸法線を描きます。

(1) 【**端点**】 スナップで、柱と壁の端部をクリックします。

(2) 【**垂直点**】 スナップにして、手すりの内側の線をクリックします。

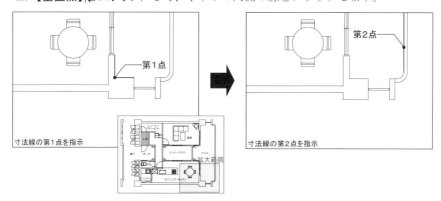

【寸法線】コマンドについて

タイプ：[選択]ボタンをクリックすると、以下のダイアログボックスを表示し、種類を選択できます。

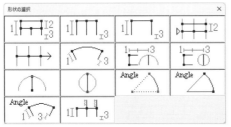 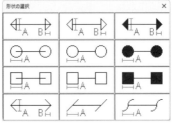

☆タイプ図を直接クリックしても、種類を選択できます。

[数値浮き]　数値を寸法線から離す距離を設定します。

[テンプレート]　寸法設定用のテンプレートダイアログを表示します。ここでよく使うサイズの登録・呼び出しができます。

[数値浮き]　　　　寸法数値の方向：[タイプ1]　[タイプ2]

[水平] [垂直]　指示点を水平方向または垂直方向に作図する場合に✔します。

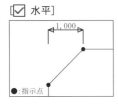 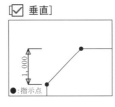 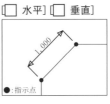

[補助線の基点]　補助線の基点の位置を指定したポイントに合わせる場合に✔します。

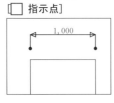 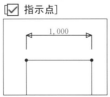

[寸法連動なし]　　　　【ストレッチ】コマンドなどで寸法線図形を変形しても数値が変更されません。

[寸法文字位置自由]　　【ストレッチ】や【ピンセット】コマンドなどで「寸法文字位置を考慮」に✔しなければ寸法線図形を変形しても文字の位置が変わりません。

[形状の選択]で「累進寸法」を選択した場合、[累進寸法]ボタンをクリックし、ダイアログを表示します。文字の位置や補助線の延長の有無、基点の丸止めの種類などについて設定し、寸法線を作図します。

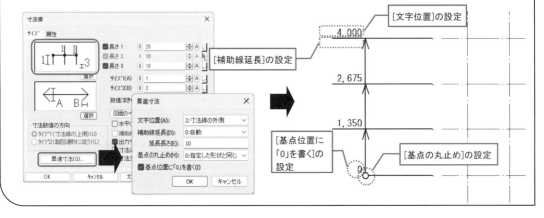

(3) カーソルを下方向に移動し、クリックすると、寸法線が描かれます。

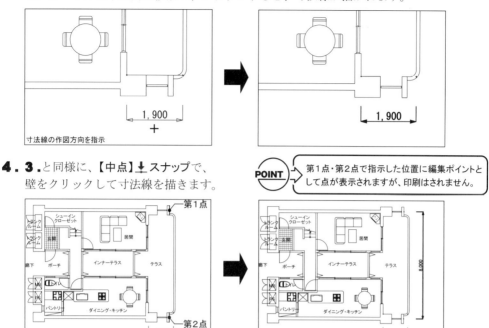

4. 3. と同様に、【中点】<u>●</u>スナップで、
壁をクリックして寸法線を描きます。

POINT ▶ 第1点・第2点で指示した位置に編集ポイントとして点が表示されますが、印刷はされません。

5.【寸法線】コマンドを解除します。

アドバイス✏

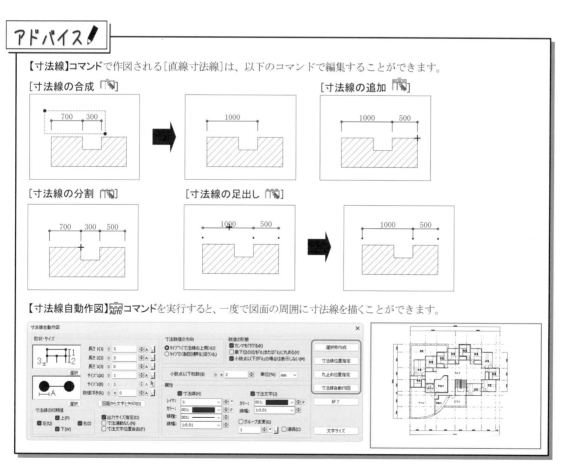

【寸法線】コマンドで作図される[直線寸法線]は、以下のコマンドで編集することができます。

[寸法線の合成 🖊]

[寸法線の追加 🖊]

[寸法線の分割 🖊]

[寸法線の足出し 🖊]

【寸法線自動作図】🔲コマンドを実行すると、一度で図面の周囲に寸法線を描くことができます。

1-2 コメントを描く

下階平面図のポーチとバルコニーのコメントを【引出線】コマンドで描きます。描かれる引出線は引出線図形データになります。

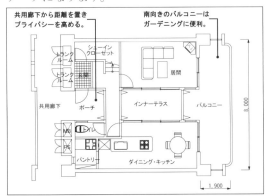

1. 【引出線】コマンドを実行します。

    [ホーム]メニューから[寸法線]の▼ボタンをクリックし、[引出線]をクリックします。

2. ダイアログボックスが表示されます。

    (1) 〔サイズ〕タブで以下のように設定し、[文字サイズ]ボタンをクリックします。

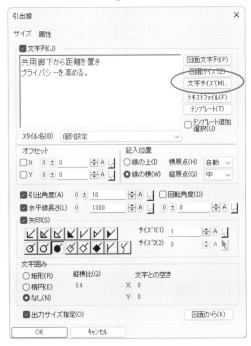

☑ 文字列	共用廊下から距離を置きプライバシーを高める。
記入位置	線の横
横原点	自動
縦原点	中
☑引出角度	90
☑水平線長さ	5
☑矢印	●
サイズ 1	1

・その他は初期設定のまま

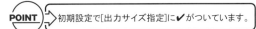

POINT ▷ 初期設定で[出力サイズ指定]に✔がついています。

Memo 【環境設定】コマンドの〔その他〕タブで、「旧引出線コマンドを使う」を✔すると、引出線ダイアログに[旧引出線]ボタンが表示されます。[旧引出線]ボタンをクリックすると、旧引出線ダイアログが表示され、普通の線分や文字データで引出線を作図することができます。

(2) 文字サイズ設定ダイアログボックスが表示されます。
以下のように設定し、[OK]ボタンをクリックします。

スタイル名	個別設定
フォント名	ＭＳゴシック
高さ	3.5
幅	0
間隔	0
改行幅	1.5
オプション	
☑ 出力サイズ指定	

POINT 初期設定で[出力サイズ指定]に✔がついています。
ついていない場合は、✔してから、高さ・幅などを設定
してください。

・その他は初期設定のまま

(3) 引出線ダイアログボックスに戻ります。
〔属性〕タブで以下のように設定し、[OK]ボタンをリックします。

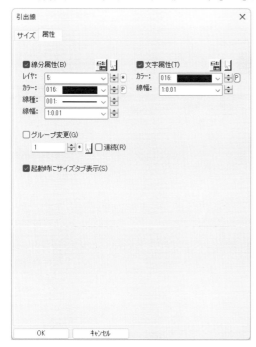

属性リスト 🔳 ボタンから	
☑ 線分属性	4番「図面文字・部屋名」
☑ 文字属性	4番「図面文字・部屋名」
☑ 起動時にサイズタブ表示	

・その他は初期設定のまま

POINT 属性は個別に指定する場合に✔します。
✔しない場合は現在設定している属性(アクティブ
属性)で作図されます。

POINT 「起動時にサイズタブを表示」を✔すると、次回起
動時またはダイアログ再表示時に〔サイズ〕タブを
表示します。
✔しない場合はダイアログを閉じた時のタブで
表示されます。

Memo

【引出線】コマンドで作図される引出線は引出線図形データで作図します。引出線図形は、引出線を構成
する線分、矢印記号、引き出して記入してある文字、そして文字を囲む図形(四角、楕円)を1つのプリ
ミティブとします。引出線のそれぞれの要素が定義できるCADとのデータ交換に便利な要素です。
DRA-CADで表現が可能な引き出し形態は、通常引出線、矩形付き引出線、楕円付き引出線の3種類に
なります。

[通常引出線]　　　　　　[矩形付き引出線]　　　　　　[楕円付き引出線]

【環境設定】コマンドの〔その他〕タブで、「旧引出線コマンドを使う」を✔すると、引出線ダイアログに[旧
引出線]ボタンが表示されます。[旧引出線]ボタンをクリックすると、旧引出線ダイアログが表示され、
普通の線分や文字データで作図することができます。

3. 下階平面図に引出線とコメントを描きます。

(1)【任意点】♥ スナップで、ポーチの任意な場所をクリックします。

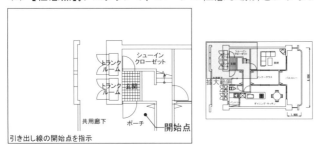

(2) カーソルを上方向に移動し、同じスナップのまま、任意な場所をクリックすると、引出線と
コメントが描かれます。

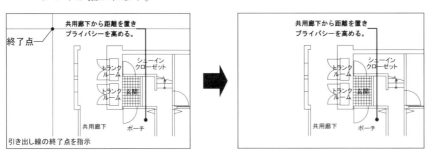

【引出線】コマンドについて

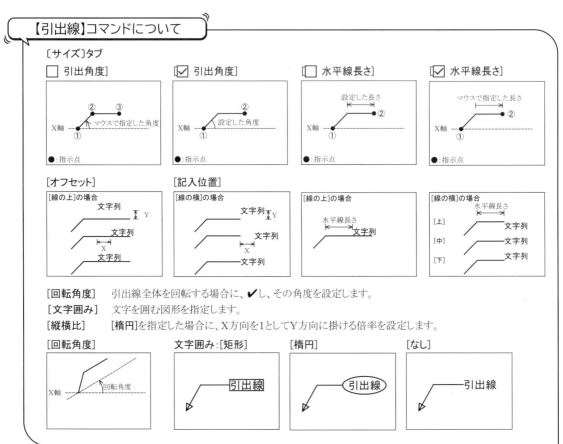

[回転角度] 引出線全体を回転する場合に、✔し、その角度を設定します。

[文字囲み] 文字を囲む図形を指定します。

[縦横比] [楕円]を指定した場合に、X方向を1としてY方向に掛ける倍率を設定します。

4. 下階平面図に引出線とコメントを描きます。

(1) 右クリックして、ダイアログボックスを表示します。

〔**サイズ**〕**タブ**でコメントを変更し、[OK]**ボタン**をクリックします。

☑ 文字列	南向きのバルコニーは ガーデニングに便利。

(2) **3.**と同様に、下階平面図に引出線とコメントを描きます。

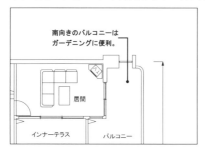

5.【引出線】コマンドを解除します。

アドバイス

DRA-CADでは、【引出線】コマンドと同様に、以下のコマンドでプレゼンテーション用の図形を作成することができます。

【文字囲み】あいコマンド

指定した文字のまわりに矩形、円などを作図します。

形状：［矩形］、［円］、［楕円］、［長楕円］

【注記】abcコマンド

フリーハンドのラインまたは吹き出しを作図します。

☆フリーハンドのラインはポリライン、吹き出しはパッケージデータとして作成されます。

吹き出し形状： ◌ ［フリーハンド］、□ ［四角形］、▭ ［角丸四角形］ 、◯ ［円形］ 、◌ ［雲形］

【モクモクペン】◯コマンド

図面上にポリ円弧を形成する円の半径を指定し、ポリ円弧を作図します。

入力タイプ　： ◌ ［フリーハンド］、◌ ［2点指定楕円］、◌ ［2点指定ボックス］、◌ ［任意指定］

　　　　　　 ◌ ［多角形指定］、◌ ［ポリライン指定］

形状タイプ　： ◌ ［モクモク］、◌ ［イガイガ］、◌ ［ナミナミ］

［文字囲み］ 楕円	［注記］ 雲形	［モクモクペン］2点指定楕円/モクモク

1-3 方位を描く

【矢印】と【円（3点指定）】コマンドで方位記号を描き、【文字記入】コマンドで方位を描きます。

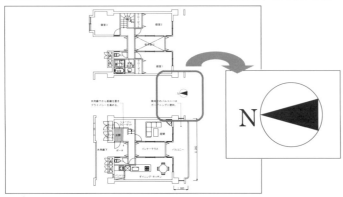

1-3-1 矢印を描く

◢ 属性を設定する

1.【属性リストパレット】を表示します。

16番「方位」をクリックします。

16：「方位」	レイヤ	105
	カラー	016：黒
	線種	001：実線

2. パレットを閉じます。

属性が設定され、〔属性〕パネルまたはステータスバーにレイヤ番号（105　）とカラー（黒）と線種（実線）が表示されます。

アドバイス

【プレゼン矢印】⇨コマンドで、修正指示やプレゼンテーション用の矢印を、細かな設定なしに描くことができます。大きさやプロポーション・角度などを素早く、自在に変えて作成できます。

形状： ⇨ ［横向き］、 ↱ ［L字］、 ↻ ［U字］、 ⇝ ［連続折れ線］

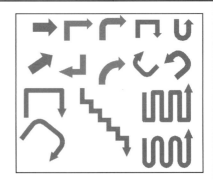

対角上の2点を指定し、作図します。
曲げ方調整、移動、回転、サイズ調整のマーカーが表示され、マウス操作で行うことができます。

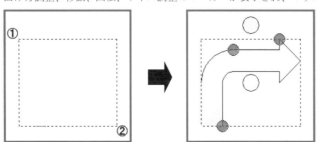

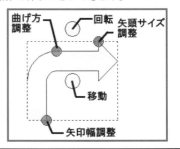

◤ 矢印を描く

1. 【矢印】コマンドを実行します。

[作図]メニューから[／￣ 引出線]の▼ボタンをクリックし、[←― 矢印]をクリックします。

2. ダイアログボックスが表示されます。

以下のように設定し、[OK]ボタンをクリックします。

矢印種別	◣
長さ	10
角度	30
☐ プリミティブ指示	
☑ アクティブ属性で作成	
☑ 出力サイズ指定	

3. 矢印を描きます。

(1) 【任意点】♥スナップで、平面図の任意な場所をクリックします。

(2) [Shift]キーを押しながらカーソルを右方向に移動し、同じスナップのまま、任意な場所をクリックすると、矢印が描かれます。

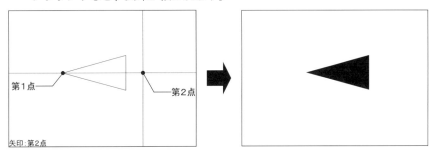

4. 【矢印】コマンドを解除します。

1-3-2 円を描く

1. 【円】コマンドを実行します。

[ホーム]メニューから[―― 単線]の▼ボタンをクリックし、[○ 円]をクリックします。

2. 【円】コマンドを実行します。ダイアログボックスが表示されます。

【3点指定】を選択します。

POINT 【円(3点指定)】○コマンドで直接、円を作図することもできます。

3. 円を描きます。

(1)【端点】スナップで、矢印の端部をクリックします。

> **POINT** → 操作途中で右クリックすると、1つ前の操作に戻り、指示をし直すことができます。

(2) 同じスナップのまま、2点目、3点目をクリックすると、矢印の頂点を通る円が作図されます。

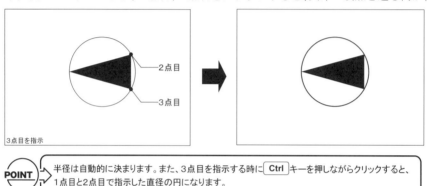

> **POINT** → 半径は自動的に決まります。また、3点目を指示する時に Ctrl キーを押しながらクリックすると、1点目と2点目で指示した直径の円になります。

4.【円】コマンドを解除します。

1-3-3 文字を描く

1.【文字記入】コマンドを実行します。

[文字]メニューから[A 文字記入]をクリックします。

2. ダイアログボックスが表示されます。

「文字列記入ボックス」に「N」と入力し、以下のように設定し、[OK]ボタンをクリックします。

スタイル名	個別設定
フォント名	Century
高さ	4
幅	0
間隔	0
原点	右中
☑ オフセットX	−1
オプション	
☑ 出力サイズ指定	
☐ 縦書き文字	

> **POINT** → [出力サイズ指定]がついていない場合は、✔してから、高さ・幅などを設定してください。

3. 文字を配置します。

　　【端点】⚓スナップで、矢印の端部をクリックすると、文字が描かれます。

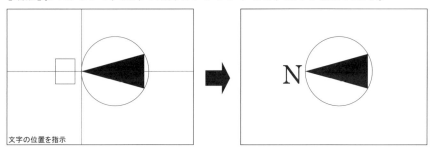

文字の位置を指示

4.【文字記入】コマンドを解除します。

アドバイス✏

文字列を編集すると、編集内容を記憶します。編集履歴から同じように修正できる文字列がある場合に、ステータスバーに🛈(通知アイコン)を表示し、通知します。
🛈をクリックすると、修正アシストダイアログに通知内容が表示されます。

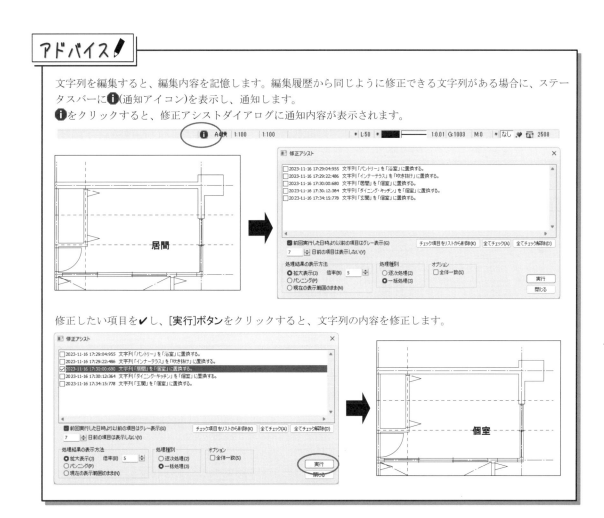

修正したい項目を✔し、[実行]ボタンをクリックすると、文字列の内容を修正します。

② 平面図を装飾する

平面図の躯体を塗りカラーで塗りつぶし、床面をハッチングします。

2-1 躯体を塗りつぶす

躯体を塗りカラーで塗りつぶします。

2-1-1 必要なレイヤのみを表示する

1. 【全レイヤ非表示】コマンドを実行します。

[レイヤ]メニューから[☰ 全レイヤ非表示]をクリックします。

すべてのレイヤが非表示になり、【全レイヤ非表示】コマンドは解除されます。

2. 【表示レイヤキー入力】コマンドを実行します。

[レイヤ]メニューから[☰ 表示レイヤキー入力]をクリックします。

3. ダイアログボックスが表示されます。

キーボードから "10,20,200 ↵" と入力します。

柱と壁だけが画面に表示され、塗りつぶしのレイヤも表示されるようにします。

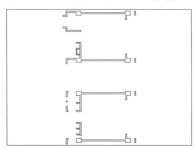

4. 【表示レイヤキー入力】コマンドを解除します。

2-1-2 躯体を塗りつぶす

◤ 属性を設定する

1.【属性リストパレット】を表示します。

17番「躯体」をクリックします。

17：「躯体」	レイヤ	200
	カラー	249：濃灰色
	線種	001：実線
	塗カラー	249：濃灰色

2. パレットを閉じます。

属性が設定され、〔属性〕パネルまたはステータスバーにレイヤ番号(200)とカラー(濃灰色)と線種(実線)が表示されます。

◤ 躯体を塗りつぶす

1.【ポリライン化】コマンドを実行します。

[編集]メニューから[ポリライン化]をクリックします。

2. ダイアログボックスが表示されます。

(1) [詳細設定]ボタンをクリックし、ダイアログボックスを追加表示します。

(2) 以下のように設定し、[OK]ボタンをクリックします。

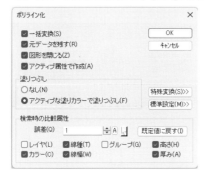
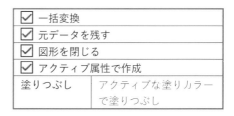

☑ 一括変換	
☑ 元データを残す	
☑ 図形を閉じる	
☑ アクティブ属性で作成	
塗りつぶし	アクティブな塗りカラーで塗りつぶし

3. 躯体をポリラインに変換します。

【標準選択】 で、躯体を上から下へと対角にドラッグして、選択すると躯体がポリライン化され、塗りつぶされます。

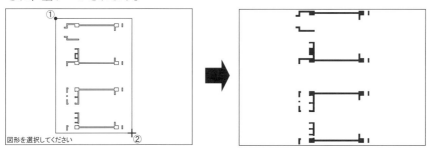

4.【ポリライン化】コマンドを解除します。

2-1-3 塗りつぶした壁に穴を空ける

1. 【面合成】コマンドを実行します。

[編集]メニューから[🔢 面合成]をクリックします。

2. ダイアログボックスが表示されます。

以下のように設定し、[OK]ボタンをクリックします。

計算種別	切り欠き

3. 穴を空けます。

(1) 外側の壁線をクリックします。

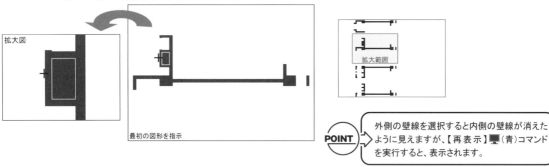

POINT 外側の壁線を選択すると内側の壁線が消えたように見えますが、【再表示】🖥(青)コマンドを実行すると、表示されます。

(2) 内側の壁線をクリックすると、塗りつぶされた壁に穴が空きます。

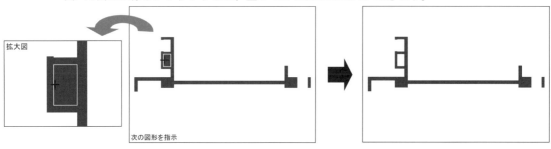

4. 【面合成】コマンドを解除します。

Memo 【ポリライン編集】🖉コマンドでポリラインの形状を編集、【ポリライン線分化】🖈コマンドでポリラインを線分に変換することができます。

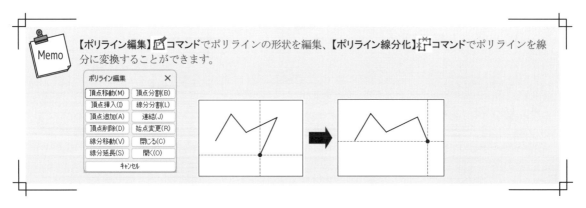

2-2 床面を作成する

床面を【ボックス】、【ハッチング図形】コマンドで作成します。

2-2-1 すべてのレイヤを表示する

1.【全レイヤ表示】コマンドを実行します。

[レイヤ]メニューから[≡ 全レイヤ表示]をクリックします。

すべてのレイヤが表示され、【全レイヤ表示】コマンドは解除されます。

2-2-2 床面を作成する（1）

◪ 属性を設定する

1.【属性リストパレット】を表示します。

19 番「床2」をクリックします。

19:「床2」	レイヤ	210
	カラー	166:薄水色
	線種	001:実線
	塗カラー	166:薄水色

2. パレットを閉じます。

属性が設定され、〔属性〕パネルまたはステータスバーにレイヤ番号(210)とカラー・塗りカラー(薄水色)と線種(実線)が表示されます。

床面を作成する

1. 【ボックス】コマンドを実行します。

[ホーム]メニューから[　ハッチング]の▼ボタンをクリックし、[□　ボックス]をクリックします。

2. ダイアログボックスが表示されます。

〔2点〕タブで以下のように設定し、[OK]ボタンをクリックします。

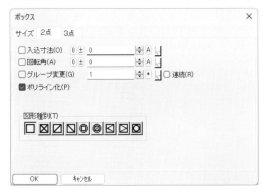

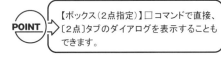

・その他は初期設定のまま

POINT 【ボックス（2点指定）】□コマンドで直接、〔2点〕タブのダイアログを表示することもできます。

3. パントリーを塗りつぶします。

(1) 【端点】スナップで、間仕切り壁の端部をクリックします。

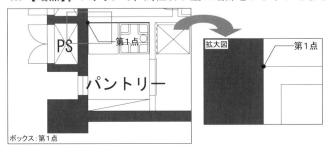

(2) 同じスナップのまま、対角上にカーソルを移動して部品の端部をクリックすると、矩形がポリラインで作図され、中が塗りつぶされます。

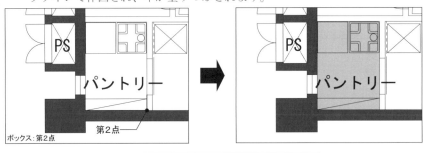

POINT 塗りつぶした床面が上に重なって表示されますが、【再表示】（青）コマンドを実行すると、下に表示されます。

背景色について

背景色により、設定した色が見えにくい場合は、【環境設定】コマンドの〔表示〕タブまたは【カラー設定】コマンドで背景色を「黒」または指定した色に変更することができます（詳細は「Part1 基本操作 **5-2-1** 線の色を変える アドバイス」(P53)を参照）。

4. 3.と同様に、トイレや洗面・脱衣室、浴室を塗りつぶします。

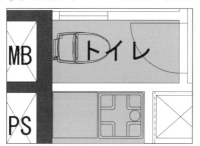 

5.【ボックス】コマンドを解除します。

【ボックス】コマンドについて

【ボックス】コマンドは、〔サイズ〕タブと〔2点〕タブ、〔3点〕タブがあります（〔サイズ〕タブは、「Part 2 図面の作成 **2-1** 柱を描く」(P163)を参照）。

〔2点〕タブ

2点を図面上で指示することにより、矩形を作図します。

　　[入込寸法]　配置する時の基準点からずらす場合は✔し、その距離を設定します。
　　[回転角]　　回転して作図する場合に✔し、その角度を設定します。

 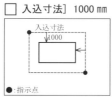 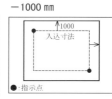 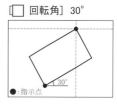

〔3点〕タブ

底辺と高さを指定して矩形を作図します。

☆【ボックス（3点指定）】⬜️コマンドで直接、〔3点〕タブのダイアログを表示することもできます。

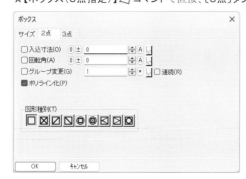

　　[高さ]　　　　　　　高さを指定して作図する場合に✔し、その高さを設定します。3点目は方向になります。
　　　　　　　　　　　　✔をはずすと3点指定で作図します。
　　[プリミティブ指示]　すでに描かれている線分を底辺の図形として作図する場合は✔します。

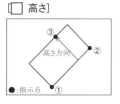  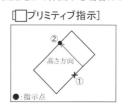

2-2-3 床面を作成する（2）

1.【ハッチング図形】コマンドを実行します。

[ホーム]メニューから[／￣ 引出線]の▼ボタンをクリックし、[▨ ハッチング]をクリックします。

2. ダイアログボックスが表示されます。

〔塗り〕タブで以下のように設定し、[OK]ボタンをクリックします。

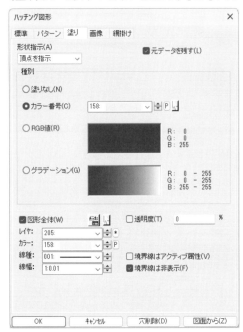

形状指示		頂点を指示
☑ 元データを残す		
種別	カラー番号	158：淡緑色
属性リスト▦ボタンから		
☑ 図形全体	18番「床1」	
☑ 境界線は非表示		

・その他は初期設定のまま

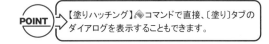

POINT：【塗りハッチング】◈コマンドで直接、〔塗り〕タブのダイアログを表示することもできます。

3. バルコニーの面を作成します。

(1)【端点】✐スナップで、柱の端部をクリックします。

(2) 同じスナップのまま、第2点～第4点をクリックします。

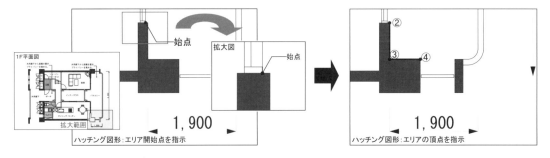

(3)【垂直点】スナップで、第5点～第6点をクリックします。

(4)【端点】✐スナップで、第7点～第8点をクリックします。

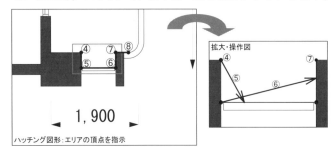

(5) 第8点まで取り終えたら、右クリックし、編集メニューを表示します。
[円弧 (接円弧)]を指定します。

(6) 【端点】 ✍ スナップで、第9点をクリックします。

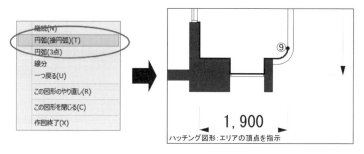

(7) 右クリックし、編集メニューを表示します。
[線分]を指定します。

(8) 同様に、第10点〜第22点をクリックします。

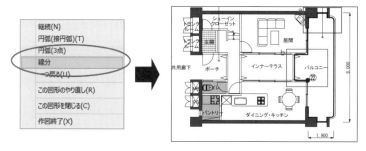

第10点〜第18点

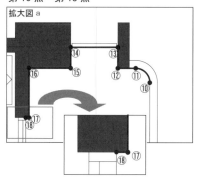

第19点〜第22点

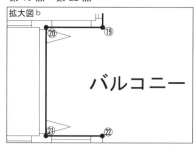

アドバイス

【ハッチング図形】🖉 コマンドで作成したハッチング図形は、拡張ポリライン(穴情報を持つポリライン)とハッチングの基点、間隔、属性などからなり、これを1つの図形として認識します。
ハッチング図形として描かれた連続した線分・図形は、形状を変更しても変更した形状に合わせてハッチングし直すので、再設定する必要がありません。

例:【ストレッチ】🖉 コマンド　　　　[線分]　　　　　　　　[ハッチング図形]

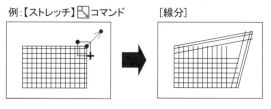

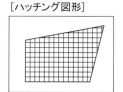

(9) 第22点まで取り終えたら、右クリックし、編集メニューを表示します。
[作図終了]を指定すると、バルコニーに面が作成され塗りつぶされます。

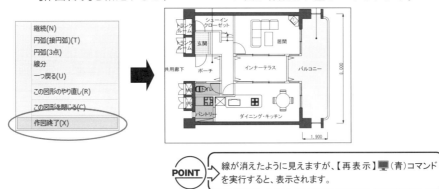

POINT 線が消えたように見えますが、【再表示】■(青)コマンド
を実行すると、表示されます。

4.3. と同様に、ポーチ・インナーテラスに面を作成し塗りつぶします。

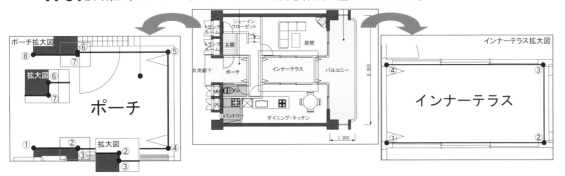

アドバイス✏

【材料記号線上配置】コマンドで、ハッチング図形と同様に、地盤、割栗、畳などのよく使われる材料表示記号や
登録した図形を配置することができます。

また、描かれた線分・図形は、形状を変更しても変更した形状に合わせて作図し直すので、再設定する必要が
ありません(詳細は、「アドバイス」(P315)を参照)。

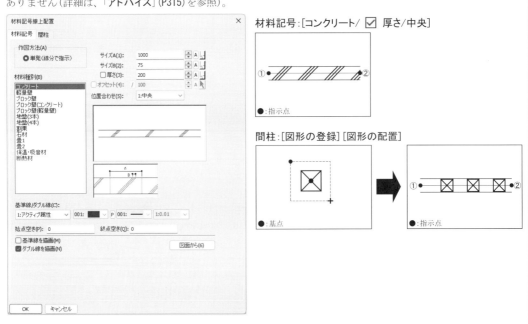

2-2-4 床面を作成する（3）

1. 設定を変更します。

(1) 右クリックしてダイアログボックスを表示します。
〔**パターン**〕**タブ**で[**インポート**]**ボタン**をクリックします。

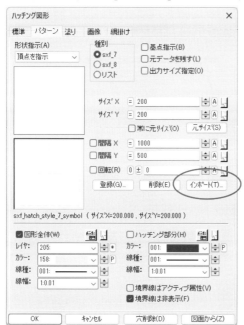

【パターンハッチング】▦コマンドで直接、〔パターン〕タブのダイアログを表示することもできます。

(2) パターンのインポートダイアログボックスが表示されます。
[**ファイルを開く**]**ボタン**をクリックします。

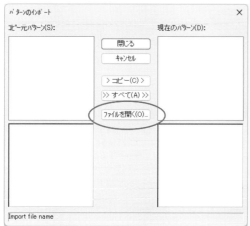

(3) 開くダイアログボックスが表示されます。
以下のように設定し、[**開く**]**ボタン**をクリックします。

ファイルの場所	こんなに簡単! DRA-CAD22　2次元編　練習用データ
ファイル名	部品.mpz
ファイルの種類	DRAWin ファイル

(4) 登録されているハッチングパターンが「**コピー元パターン**」に表示されます。

　　[**すべて**]ボタンをクリックすると、タイル張りとフローリングが登録され、「**現在のパターン**」に表示されます。

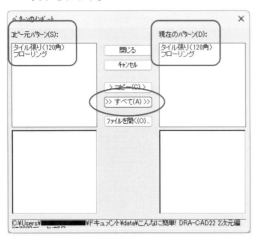

(5) [**閉じる**]ボタンをクリックします。

(6) ハッチング図形ダイアログボックスに戻ります。

　　「**フローリング**」を選択して以下のように設定し、[**OK**]ボタンをクリックします。

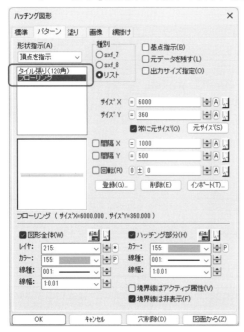

形状指示	フローリング
種別	リスト
サイズ X	6000
サイズ Y	360
属性リスト 🔳 ボタンから	
☑ 図形全体	20番「床3」
☑ ハッチング部分	20番「床3」
☑ 境界線は非表示	

・その他は初期設定のまま

 POINT 建具や部品を非表示し、形状指示を[閉領域を検索]に✓して、ハッチングする部屋の壁線をクリックすると、ハッチングすることができます。

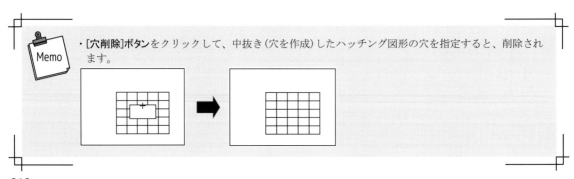

・[**穴削除**]ボタンをクリックして、中抜き（穴を作成）したハッチング図形の穴を指定すると、削除されます。

2. ダイニング・キッチンをハッチングして面を作成します。

(1)【端点】✔ スナップで、間仕切り壁の端部をクリックします。

(2) 同じスナップのまま、第2点～第8点をクリックします。

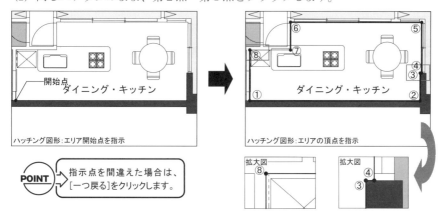

POINT → 指示点を間違えた場合は、[一つ戻る]をクリックします。

(3) 第8点まで取り終えたら、右クリックし、編集メニューを表示します。
　　 [作図終了]を指定すると、選択したパターンのハッチングが描かれます。

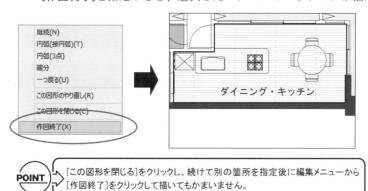

POINT → [この図形を閉じる]をクリックし、続けて別の箇所を指定後に編集メニューから [作図終了]をクリックして描いてもかまいません。

3. **2.** と同様に、居間・個室1～3をハッチングして面を作成します。

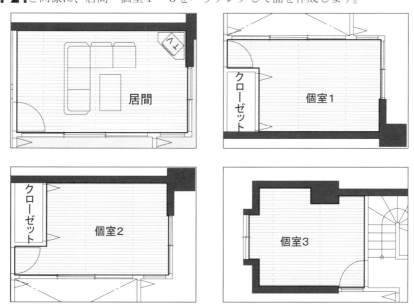

4.【ハッチング図形】コマンドを解除します。

2-3 部品を塗りつぶす

部品がハッチングと重なって描かれていますので、部品を白で塗りつぶします。
部品の外形をポリラインで作成してありますので、ここでは、【属性変更】コマンドで塗りつぶします。

2-3-1 部品を塗りつぶす

1. 【属性変更】コマンドを実行します。

[ホーム]メニューから[属性参照]の▼ボタンをクリックし、[属性変更]をクリックします。

2. ダイアログボックスが表示されます。

以下のように設定し、[OK]ボタンをクリックします。

☑ レイヤ	55
☑ 塗りカラー	007：白

3. 部品を塗りつぶします。

【標準選択】 で、部品の外形線をクリックして選択すると、部品が白で塗りつぶされます。

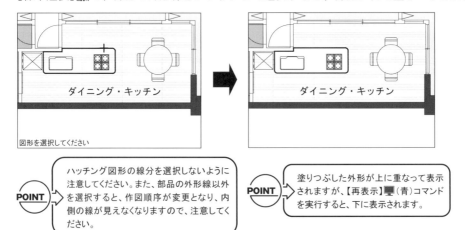

POINT ハッチング図形の線分を選択しないように注意してください。また、部品の外形線以外を選択すると、作図順序が変更となり、内側の線が見えなくなりますので、注意してください。

POINT 塗りつぶした外形が上に重なって表示されますが、【再表示】 （青）コマンドを実行すると、下に表示されます。

4. 3.と同様に、部品を塗りつぶします。

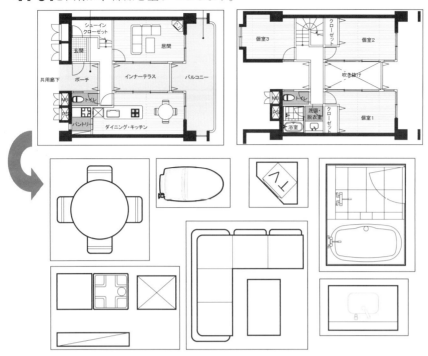

5.【属性変更】コマンドを解除します。

2-3-2 ファイルを上書き保存する

1.【上書き保存】コマンドを実行します。

[ファイル]メニューから[📄 上書き保存]をクリックします。

図面が上書き保存されて、作図画面に戻ります。

これで平面図の完成です。

3 立面図を装飾する

立面図の背景や地面を描き、グラデーションで塗りつぶします。

3-1 背景、地面を描く

【ボックス】コマンドで背景と地面を描きます。

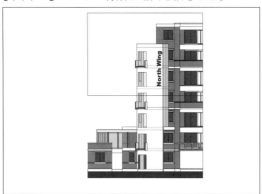

3-1-1 図面ファイルを開く

作図されている立面図のファイルを開きます。

1. 【開く】コマンドを実行します。

[ファイル]メニューから[開く]をクリックします。

2. ダイアログボックスが表示されます。

以下のように設定し、[開く]ボタンをクリックします。

ファイルの場所	こんなに簡単! DRA-CAD22 ２次元編 練習用データ
ファイル名	立面図.mps
ファイルの種類	DRACAD ファイル

「立面図」ファイルが表示され、【開く】コマンドは解除されます。

3-1-2 背景を描く

◢ 属性を設定する

1.【属性リストパレット】を表示します。

22番「背景」をクリックします。

22：「背景」	レイヤ	225
	カラー	165：空色
	線種	001：実線

2. パレットを閉じます。

属性が設定され、〔**属性**〕**パネル**またはステータスバーのレイヤ番号(225)とカラー(空色)と線種
(実線)が表示されます。

◢ 背景を描く

1.【ボックス】コマンドを実行します。

[**ホーム**]メニューから[□ **ボックス**]をクリックします。

2. ダイアログボックスが表示されます。

〔**サイズ**〕**タブ**で以下のように設定し、[**OK**]**ボタン**をクリックします。

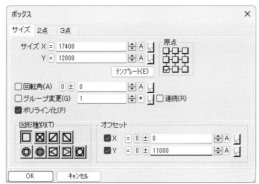

サイズ	X	17400
	Y	12000
原点		右中
☑ ポリライン化		
図形種別		□
☑ オフセットY		11000

3. 背景を描きます。

【端点】 スナップで、建物の左下端部をクリックすると、背景となる矩形が配置されます。

ボックス位置指定 ── ボックス位置

3-1-3 地面を描く

◤ 属性を設定する

1. 【属性リストパレット】を表示します。

21番「地面」をクリックします。

21：「地面」	レイヤ	220
	カラー	33：茶色
	線種	001：実線
	塗カラー	33：茶色

2. パレットを閉じます。

属性が設定され、〔**属性**〕**パネル**またはステータスバーのレイヤ番号(220)とカラー・塗りカラー(茶色)と線種(実線)が表示されます。

◤ 地面を描く

1. ダイアログボックスを変更します。

右クリックして、ダイアログボックスを表示します。

〔**サイズ**〕**タブ**でサイズなどを変更し、〔**OK**〕**ボタン**をクリックします。

サイズ	X	17400
	Y	1000
原点		左上
☐ オフセットY		11000

2. 背景と同様に、地面となる矩形を配置されます。

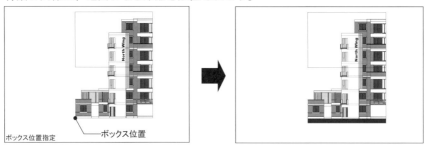

3. 【ボックス】コマンドを解除します。

3-1-4 ファイルに保存する

1. 【名前をつけて保存】コマンドを実行します。

〔**ファイル**〕**メニュー**から〔💾 **名前をつけて保存**〕をクリックします。

2. ダイアログボックスが表示されます。

以下のように設定し、〔**保存**〕**ボタン**をクリックします。

ファイルの場所	こんなに簡単! DRA-CAD22　2次元編　練習用データ
ファイル名	KADAI-04.mps
ファイルの種類	セキュリティファイル DRA-CAD22(*.mps)

保存と同時に【**名前をつけて保存**】コマンドは解除され、作図画面に戻ります。

これ以降は作業の終わりごとに、【**上書き保存**】💾コマンドをクリックし、ファイルを上書き保存してください。

3-2 文字と背景を塗りつぶす

マンションに描かれている文字を【文字線分化】コマンドでアウトラインフォントにし、文字と背景を【ハッチング図形】コマンドのグラデーションで塗りつぶします。

3-2-1 文字をアウトラインフォントにする

1.【文字線分化】コマンドを実行します。

[文字]メニューから[あ┰ 文字線分化]をクリックします。

2. ダイアログボックスが表示されます。

何も✔しないで、[OK]ボタンをクリックします。

3. 文字を線分化します。

【標準選択】□□で、マンションに描かれている文字をクリックして選択すると、文字が線分化されアウトラインフォントになります。

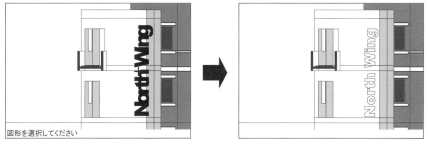

4.【文字線分化】コマンドを解除します。

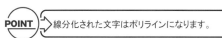

POINT　線分化された文字はポリラインになります。

【文字線分化】コマンドについて

【文字線分化】あ┰コマンドは、記入した文字列をポリライン化してアウトラインデータを作成します。ポリライン化した文字は図形として編集することができます。

☆線分化すると文字に戻すことはできません。

3-2-2 文字をグラデーションで塗りつぶす

1.【塗りハッチング】コマンドを実行します。

[作図]メニューから[🖉 ハッチング]の▼ボタンをクリックし、[◈ 塗り]をクリックします。

2. ダイアログボックスが表示されます。

〔塗り〕タブで以下のように設定し、[OK]ボタンをクリックします。

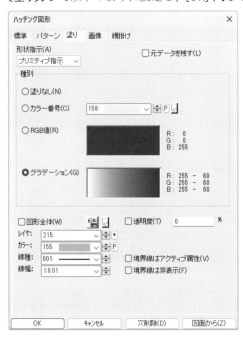

形状指示	プリミティブ指示
☑ 元データを残す	
種別	グラデーション
左	白（R 255・G 255・B 255）
右	濃灰色（R 60・G 60・B 60）
☐ 図形全体	
☐ 境界線は非表示	

Memo

・グラデーションのカラーは左・右それぞれをクリックして設定します。

カラーの左寄りまたは右寄りをクリックすると、カラーダイアログが表示されます（詳細は、「Part1 基本操作 **5-2-1 線の色を変える　アドバイス**」(P53) を参照）。

・基点を指示する時に第1基点が左の色、
第2基点が右の色になります。

3. 文字を塗りつぶします。

(1) **【標準選択】**▭で、文字を上から下へと対角にドラッグして選択します。

(2) **【任意点】**♥スナップで、文字「W」の任意の場所をクリックします。

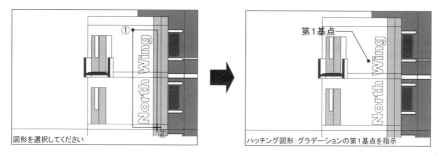

(3) 同じスナップのまま、文字「t」の任意の場所をクリックすると、文字がグラデーションで塗りつぶされます。

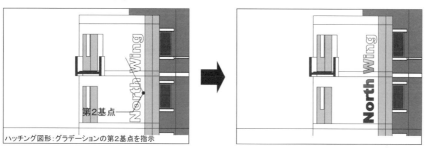

3-2-3 背景をグラデーションで塗りつぶす

1. ダイアログボックスを変更します。

右クリックして、ダイアログボックスを表示します。

以下のように設定を変更し、**[OK]ボタン**をクリックします。

種別	グラデーション
左	空色 （R 160・G 255・B 255）
右	白 （R 255・G 255・B 255）
☑ 境界線は非表示	

2. 背景を塗りつぶします。

(1) 【標準選択】🔲で、矩形をクリックして選択します。

(2) 【端点】🖈 スナップで、矩形の上端部をクリックします。

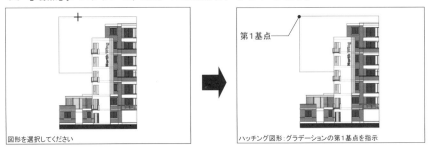

(3) 同じスナップのまま、矩形の下端部をクリックすると、矩形がグラデーションで塗りつぶされます。

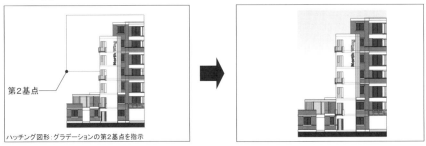

3. 【塗りハッチング】コマンドを解除します。

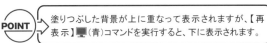

POINT 塗りつぶした背景が上に重なって表示されますが、【再表示】🖥（青）コマンドを実行すると、下に表示されます。

3-2-4 ファイルを上書き保存する

1. 【上書き保存】コマンドを実行します。

［ファイル］メニューから[💾 上書き保存]をクリックします。

図面が上書き保存されて、作図画面に戻ります。

これで立面図の完成です。

④ 図面を配置する

プレゼンテーション用の用紙枠に装飾した平面図や立面図を配置します。

4-1 図面を移動する

プレゼンテーション用図面に配置するために、装飾した平面図や立面図を【移動】コマンドで、用紙枠の左下に移動します。

☆シンボルとして配置していく時の基点が用紙枠の原点(左下)なので、装飾した平面図や立面図を用紙枠の左下に移動します。

4-1-1 図面を移動する

1.【移動】コマンドを実行します。

[ホーム]メニューから[🔧 移動]をクリックします。

2. ダイアログボックスが表示されます。

何も✔しないで、[OK]ボタンをクリックします。

3. 平面図を移動します。

(1) 「KADAI-03」ファイルのタブをクリックして表示します。

(2)【標準選択】▭で、平面図を上から下へと対角にドラッグして選択します。

(3)【端点】✔ スナップで、壁の端部をクリックします。

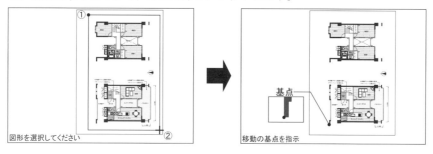

(4) 同じスナップのまま、用紙枠の左下端部をクリックすると、平面図が移動します。

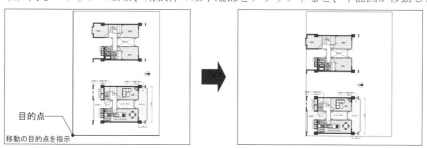

> **POINT** ▷【図面範囲表示】🖥(緑)コマンドを実行して、**用紙枠全体**を最大表示します。

4. 立面図を移動します。

3. と同様に、「KADAI-04」ファイルを表示して立面図を移動します。

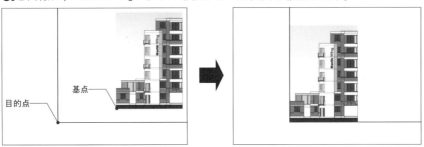

5. 【移動】コマンドを解除します。

4-1-2 図面ファイルを閉じる

1. 「KADAI-04」ファイルを閉じます。

作業ウィンドウの ❎ ボタンをクリックすると、メッセージダイアログが表示されます。
[はい]ボタンをクリックし、図面ファイルを上書き保存して閉じます。

2. 同様に、「KADAI-03」ファイルも上書き保存して閉じます。

4-2 新規図面を作成する

1/100 の縮尺でA2用紙の横方向の用紙を設定します。

1.【新規図面】コマンドを実行します。

[ファイル]メニューから[新規図面]→[新規図面]をクリックします。

新しい作業ウィンドウが表示され、【新規図面】コマンドは解除されます。

2.【図面設定】コマンドを実行します。

[ファイル]メニューから[設定]→[図面設定]をクリックします。

3. ダイアログボックスが表示されます。

〔全般〕タブで以下のように設定し、[OK]ボタンをクリックします。

図面縮尺	1/「100」
記入縮尺	1/「100」
レイアウトの設定	
用紙	A2
用紙の方向	横

用紙枠が変更され、【図面設定】コマンドは解除されます。

4.【図面範囲表示】コマンドを実行します。

[表示]メニューから[図面範囲表示]をクリックします。

用紙枠が画面一杯に表示され、【図面範囲表示】コマンドは解除されます。

> **POINT** → 図形が描かれていませんので、【全図形表示】■(赤)コマンドを実行しても、**用紙枠全体**が表示されます。

Memo 📎 **縮尺について**

設定された用紙、縮尺などはステータスバーに表示されます。

記入縮尺をクリックするとリストウィンドウが開き、記入縮尺を選択、右クリックするとエディットボックスを表示し、記入縮尺を直接入力することができます。

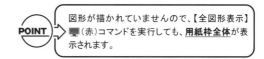

用紙サイズ ─┐ ┌─ 記入縮尺

A4横 1:100 | 1:100 　　　　　　　　* L:1 * ■■■■──── 1:0.01 G:1 | M:0 * なし ♥ 🔲 2508

└─ 図面縮尺

また、図面縮尺をクリックすると縮尺・用紙の設定ダイアログを表示し、図面の縮尺や用紙のレイアウトを設定することができます。

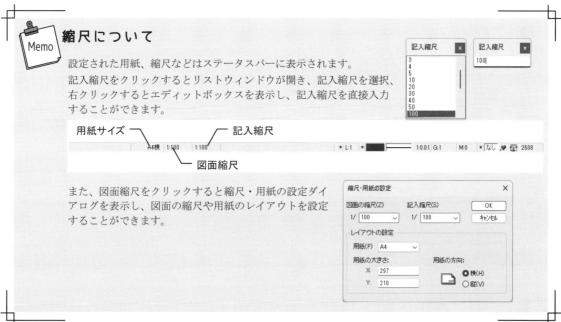

4-3 補助線を描く

用紙枠を基準にして、【平行複写】コマンドで描きます。

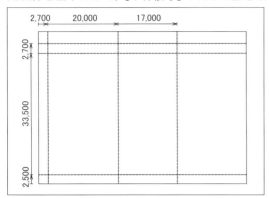

4-3-1 補助線を描く

◢ 属性を設定する

1.【属性リストパレット】を表示します。

15 番「補助線」をクリックします。

22:「背景」	レイヤ	100
	カラー	011:濃紫色
	線種	003:点線

2. パレットを閉じます。

属性が設定され、〔**属性**〕**パネル**またはステータスバーにレイヤ番号(100)とカラー(濃紫色)と線種 (点線)が表示されます。

◢ 補助線を描く

1.【平行複写】コマンドを実行します。

[**ホーム**]メニューから[⌐ 線分連結]の▼**ボタン**をクリックし、[⊩ 平行複写]をクリックします。

2. ダイアログボックスが表示されます。

(1) [**標準設定**]**ボタン**をクリックし、標準ダイアログボックスにします。

(2) 以下のように設定し、[**OK**]**ボタン**をクリックします。

編集方法	2点指示
距離 (複数可)	2700,20000,17000
コピー回数	1

3. 補助線を描きます。

(1)【端点】✔ スナップで、用紙枠の左端部2点をクリックします。

(2) カーソルを右方向に移動し、クリックすると、複写されます。

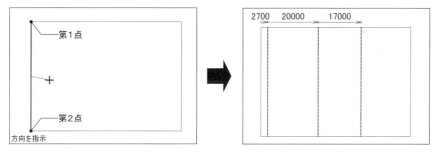

4. その他の補助線を描きます。

(1) 右クリックして、ダイアログボックスを表示します。

以下のように設定を変更し、[OK]ボタンをクリックします。

距離（複数可）	2500,33500,2700

(2) **3.**と同様に、用紙枠の下端部2点をクリックし、上方向に複写します。

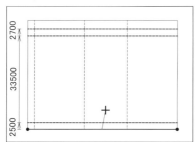

5.【平行複写】コマンドを解除します。

4-3-2 ファイルに保存する

1.【名前をつけて保存】コマンドを実行します。

[ファイル]メニューから[🖫 名前をつけて保存]をクリックします。

2. ダイアログボックスが表示されます。

以下のように設定し、[保存]ボタンをクリックします。

ファイルの場所	こんなに簡単! DRA-CAD22 2次元編 練習用データ
ファイル名	KADAI-05.mps
ファイルの種類	セキュリティファイル DRA-CAD22(*.mps)

保存と同時に【名前をつけて保存】コマンドは解除され、作図画面に戻ります。

これ以降は作業の終わりごとに、【上書き保存】🖫コマンドをクリックし、ファイルを上書き保存してください。

4-4 図面を配置する

平面図、立面図を1つのファイルに配置すると、図面のファイルサイズが大きくなり、描画や編集、選択に時間がかかることがあります。ここでは、【シンボル挿入】コマンドで平面図、立面図をプレゼンテーション用図面に配置します。

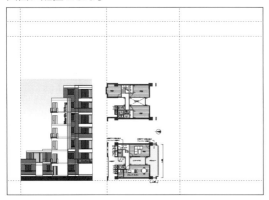

4-4-1 平面図・立面図を配置する

◤ 属性を設定する

1.【属性リストパレット】を表示します。

24番「参照図面」をクリックします。

24:「参照図面」	レイヤ	235
	カラー	011:濃紫色
	線種	003:点線

2. パレットを閉じます。

属性が設定され、〔**属性**〕**パネル**またはステータスバーのレイヤ番号(235)とカラー(灰色)と線種(実線)が表示されます。

◤ 平面図・立面図を配置する

1.【シンボル挿入】コマンドを実行します。

[部品]メニューから[🔧シンボル挿入]をクリックします。

2. ダイアログボックスが表示されます。

(1) [**参照(2)**]**ボタン**をクリックします。

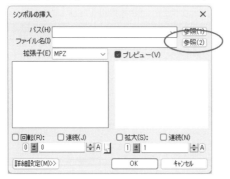

(2) ファイルを指定ダイアログボックスが表示されます。
　　以下のように設定し、[開く]ボタンをクリックします。

ファイルの場所	こんなに簡単! DRA-CAD22　2次元編　練習用データ
ファイル名	KADAI-03.mps
ファイルの種類	DRACAD ファイル

(3) シンボルの挿入ダイアログボックスに戻ります。
　　表示などを確認し、[OK]ボタンをクリックします。

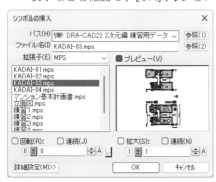

POINT　[プレビュー]を ✔ すると、指定した図面が表示されます。

アドバイス ✐

「シンボル」は、別ファイルで保存してある図面を【シンボル挿入】コマンドで現在開いている図面に図形として配置できます。シンボルを配置した図面ファイルには、シンボルとした別図面ファイルのパスなどが情報として保存されます。

参照元のデータファイルを移動または削除すると、配置したシンボルデータは矩形表示となります。シンボルとして配置されたデータは、表示/印刷/スナップすることが可能になります。

ただし、【名前をつけて保存】💾コマンドの[オプション]または【図面設定】🖼コマンドの〔全般〕タブの「外部参照(シンボル・画像)を MPZ/MPX/MPS 内に保存する」を✔すると、シンボルデータも図面と一緒に保存されます。また、参照元のデータファイルが変更された場合、配置したシンボルデータは【環境設定】🖳コマンドの〔その他〕タブで「外部参照ファイルの更新」で選択した方法で、更新します。

【シンボル挿入】🎄コマンドで、外部の図面ファイルを外部参照図形として配置します。

[シンボルファイル]　　　　　　　[シンボルの配置]

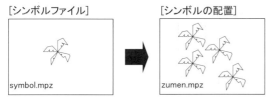

symbol.mpz　　　　　　　　zumen.mpz

また、シンボルとして配置されたデータは、【シンボル分解】🎄コマンドまたは【分解】⊞コマンドで、線分データに戻すことができ、【シンボル編集】🎄コマンドで図面に配置したシンボルデータをクリックすると、シンボルが図面として新しいウィンドウを開いて編集することができます。

さらに、図面に配置したシンボルは【部品リスト】📋コマンドで、確認することができます。

3. 平面図を配置します。

カーソルの交差部に平面図がついています。

【**交点**】スナップで、補助線の交差部をクリックすると、平面図が配置されます。

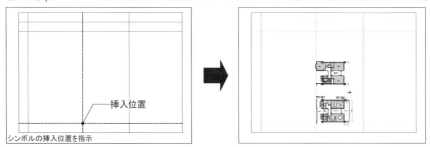

4. 立面図を配置します。

(1) 右クリックして、ダイアログボックスを表示します。

以下のように設定を変更し、[**OK**]**ボタン**をクリックします。

ファイルの場所	こんなに簡単! DRA-CAD22 2次元編 練習用データ
ファイル名	KADAI-04.mps
拡張子	mps

(2) **3.**と同様に、立面図を配置します。

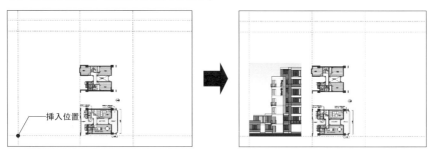

5. 【**シンボル挿入**】**コマンド**を解除します。

⑤ 画像などを配置する

樹木や内観・外観パースなどの画像データや Excel で作成した設備表などのオブジェクトを配置します。

5-1 画像データを配置する

樹木や内観・外観パースなどを【画像挿入】コマンドで挿入し、【図形のプロパティ】コマンドでサイズなどを変更してから【移動】コマンドで配置します。

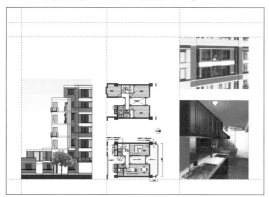

5-1-1 画像を貼り付ける

☑ 属性を設定する

1.【属性リストパレット】を表示します。

23 番「画像・オブジェクト」をクリックします。

23：「画像・オブジェクト」	レイヤ	230
	カラー	008：灰色
	線種	001：実線

2. パレットを閉じます。

属性が設定され、〔**属性**〕パネルまたはステータスバーにレイヤ番号(230)とカラー(灰色)と線種(実線)が表示されます。

📋 画像データについて

画像データは、外部の画像ファイルを図面上に表示します。参照される画像ファイルのパスと配置情報(配置点、拡大率)、透過率を保持している図形です。配置されたデータは、表示/印刷/スナップ(外側矩形)することが可能です。

半透明表現や、画像の背景を非表示状態にするマスクカラーの指定や TIFF、PNG 形式の α チャネル(透過する状態を保持している情報)へも対応していますので、デジカメで作成した画像や各種素材集を利用した高品質な図面・プレゼンボードを作成することが可能になります。

ただし、参照元の画像ファイルを移動または削除すると、図面上に表示されている画像データは矩形表示となります。【名前をつけて保存】📄コマンドの[オプション]または【図面設定】🖼コマンドの〔全般〕タブの「外部参照(シンボル・画像)を MPZ/MPX/MPS 内に保存する」を✔すると、画像データも図面と一緒に保存されます。

対応可能な画像形式は、以下の 4 種類です。

・WindowsBitmap (bmp)・TIFF 形式 (tif、tiff)・JPEG 形式 (jpg、jpeg)・PNG 形式 (png)

▨ 画像を貼り付ける

1.【画像挿入】コマンドを実行します。

[部品]メニューから[🖼 画像挿入]をクリックします。

2. ダイアログボックスが表示されます。

(1)「こんなに簡単! DRA-CAD22 2次元編 練習用データ」フォルダを指定します。

(2)「tree.tif」ファイルを指定し、[開く]ボタンをクリックします。

プレビューウィンドウを表示

3. 挿入する場所を指定します。

カーソルの交差部に画像データがついています。

【任意点】♥**スナップ**で、用紙枠外の任意な場所をクリックすると、樹木が配置されます。

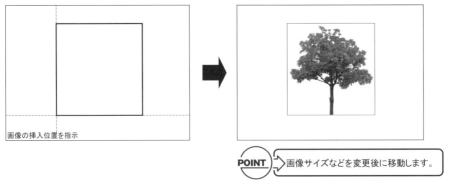

画像の挿入位置を指示

POINT ▷ 画像サイズなどを変更後に移動します。

4. ダイアログボックスを変更します。

右クリックして、ダイアログボックスを表示します。

以下のように設定を変更し、[開く]ボタンをクリックします。

ファイル名	内観パース.bmp
☑ 2点指示	

5. 内観パースを挿入します。

(1)【交点】✔スナップで、補助線の交差部をクリックします。

(2) 第2点として、キーボードより「17000 →」と入力します。

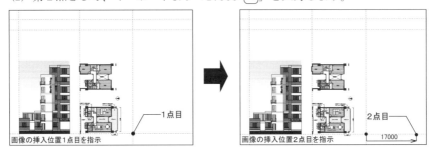

画像の挿入位置1点目を指示 ／1点目

画像の挿入位置2点目を指示 ／2点目 17000

(3) カーソルを上方向に移動し、クリックすると、内観パースが挿入されます。

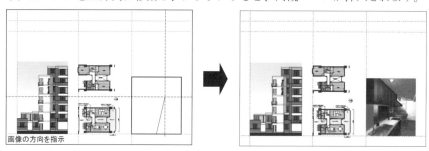

6. 外観パースを挿入します。

(1) 右クリックして、ダイアログボックスを表示します。
以下のように設定を変更し、[OK]**ボタン**をクリックします。

ファイル名	外観パース.bmp

(2) **5.**と同様に、立面図を配置します。

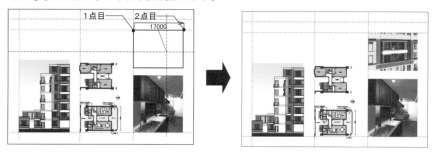

7.【画像挿入】**コマンド**を解除します。

アドバイス

【パーツパレット】で同様に画像を貼り付けることができます。

[操作手順]

(1)【パーツパレット】で、[参照]**ボタン**から「フォルダ参照」を指定します。
開くダイアログから「こんなに簡単! DRA-CAD22 2次元編 練習用データ」
フォルダを指定し、パーツパレットにデータを表示します。

(2)「tree.tif」を選択し、図面にドラッグします。

(3) マウスのボタンを離すと、編集メニューが表示されます。
[画像挿入]を選択し、【任意点】スナップで用紙枠外の任意の場所を
クリックすると、樹木が配置されます。

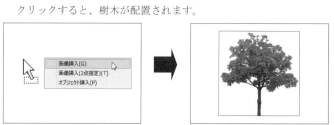

5-1-2　画像のサイズなどを変更する

1.【図形のプロパティ】コマンドを実行します。
　　[ホーム]メニューから[🔌 プロパティ]をクリックします。

2. 樹木を指定します。
　　【標準選択】▥で、樹木の外形線をクリックして選択します。

図形を選択してください

POINT → 画像の外形線をクリックしないと、選択できません。外形線がわかりづらい場合は、【クロス選択】▦で樹木全体を選択してください。

3. ダイアログボックスが表示されます。
　　[画像]タブで以下のように設定し、[OK]ボタンをクリックします。

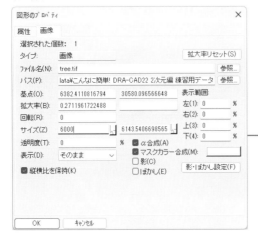

サイズ	6000,………
☑ α 合成	
☑ マスクカラー合成	白
☑ 縦横比を保持	

・その他は初期設定のまま

色ボタン

POINT → [マスクカラー合成]を✔すると、フルカラー画像の場合、指定した色を透過させます。色ボタンをクリックし、マスクカラーを設定します。

POINT → 「縦横比を保持」を✔すると、X、Yどちらかのサイズを設定すると、もう片方のサイズが自動的に設定されます。

　　樹木の画像データのサイズなどが変更されます。

4.【図形のプロパティ】コマンドを解除します。

アドバイス✎

【図形のプロパティ】コマンドで画像データを編集することができます。
　　[表示]　　　　画像をそのまま表示/境界矩形で表示の選択を行います。
　　[表示範囲]　　各辺からの入り込みサイズを幅・高さに対する割合（%）で設定します。
　　[α合成]　　　αチャンネル付きの TIFF、PNG 形式の画像の場合、αチャンネルで透過処理を行います。

　　　[透明度 50%]　　　　[表示範囲 右 50%]

　　[影]　　　　　　　画像の外側に影を落とします。
　　[ぼかし]　　　　　画像の縁をぼかします。
　　[影・ぼかし設定]　影とぼかしの設定ダイアログを表示し、影の落とし方やぼかし具合を設定します。

5-1-3 画像を配置する

1. 【移動】コマンドを実行します。

[ホーム]メニューから[🖼 移動]をクリックします。

2. ダイアログボックスが表示されます。

以下のように設定し、[OK]ボタンをクリックします。

> ☑ ドラッギング

3. 立面図に樹木を配置します。

(1) 【標準選択】▢で、樹木をクリックして選択します。

(2) 【端点】✦ スナップで、樹木の右下端部をクリックします。

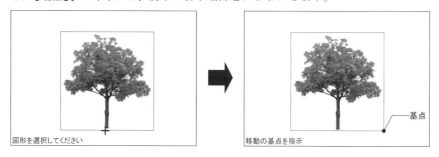

図形を選択してください　　　　　　　　　　　移動の基点を指示　　　　　　　　　　基点

(3) 【線上点】✦ スナップで、立面図の地面の線分上をクリックして樹木を配置します。

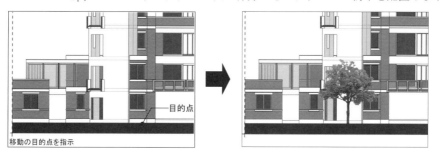

移動の目的点を指示　　　　　　　目的点

4. 【移動】コマンドを解除します。

画像データの編集コマンド

【画像表示範囲】🖼コマンドは、画像の4辺または4隅を指定して表示範囲を設定することができます。
【画像編集】🖼コマンドは、図面に配置した画像データをクリックすると、画像編集ウィンドウを開いて
編集することができます。【画像線分化】🖼コマンドは、白黒1ビット画像から線分を抽出、線分データ
に変換し、DRA-CAD の図面中に貼り付けすることができます。

[画像編集]　　　　　　　　　　　　　　　　　[画像線分化]

5-2 設備表を配置する

表計算ソフトで作成した設備表を配置します。ここでは Excel で作成した設備表を配置します。

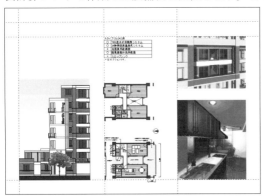

5-2-1 設備表をコピーする

1. Excel を起動します。

2. 【開く】コマンドを実行します。

    (1) ツールバーから[開く]📂ボタンをクリックまたは[ファイル]→[開く] 📂を指定します。

    (2) 以下のように「設備表」ファイルを指定し、[開く]ボタンをクリックします。

ファイルの場所	こんなに簡単! DRA-CAD22　2次元編 練習用データ
ファイル名	設備表
ファイルの種類	Microsoft Excel ファイル(*.xlsx)

「設備表」ファイルが表示され、【開く】コマンドは解除されます。

3. 範囲を指定し、コピーします。

    (1) ドラッグしてコピーする範囲を指定します。

    (2) [ホーム]メニューから[🗐 コピー]をクリックします。

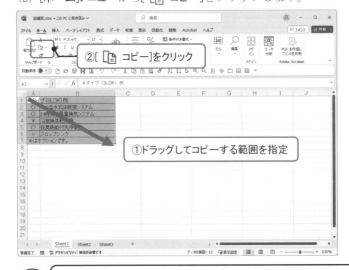

POINT コピーして貼り付けを行う場合、一時的にクリップボード(メモリ上に一時記憶しておく機能)にコピーされます。クリップボードでは、直前の1つしか記憶しません。

5-2-2 設備表を配置する

1. DRA-CAD を表示します。

タスクバーから[DRA-CAD22]の**アイコン**🐶 をクリックし、DRA-CAD22 を表示します。

2. 【貼り付け】コマンドを実行します。

[ホーム]メニューから[📋 貼付け]をクリックします。

3. 設備表を配置します。

【交点】📐スナップで、補助線の交差部をクリックします。設備表が配置され、【貼り付け】コマンドは解除されます。

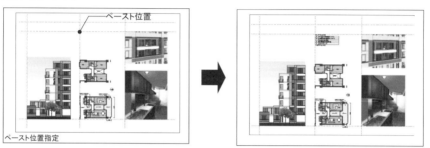

> **POINT** オブジェクトとして貼り付けると、背景色が黒の場合、文字が見えませんので、背景色を白に変更してください。

4. Excel を終了します。

タスクバーから[Excel]の**アイコン**をクリックし、Excel を表示して終了します。

アドバイス✏

Excel がインストールされていない場合は、エクスプローラーから作業ウィンドウ上にファイルをドラッグ＆ドロップすると、Excel データを貼り付けることができます。

[操作手順]

(1) エクスプローラーで、「設備表.xls」を指定し、図面にドラッグします。

(2) ボタンを離すと、編集メニューが表示されます。[**オブジェクト挿入**]を選択すると、設備表が貼り付けられます。

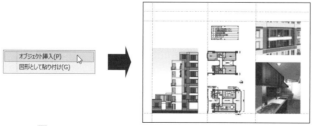

(3) 【移動】🔧コマンドで、補助線の交差部に配置します。

アドバイス！

DRA-CAD と他のアプリケーションの間で、クリップボードを利用してデータを受け渡しすることができます。
【切り取り】 または【コピー】コマンドで、選択した図形をクリップボードにコピーし、【貼り付け】コマンドまたは
【形式を選択して貼り付け】コマンドで、クリップボードにコピーしてあるオブジェクトを図面に貼り付けます。

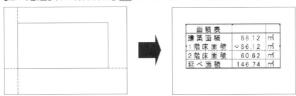

【オブジェクトの作成と貼り付け】コマンドで、DRA-CAD 上で他のアプリケーションを開いてオブジェクトを作成
し、埋め込むこともできます。

貼り付け方法の違い：

	データの一部を貼り付け	貼り付け後の編集	リンク
貼り付け	○	×	×
形式を選択して貼り付け	○	○	○
オブジェクトの作成と貼り付け	×	○	○

☆リンクとは、データを貼り付ける時にコピー元のデータに関連づけをすることをいいます。リンク貼り付けをすると、コピー
　元のデータを変更すると貼り付け先のデータも変更されます。

また、【オブジェクトの選択】コマンドでオブジェクトを選択し、境界線をドラッグしてサイズの変更やオブジェク
トをドラッグして移動することができます。

［サイズ変更］　　　　　　　［移動］

【図形として貼り付け】コマンドは、クリップボードにある拡張メタファイルやメタファイルを DRA-CAD の図形要素
として貼り付けることができます。

【貼り付け】　　　　　　【形式を選択して貼り付け】　【図形として貼り付け】

ピクチャーメタファイル　　Microsoft Excel ワークシート　線分・文字・ポリラインなど

また、【オブジェクトの図形化】コマンドでオブジェクトを DRA-CAD データ（線分や文字列などの図形要素）に変
換することもできます。

図面に貼られた OLE 画像を任意の画像形式へ変換できます。
WindowsBitmap（bmp）・TIFF 形式（tif、tiff）・
JPEG 形式（jpg、jpeg）・PNG 形式（png）

5-2-3 設備表のサイズを変更する

1.【図形のプロパティ】コマンドを実行します。

[ホーム]メニューから[🔧プロパティ]をクリックします。

2. 設備表を指定します。

【標準選択】⬚で、設備表をクリックして選択します。

3. ダイアログボックスが表示されます。

〔オブジェクト〕タブで以下のように設定し、[OK]ボタンをクリックします。

サイズ	12000,………
☑ 縦横比を保持	

・その他は初期設定のまま

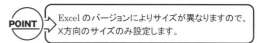

POINT Excel のバージョンによりサイズが異なりますので、X方向のサイズのみ設定します。

設備表のサイズが変更されます。

4.【図形のプロパティ】コマンドを解除します。

⑥ 文字を入力する

図面名やコメントなどを入力します。また、タイトルを配置します。

6-1 タイトルを描く

タイトルを【ボックス】コマンドで装飾し、タイトル名を【文字記入】コマンドで描きます。

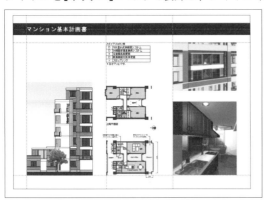

6-1-1 矩形を描く

◢ 属性を設定する

1.【属性リストパレット】を表示します。

26 番「タイトル」をクリックします。

26:「タイトル」	レイヤ	245
	カラー	050 紺色
	線種	001：実線
	塗カラー	050 紺色

2. パレットを閉じます。

属性が設定され、〔**属性**〕**パネル**またはステータスバーにレイヤ番号(245)とカラー・塗りカラー(紺色)と線種(実線)が表示されます。

◢ 矩形を描く

1.【ボックス】コマンドを実行します。

[ホーム]メニューから[□ボックス]をクリックします。

2. ダイアログボックスが表示されます。

〔**サイズ**〕**タブ**で以下のように設定し、[OK]ボタンをクリックします。

サイズ	X	59400
	Y	2800
原点	左中	
☑ ポリライン化		
図形種別	□	

3. 矩形を配置します。

【端点】 スナップで、補助線の端部をクリックすると、矩形が配置されます。

ボックス位置指定

4. 【ボックス】コマンドを解除します。

POINT ▷ 塗りつぶした矩形が上に重なって表示されますが、【再表示】🖥(青)コマンドを実行すると、補助線の下に表示されます。

6-1-2 タイトル名を描く

◤ 属性を設定する

1. 【属性リストパレット】を表示します。

25番「タイトル名」をクリックします。

25：「タイトル名」	レイヤ	240
	カラー	006：黄色
	線種	001：実線

2. パレットを閉じます。

属性が設定され、〔属性〕パネルまたはステータスバーにレイヤ番号(240)とカラー（黄色）と線種(実線)が表示されます。

◤ タイトル名を描く

1. 【文字記入】コマンドを実行します。

[文字]メニューから[A 文字記入]をクリックします。

2. ダイアログボックスが表示されます。

(1)「**文字列記入ボックス**」に「マンション基本計画書」と入力します。

(2) 以下のように設定し、[OK]ボタンをクリックします。

スタイル名	個別設定
フォント名	ＭＳゴシック
原点	左中
高さ	15
幅	0
間隔	0
オプション	
☑ 出力サイズ指定	

POINT ▷ 初期設定で[出力サイズ指定]に✔がついています。ついていない場合は、✔してから、高さ・幅を設定してください。

3. 文字を配置します。

【交点】スナップで、補助線の交差部をクリックすると、タイトルが描かれます。

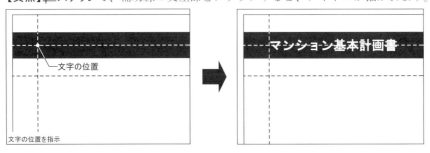

文字の位置

文字の位置を指示

アドバイス

App Store から専用のアプリ「DRA AR」をインストールすると、iPhone や iPad のレンズを通して DRA-CAD データの平面図や3次元モデルを現実空間に配置することができます。

☆3次元モデルは、DRA-CAD22LE ではご利用できません。

☆iOS / iPadOS 15 以降に対応しています。

　対応 2D 要素：線分、円、円弧、楕円、楕円弧、ポリライン、文字

　対応 3D 要素：ポリライン

＜操作方法＞

(1) Windows の ■■(スタート)ボタンをクリックし、[DRA-CAD22]から[DRA AR マーカー] を選択して A4 サイズに印刷し、現場に配置します。

(2) iPhone や iPad の[DRA AR] をタップして起動します。

(3) ファイルを選択すると、カメラに切り換わりますので、[DRA AR マーカー]の中心にカメラを あわせます。

(4) 図面の原点をあわせると、画面に表示されます。

[DRA AR マーカー]

例：2D 平面図　　　3次元モデル

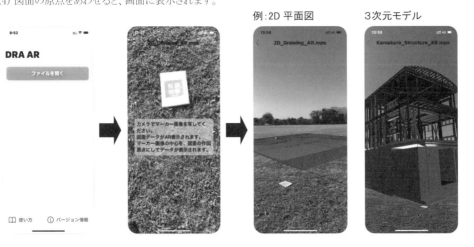

6-2 図面名・コメントを描く

各図面名、コメントを【文字記入】コマンドで描きます。

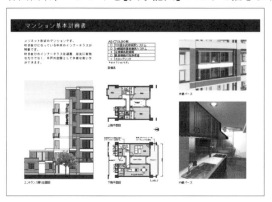

6-2-1 図面名を描く

属性を設定する

1.【属性リストパレット】を表示します。

4番「図面文字・部屋名」をクリックします。

4：「図面文字・部屋名」	レイヤ	5
	カラー	014：濃黄色
	線種	001：実線

2. パレットを閉じます。

属性が設定され、〔属性〕パネルまたはステータスバーにレイヤ番号（5）とカラー（黒）と線種（実線）が表示されます。

図面名を描く

1. 文字列などを変更します。

(1) 右クリックして、ダイアログボックスを表示します。

(2) 「**文字列記入ボックス**」に「上階平面図」と入力します。

(3) 以下のように設定を変更し、[OK]**ボタン**をクリックします。

原点	左上
高さ	7
☑ オフセットY	-5

2. 文字を配置します。

【端点】📐 スナップで、上階の壁の左下端部をクリックすると、図面名が描かれます。

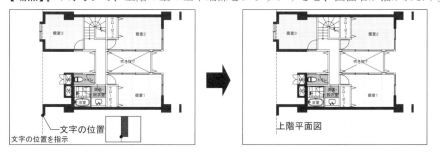

3. その他の図面名を配置します。

右クリックすると、ダイアログボックスが表示されます。

以下のように図面名を変更し、**2.**と同様に各図の左下端部をクリックして配置します。

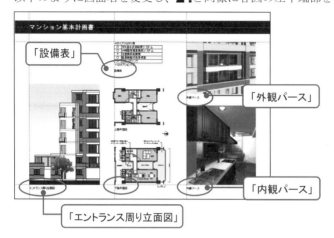

6-2-2 コメントを描く

1. 文字列などを変更します。

(1) 右クリックして、ダイアログボックスを表示します。

(2) [**文字列**]ボタンをクリックし、「**テキストファイルから**」を選択します。

```
文字列(G) >>
    記入エディタ表示(E)...
    図面から(D)...
    テンプレートから(T)...
    テキストファイルから(F)...
    ハイパーリンクファイル名(N)...
    テキストコード(C)          ▶
```

(3) 開くダイアログボックスが表示されます。

以下のように設定し、[**開く**]ボタンをクリックします。

ファイルの場所	こんなに簡単! DRA-CAD22 ２次元編 練習用データ
ファイル名	コメント
ファイルの種類	テキストファイル(*.txt)

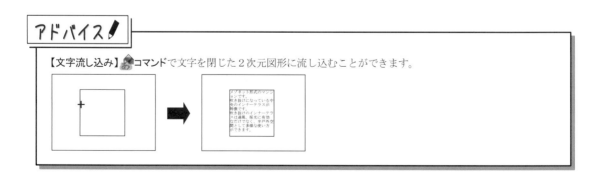

（4）文字記入ダイアログボックスの「**文字列記入ボックス**」に文字が入力されます。
　　サイズなどを変更し、[OK]**ボタン**をクリックします。

フォント名	ＭＳ明朝
高さ	7.5
改行幅	3
□ オフセットＹ	－

2. コメントを配置します。

【交点】スナップで、補助線の交差部をクリックすると、コメントが描かれます。

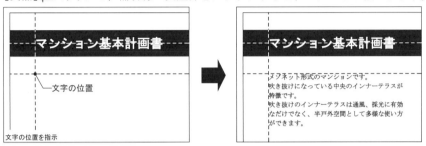

3.【文字記入】コマンドを解除します。

Memo　文字スタイル

【文字スタイル登録】コマンドで、記入する文字列のサイズなどをあらかじめスタイルとして名前をつけて登録することができます。
【文字記入】コマンドなどで文字を記入する時に「スタイル名」を選択するだけで、特定のフォント、サイズなどで記入することができます。

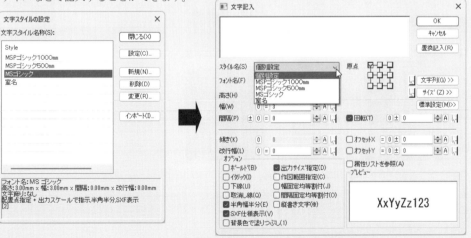

[新規]**ボタン**をクリックし、文字スタイル名を入力し、文字列のサイズなどを設定すると、文字スタイル管理リストに登録されます。

☆すでに登録している文字スタイル名に再度登録する場合は、文字スタイル名を選択し[設定]**ボタン**をクリックします。

6-2-3 補助線のレイヤを非表示にする

1. 【非表示レイヤキー入力】コマンドを実行します。

[レイヤ]メニューから[ 非表示レイヤキー入力]をクリックします。

2. ダイアログボックスが表示されます。

キーボードから "100 ↵" と入力します。

補助線のレイヤが非表示になります。

3. 【非表示レイヤキー入力】コマンドを解除します。

6-2-4 ファイルを上書き保存する

1. 【上書き保存】コマンドを実行します。

[ファイル]メニューから[💾 上書き保存]をクリックします。

図面が上書き保存されて、作図画面に戻ります。

これでプレゼンテーション用図面の完成です。

Part 5

付 録

① DRA-CAD22 体験版について

ここでは DRA-CAD22 体験版の仕様、インストール方法について説明します。

1-1 体験版の仕様

次の URL に本書で練習に使用するデータや DRA-CAD22 体験版のダウンロードについての説明があります。

　https://support.kozo.co.jp/download/file_view.php?p3=2914

1-1-1 制限事項

DRA-CAD22 体験版には、下記のような制限があります。

☆その他の制限事項については、「DRA-CAD22 体験版リリースノート」をご参照ください。

制限 1)　データ数制限

　　　　1000 本：ファイルの保存・印刷・クリップボードへのコピー
　　　　体験版を起動後、本書でデータを作成するために、下記の操作を行ってください。

　　(1)　【体験版制限変更】コマンドを実行します。

　　　　　[ヘルプ]メニューから[体験版制限変更]をクリックします。

　　(2)　ダイアログボックスが表示されます。
　　　　　「解除コード」を入力し、[変更]ボタンをクリックします。

解除コード	32324441432d415244

　　(3)　再起動のメッセージが表示されます。
　　　　　[はい]ボタンをクリックし、再起動すると制限本数が 3,000 本になります。

　　　　　☆作成したデータが 3,000 本以上のファイルの保存・印刷・クリップボードへのコピーはできません。
　　　　　　3,000 本以内で操作してください。

制限 2)　ご利用いただけない機能
　　　　一括変換・PDF 書き出し・インターネットアップデート・クラウドから開く・クラウドへ保存
　　　　また、セキュリティがかけられている MPS ファイルの読み込みと保存時のセキュリティ設定は
　　　　できません。

制限 3)　印刷について
　　　　印刷時にはフッターに「DRA-CAD22 体験版」という文字が入ります。

制限 4)　マニュアルについて
　　　　製品版を体験していただくために製品同等のマニュアルを用意してあります。ただし、体験版
　　　　固有の事項(制限制限など)については記述されていません。

制限 5)　サポートについて
　　　　この体験版に関しましては、E メールや FAX などによるによるサポートは受けられませんの
　　　　で、あらかじめご了承ください。

1-2 インストール方法

DRA-CAD22 を使用するための条件を確認してから、インストール作業の準備をしてください。

※「管理者（Administrators)」の権限を持つユーザーでログオンし、DRA-CAD をインストールする必要があります。

1-2-1 動作環境

対応 OS	: Windows 11[1]/10[2]（64bit/32bit）
ディスク空き容量	: 1.5GB 以上の空き容量
グラフィックス	: OpenGL ならびに DirectX9[3]の機能をサポートできるビデオカードとドライバー
必要なソフトウェア	: .NET Framework3.5[4]、4.0[5]

※1 Windows 11 S は除きます。

※2 Windows 10 Mobile/Windows 10 S は除きます。

※3 高速な描画が行えます。未対応の場合、従来の描画方法で表示します。

※4 オプションコマンドの実行に必要です。

※5 IFC 読み込み、PDF を一つにまとめる操作などに必要です。

※ DirectX または.NET Framework3.5、4.0 がインストールされていない場合は、Microsoft のホームページよりインストールしてください。

1-2-2 DRA-CAD22 体験版のインストール

1. ダウンロード先のフォルダーから「DRA-CAD22 Trial」の実行ファイルをダブルクリックします。

2. セットアップ画面にしたがって、DRA-CAD22 体験版をインストールします。

(1) インストールする前に使用許諾契約の内容を確認してください。

確認後、「使用許諾契約の全条項に同意します」を選択し、[**次へ**]ボタンをクリックしてください。

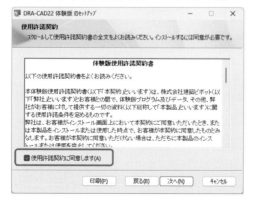

(2) プログラムを使用するユーザー名、会社名を入力し、[**次へ**]**ボタン**をクリックします。

(3) インストール先の選択では、そのまま(推奨)の時は[**次へ**]**ボタン**をクリックします。
　　☆インストール先を変更する時は[**参照**]**ボタン**をクリックして、フォルダーの選択を行ってください。

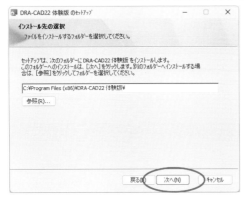

(4) [**インストール**]**ボタン**をクリックすると、インストールが開始されます。

3. インストールが終了するとセットアップの完了ダイアログが表示されます。
[**終了**]**ボタン**をクリックします。

スタートメニューに「**DRA-CAD22 体験版**」のグループとアイコンが登録されます。

インストール作業により、次のようなファイルなどが指定されたフォルダー以下に作成されます。
　　・DRA-CAD22 体験版のプログラムファイル
　　・サンプルデータ
　　・PDF マニュアル
　　・DRA-CAD 実行に必要なファイル(文字列テンプレート/パーツデータ/テンプレートファイル/
　　　建具姿図,建具記号サンプルリスト/建具記号集計の色分け表示のカラーリストファイル/構造図
　　　用サンプルリストなど)

また、DRA-CAD の初回起動時に、以下のメッセージダイアログが表示されます。
[OK]ボタンをクリックすると、DRA-CAD の実行に必要なファイルが、マイドキュメントフォルダ内の
archi pivot¥DRA-CAD22 にコピーされます。

1-2-3 DRA-CAD22 体験版のアンインストール

DRA-CAD を再インストールする場合や違うドライブに DRA-CAD を移し替える場合には、アンインストールを行ってください。

☆ここでは、Windows11 でのアンインストール方法について以下説明しています。それ以外の環境の場合は、それぞれの Windows のマニュアルを参照してください。

1. Windows の■■(スタート)ボタンを右クリックし、メニューを表示します。

メニューから[インストールされているアプリ]をクリックします。

2. インストールされているアプリの一覧が表示されます。

「DRA-CAD22 体験版」を表示し、右の[…]をクリックします。[アンインストール]を選択すると、アンインストールを開始します。

3. アンインストール終了後、[×]ボタンをクリックして終了します。

② マニュアルについて

DRA-CAD22 では、Web 上に表示して参照することができる HTML 形式のマニュアルと画面上に表示して参照することができる PDF 形式のマニュアルがあります。

ユーザーズマニュアル（HTML 形式）

DRA-CAD22 の機能の概要と基本的な操作方法について説明しています。

コマンドリファレンス（HTML 形式）

各コマンドの操作方法や概要などについて説明しています。

チュートリアル（PDF 形式）

はじめて DRA-CAD22 を操作する方を対象とし、簡単な平面図の描き方、3 次元モデルの作り方などを、例題を通して説明しています。

また、以下の PDF 形式の補足資料があります。

　　レイアウト補足資料、日影・天空率計算補足資料、木造壁量計算補足資料

2-1 マニュアルの使用方法

2-1-1 HTML 形式マニュアル

DRA-CAD22 を起動し、リボンメニューから[**ヘルプ**]→[? **ユーザーズマニュアル**]または[? **コマンドリファレンス**]を選択すると、ブラウザーが起動し、HTML 形式のマニュアルが表示されます。

左側の「ツリーメニュー」から表示する項目をクリックすると右側に解説を表示します。

《文字列の検索》

検索したい文字列を入力し、[**検索**]ボタンを押すと検索を実行します。該当する文字列が見つかった場合には、そのページまでジャンプし該当する文字列を表示します。

《マニュアルの印刷》

[印刷]ボタンを押すと、画面右側のコマンドの説明箇所をプリンタへ出力することができます。

《マニュアルの切り替え》

「リファレンスマニュアル」・「ユーザーズマニュアル」の文字上をクリックすることで切り替えることができます。

例：ユーザーズマニュアルに切り替え

ダイアログ表示中、[F1]キーで説明表示について

コマンドを実行し、ダイアログボックスが表示されている時にキーボードの[F1]キーを押すと、リファレンスマニュアルが表示されます。コマンドの機能、操作方法、コマンド情報を確認できます。

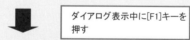

ダイアログ表示中に[F1]キーを押す

2-1-2 PDF 形式マニュアル

DRA-CAD22 を起動し、リボンメニューから[ヘルプ]→[チュートリアル]を選択すると、Adobe Reader が起動し、PDF 形式のマニュアルを表示します。

☆PDF 形式のマニュアルは、Windows の ■■(スタート)ボタンをクリックし、スタートメニューの[DRA-CAD22]からマニュアルを選択して起動することもできます。

左側の「しおり」から表示する項目をクリックすると右側に解説を表示します。

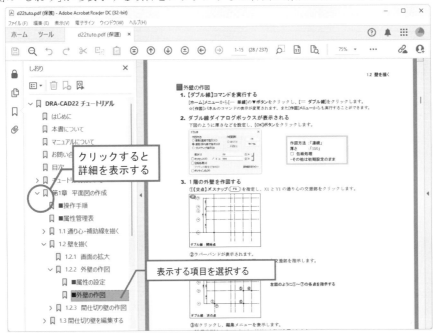

PDF 形式のマニュアルを表示するためには、Acrobat Reader などが必要になります。

Acrobat Reader がインストールされていない場合は、下記アドレスを入力して Acrobat Reader のホームページからダウンロードしてください。

https://get.adobe.com/jp/reader/

すでに Acrobat Reader がインストールされている場合、または PDF 形式ファイルが開ける状態の場合には、インストールする必要はありません。

[文字列の検索]

[編集]メニューの【簡易検索】コマンドをします。

検索したい文字列を入力し、[Enter]キーを押すと検索を実行します。該当する文字列が見つかった場合には、そのページまでジャンプし該当する文字列をハイライト表示します。

[PDF マニュアルの印刷]

[ファイル]メニューの[印刷]コマンドを実行すると、画面に表示されているイメージでプリンタへ出力することができます。

☆その他の使用方法に関しては、[ヘルプ]メニューの[Acrobat Reader ヘルプ]を参照してください。

❸ ホームページのご案内

3-1 DRA-CAD オフィシャルサイト

[ヘルプ]メニューから【DRA–CAD オフィシャルサイト】🌐コマンドを実行すると、DRA–CAD オフィシャルサイトを表示します。製品情報の公開やお知らせなど DRA–CAD に関する様々なコンテンツを提供しています。

☆2024 年 2 月現在の URL です。

予告なく変更する場合がありますので、その場合は https://www.pivot.co.jp/（建築ピボットホームページ）または https://www.kozo.co.jp/（構造システムホームページ）よりリンク先をご確認ください。

[Q&A]

オンラインサポートセンターを表示します。

[マニュアル]

HTML 形式のリファレンスマニュアルを表示します。

アドバイス

以下のコマンドは、体験版では利用できません。

【お問い合わせ】ℹ️コマンド

：オンラインサポートセンターを表示し、DRA-CAD に関する問い合わせをすることができます。（Web フォームによるお問い合わせは、オンラインサービスへの登録が必要です。）

【インターネットアップデート】🖥️コマンド

：インターネットへアクセスして、現在のバージョンよりも新しいバージョンがあるかどうか確認できます。新しいバージョンがある場合は、更新履歴が表示され、最新版を利用している場合は、更新の必要がないメッセージを表示します。

3-2 オンラインサポートセンター

[ヘルプ]メニューから【DRA-CAD Q&A】コマンドを実行すると、オンラインサポートセンターを表示します。オンラインサポートセンターでは、プログラムサポートに寄せられた質問と回答を Q&A 形式にまとめたものを提供しています。

[サポート]

　DRA-CAD に関するサポート情報やQ＆Aのデータベースをご覧になれます。

[ダウンロード]

　建築ピボット、構造システムが提供するソフトウェアの体験版、アップデート版をダウンロードすることができます。
　[ヘルプ]メニューから【ダウンロードセンター】コマンドを実行すると、オンラインダウンロードセンターが表示され、プログラムの最新版や補足資料などを簡単にダウンロードすることができます。

Q&A 検索の入力ボックスに検索したいキーワードを入力し、　をクリックすると、入力したキーワードにより Q&A を検索することができます。

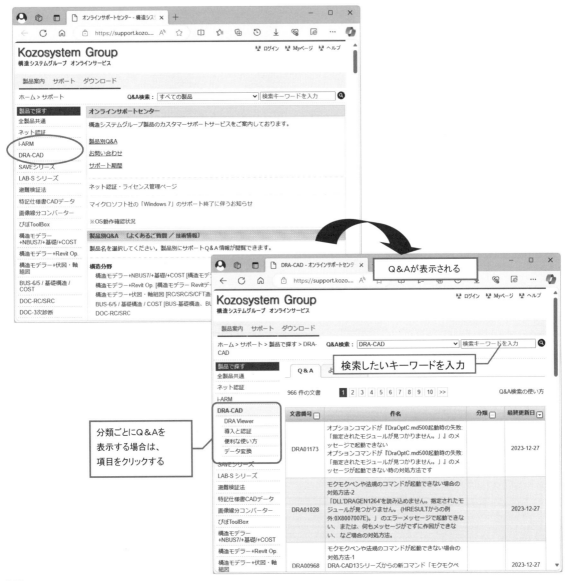

索 引

英 数字

か 行

た 行

な 行

370

は 行

ま 行

や 行

ら 行

わ 行

本書の内容に関するご質問は、株式会社建築ピボット
「こんなに簡単！DRA-CAD22　2次元編」質問係まで、
FAX（03-5978-6215）にてお願い致します。
なお、本書の範囲を超える質問に関しては応じられません
ので、ご了承ください。

「こんなに簡単！DRA-CAD22」2次元編
―基礎からプレゼンまで―

2024 年 3 月　初版第 1 刷発行

編　者　　　株式会社　構造システム
発行者　　　千葉　貴史
発行所　　　株式会社　構造システム
　　　　　　〒112-0014　東京都文京区関口 2-3-3 目白坂ＳＴビル
　　　　　　［TEL］　03-6821-1211（代）

販売元　　　株式会社　建築ピボット
　　　　　　〒112-0014　東京都文京区関口 2-3-3 目白坂ＳＴビル
　　　　　　［TEL］　03-6821-1641（代）

メゾネット形式のマンシ
吹き抜けになっている中
特徴です。
吹き抜けのインナーテラ
なだけでなく、半戸外空
ができます。

ース

エントランス周り立面図　　ース